高等教育新形态一体化规划教材
高等技术应用型人才计算机类专业规划教材：项目/任务驱动模式

计算机网络实验

陈 盈 主编
于 翔 郑艳艳 郭文平 副主编

电子工业出版社
Publishing House of Electronics Industry
北京·BEIJING

内容简介

本教材是介绍计算机网络主流技术的实验教材。全书分三篇：基础篇、实践篇和拓展篇，共 12 个网络知识点。全书通过 eNSP 和实际设备操作，分层次详细阐述了实用组网技术和综合设计方法。在基础理论上，以精、够用为原则，介绍与实验比较紧密的理论知识；在实践上，以新、实用为原则，介绍目前比较流行的新设备和新技术；在设计上，介绍目前比较典型的、应用比较广泛的网络设计方法。本书中所述实验全部给出了配置示例，并录制了配套的教学视频。

本书内容翔实、图文并茂，在内容上强调实用性，具有较强的可读性与可操作性，可作为高等院校计算机网络实验教材，也可供计算机网络管理人员和工程技术人员在学习和研究计算机网络时参考。

未经许可，不得以任何方式复制或抄袭本书之部分或全部内容。
版权所有，侵权必究。

图书在版编目（CIP）数据

计算机网络实验 / 陈盈主编. —北京：电子工业出版社，2019.7
ISBN 978-7-121-36402-0

Ⅰ. ①计… Ⅱ. ①陈… Ⅲ. ①计算机网络—实验—高等学校—教材 Ⅳ. ①TP393-33

中国版本图书馆CIP数据核字（2019）第079701号

责任编辑：贺志洪（hzh@phei.com.cn）
印　　刷：北京盛通数码印刷有限公司
装　　订：北京盛通数码印刷有限公司
出版发行：电子工业出版社
　　　　　北京市海淀区万寿路173信箱　邮编：100036
开　　本：787×1092　1/16　印张：17.25　字数：441.6千字
版　　次：2019年7月第1版
印　　次：2024年1月第4次印刷
定　　价：45.00元

凡所购买电子工业出版社图书有缺损问题，请向购买书店调换。若书店售缺，请与本社发行部联系，联系及邮购电话：（010）88254888，88258888。
质量投诉请发邮件至zlts@phei.com.cn，盗版侵权举报请发邮件至dbqq@phei.com.cn。
本书咨询联系方式：（010）88254609或hzh@phei.com.cn。

前言

在当今信息社会，随着 Internet 的全球化普及，计算机网络应用几乎遍及人类活动的一切领域，计算机网络技术被誉为"近代最深刻的技术革命"，人们用"网络时代"和"网络经济"等术语来描述计算机网络对社会信息化与经济发展的影响。社会的信息化、数据的分布式处理、各种计算机资源的共享等应用需求，推动着计算机网络的迅速发展。

计算机网络作为计算机技术与通信技术密切结合的学科，是一门实践性很强的课程。课堂教学应该与实践环节紧密结合，"计算机网络实验"课程的教学对于网络人才的培养尤其重要。

在此背景下，作者结合多年从事计算机网络教学的经验和体会，编写了本教材，以便在计算机网络课程教学中用于实验教学。

全书共分三篇：基础篇、实践篇和拓展篇，共 12 章。其中基础篇分 3 章，分别介绍 eNSP 基础知识、简单网络组建、交换机和路由器配置，主要介绍与实验有关的基础知识，为实践打好基础；实践篇分 5 章，均为技能训练实验，详细介绍了交换和路由技术，既有操作性、验证性的实验，也有设计性的实验；拓展篇分 4 章，主要介绍网络设计中相对比较深入的交换和路由知识。

在本书编写过程中，作者参阅了大量同类书籍和网上内容，融合了许多自己的观点和见解，并力求做到深入浅出、通俗易懂，但由于作者水平和经验有限，不足之处在所难免，敬请同行专家批评指正。

编　者
2019 年 4 月

目录

基础篇

第1章 eNSP基础知识 …………………… 3
1.1 安装eNSP …………………………… 3
1.1.1 eNSP安装步骤 ……………… 4
1.1.2 WinPcap安装步骤 ………… 7
1.1.3 Wireshark安装步骤 ……… 10
1.1.4 Oracle VM VirtualBox 安装步骤 …………………… 14
1.2 熟悉eNSP ………………………… 18
1.3 熟悉VRP基本操作 ……………… 21
1.3.1 VRP简介 …………………… 21
1.3.2 VRP命令行 ………………… 22
1.3.3 命令行的使用方法 ………… 24
1.3.4 基本配置 …………………… 29
实例1：配置VTY用户界面 ……… 32
实例2：配置Console用户界面 … 33
1.3.5 配置文件管理 ……………… 34
1.3.6 文件管理 …………………… 37

第2章 简单网络组建 …………………… 43
2.1 基于实际设备实现双机互连 …… 43
2.2 基于eNSP实现多机互连 ………… 48
2.3 FTP和HTTP服务器架构 ………… 50
2.3.1 基于实际设备实现FTP服务器架构 ……………………… 51
2.3.2 基于实际设备实现HTTP服务器架构 …………………… 56
2.3.3 基于eNSP实现FTP服务器架构 ………………………… 59
思考题 ………………………………… 68

第3章 交换机和路由器配置 …………… 69
3.1 交换机基本配置 ………………… 69
3.1.1 交换机基础理论 …………… 69
3.1.2 交换机配置 ………………… 74
3.1.3 交换机软件升级 …………… 79
3.2 交换机高级配置 ………………… 83
3.2.1 基础知识 …………………… 84
3.2.2 端口绑定 …………………… 84
3.2.3 端口配置 …………………… 86
3.2.4 端口聚合 …………………… 88
3.2.5 端口镜像 …………………… 92
3.3 路由器基本配置 ………………… 94
3.3.1 路由器基础理论 …………… 94
3.3.2 路由器配置 ………………… 95
3.3.3 配置通过Telnet口登录路由器 … 100
3.4 实验注意问题 …………………… 104
思考题 ……………………………… 104

实践篇

第4章 VLAN组建 ……………………… 109
4.1 VLAN基础理论 ………………… 109
4.1.1 VLAN技术背景 …………… 109
4.1.2 VLAN标签 ………………… 110
4.1.3 VLAN中的链路类型和端口类型 …………………… 111
4.1.4 VLAN的划分方式 ………… 113
4.1.5 VLAN划分方式比较 ……… 115
4.1.6 VLAN的优势 ……………… 117
4.2 使用华为交换机实现基于端口号的VLAN组建 ……………………… 117
4.2.1 配置步骤 …………………… 117
4.2.2 配置示例 …………………… 118
4.3 使用华为交换机实现基于MAC的地址VLAN组建 ………………… 120
4.3.1 配置步骤 …………………… 120
4.3.2 配置示例 …………………… 122
4.4 使用eNSP实现基于子网划分的VLAN组建 ……………………… 124
4.4.1 配置内容 …………………… 125
4.4.2 配置步骤 …………………… 125
4.4.3 配置示例 …………………… 126
4.5 使用eNSP实现基于协议的VLAN组建 ……………………………… 129
4.5.1 配置内容 …………………… 129
4.5.2 配置步骤 …………………… 130
4.5.3 配置示例 …………………… 132

- 4.6 使用eNSP实现基于策略的VLAN组建 ·········· 134
  - 4.6.1 配置内容 ·········· 134
  - 4.6.2 配置步骤 ·········· 134
  - 4.6.3 配置示例 ·········· 136
- 4.7 实验注意问题 ·········· 138
  - 4.7.1 常见VLAN管理命令 ·········· 138
  - 4.7.2 典型故障分析与排除 ·········· 139
- 思考题 ·········· 140

第5章 生成树配置 ·········· 141
- 5.1 STP树的生成 ·········· 141
  - 5.1.1 选举根桥 ·········· 141
  - 5.1.2 选举根端口 ·········· 142
  - 5.1.3 确定指定端口 ·········· 142
  - 5.1.4 阻塞备用端口 ·········· 142
- 5.2 STP配置 ·········· 143
  - 5.2.1 配置任务 ·········· 143
  - 5.2.2 基于eNSP进行STP配置 ·········· 145
- 5.3 STP定时器配置 ·········· 152
  - 5.3.1 技术背景 ·········· 152
  - 5.3.2 实验内容 ·········· 153
  - 5.3.3 基于eNSP实现STP定时器 ·········· 154
- 思考题 ·········· 159

第6章 VLAN路由 ·········· 160
- 6.1 利用单臂路由实现VLAN间路由 ·········· 161
  - 6.1.1 原理概述 ·········· 161
  - 6.1.2 基于华为路由器和交换机进行单臂路由配置 ·········· 161
  - 6.1.3 基于eNSP进行单臂路由配置 ·········· 164
- 6.2 利用三层交换机实现VLAN间路由 ·········· 170
  - 6.2.1 技术背景 ·········· 170
  - 6.2.2 基于eNSP的配置示例 ·········· 172
- 思考题 ·········· 175

第7章 静态路由 ·········· 177
- 7.1 静态路由基础 ·········· 177
- 7.2 基于华为路由器的基本静态路由配置示例 ·········· 178
  - 7.2.1 基本配置 ·········· 179
  - 7.2.2 创建静态路由 ·········· 183
  - 7.2.3 全网全通增强安全性 ·········· 186
  - 7.2.4 使用默认路由实现网络优化 ·········· 187
- 7.3 基于eNSP的浮动静态路由配置示例 ·········· 189
  - 7.3.1 基本配置 ·········· 190
  - 7.3.2 创建静态路由 ·········· 192
  - 7.3.3 配置浮动静态路由 ·········· 195
  - 7.3.4 使用负载均衡实现网络优化 ·········· 198
- 思考题 ·········· 200

第8章 动态路由 ·········· 201
- 8.1 RIP协议 ·········· 201
  - 8.1.1 基于华为设备的RIP路由配置示例 ·········· 201
  - 8.1.2 基于eNSP的RIP配置示例 ·········· 204
- 8.2 OSPF协议 ·········· 209
  - 8.2.1 基于eNSP的OSPF单区域配置示例 ·········· 209
  - 8.2.2 基于eNSP的OSPF多区域配置示例 ·········· 215
- 思考题 ·········· 224

拓 展 篇

第9章 HDLC协议配置 ·········· 227
- 9.1 HDLC基础知识 ·········· 227
  - 9.1.1 HDLC帧结构 ·········· 227
  - 9.1.2 HDLC零比特填充法 ·········· 228
  - 9.1.3 HDLC状态检测 ·········· 228
  - 9.1.4 HDLC的特点及使用限制 ·········· 228
- 9.2 HDLC的配置 ·········· 229
  - 9.2.1 配置任务 ·········· 229
  - 9.2.2 配置步骤 ·········· 229

第10章 PPP ·········· 233
- 10.1 PPP基础理论 ·········· 233
  - 10.1.1 应用场景 ·········· 233
  - 10.1.2 PPP组件 ·········· 234
  - 10.1.3 帧格式 ·········· 234
- 10.2 PPP配置 ·········· 235
  - 10.2.1 配置任务 ·········· 235
  - 10.2.2 配置步骤 ·········· 235
- 10.3 PPP PAP认证 ·········· 237
  - 10.3.1 PPP PAP认证配置 ·········· 238
  - 10.3.2 配置测试 ·········· 239
- 10.4 PPP CPAP认证 ·········· 240
  - 10.4.1 PPP CHAP认证配置（默认密码验证） ·········· 241
  - 10.4.2 PPP CHAP认证配置（本地用户及密码验证） ·········· 242
- 10.5 PPPoE ·········· 243
  - 10.5.1 PPPoE应用场景 ·········· 243
  - 10.5.2 PPPoE报文格式 ·········· 243
  - 10.5.3 PPPoE会话建立过程 ·········· 244
  - 10.5.4 PPPoE配置示例 ·········· 245

第11章　网络地址转换NAT……………250
11.1 静态NAT实现 ……………… 250
11.1.1 基础配置 ………………250
11.1.2 静态NAT配置 …………251
11.2 动态NAT实现 ……………… 254
11.2.1 基础配置 ………………255
11.2.2 动态NAT配置 …………256
11.2.3 动态NAT验证 …………257

第12章　访问控制列表ACL ………… 259
12.1 基础配置及测试 …………… 259
12.1.1 基础配置 ………………260
12.1.2 基础配置的测试 ………261
12.2 基本ACL实现 ……………… 261
12.2.1 基本ACL配置 …………261
12.2.2 基本ACL的测试 ………262
12.3 高级ACL实现 ……………… 263
12.3.1 高级ACL配置 …………263
12.3.2 高级ACL的测试 ………265

参考文献 …………………………………… 267

基 础 篇

◎ eNSP 基础知识

◎ 简单网络组建

◎ 交换机和路由器配置

第1章 eNSP基础知识

做实验，最麻烦的是没有设备。在计算机网络的实验操作中，需要各种网络设备。但事实上，做实验用的网络设备并不是想用就马上能用得到的。其原因有：一是采购网络设备需要资金，且非常耗时间；二是网络设备更新速度相对较快，一般三五年主流产品就会有所变化。当然，如果只是为了熟悉设备，掌握设备配置使用等知识，那么稍微旧一点的型号也并没有什么影响。

为了解决计算机网络实验设备的问题，华为面向全球 ICT（Information and Communication Technology）从业者，以及有兴趣掌握 ICT 相关知识的人士，免费推出其图形化网络仿真工具平台——eNSP（Enterprise Network Simulation Platform）。作为全球领先的信息与通信解决方案供应商，华为推出的这个平台通过对真实网络设备的仿真模拟，帮助广大 ICT 从业者和客户快速熟悉华为数通系列产品，了解并掌握相关产品的操作和配置、故障定位方法，具备和提升对企业 ICT 网络的规划、建设、运维能力，从而帮助企业构建更高效、更优质的企业 ICT 网络。

eNSP 的特点包括：

（1）高度仿真。可模拟华为 AR 路由器、X7 系列交换机的大部分特性，也可模拟 PC 终端、Hub、云、帧中继交换机等。仿真设备配置功能，快速学习华为命令行。可模拟大规模设备组网。可通过真实网卡实现与真实网络设备的对接。模拟接口抓包，直观展示协议交互过程。

（2）图形化操作。支持拓扑创建、修改、删除、保存等操作。支持设备拖曳、接口连线操作。通过不同颜色，直观反映设备与接口的运行状态。预置大量工程案例，可直接打开演练学习。

（3）分布式部署。支持单机版本和多机版本，支撑组网培训场景。多机组网场景最大可模拟 200 台设备组网规模。

1.1 安装eNSP

在华为官方网站（http://enterprise.huawei.com）上可以下载到最新版本的 eNSP 安装包。由于 eNSP 上每一台虚拟设备都要占用一定的内存资源，所以 eNSP 对系统的最低配置要求为：CPU 双核 2.0GHz，内存 2GB，空闲磁盘 2GB，操作系统 Windows XP 以上。在最低配置的系统环境下，组网设备最大数量为 10 台。当然，实际上在大多数情况下我们无须担心系统的配置问题。

在检查完系统配置符合安装条件后，我们就可以开始进行安装了。

1.1.1 eNSP安装步骤

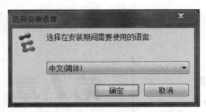

图1-1-1 选择安装语言

双击程序安装文件，打开安装向导。选择安装语言"中文（简体）"，单击"确定"按钮，如图1-1-1所示。当然，如果愿意安装英文版，那也是可以的。

进入欢迎界面，鼠标单击"下一步"按钮，如图1-1-2所示。

选择目标安装位置，用来安装 eNSP，选好之后，单击"下一步"按钮，如图1-1-3所示。需要注意的是，在安装目录的路径中，不能包含非英文字符。

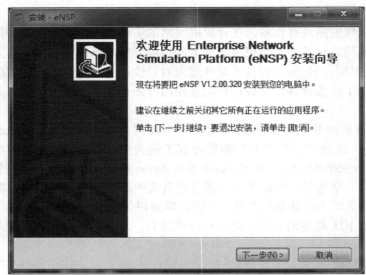

图1-1-2 欢迎界面

华为模拟器eNSP的安装与使用

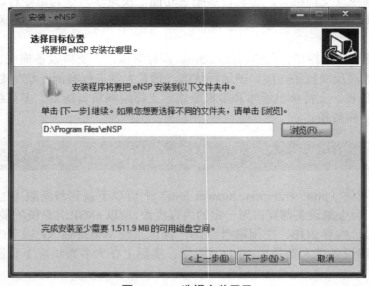

图1-1-3 选择安装目录

设置 eNSP 程序快捷方式在"开始"菜单中显示的名称，单击"下一步"按钮，如图 1-1-4 所示。

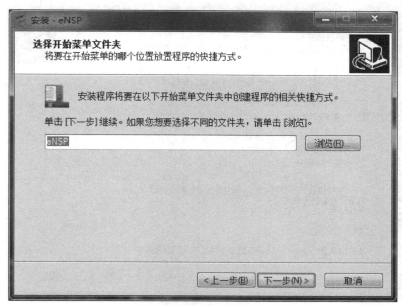

图1-1-4　选择开始菜单文件夹

选择是否要在桌面上创建快捷方式，单击"下一步"按钮，如图 1-1-5 所示。

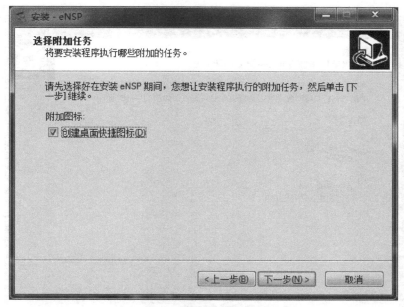

图1-1-5　选择创建桌面快捷方式

选择需要安装的软件，需要注意的是，在首次安装时，应选择安装全部软件，单击"下一步"按钮，如图1-1-6所示。

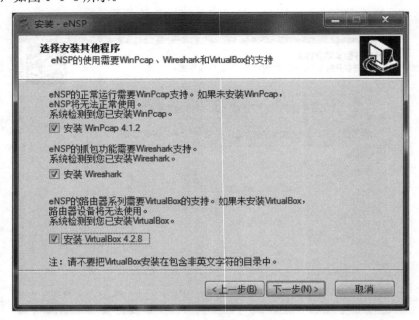

图1-1-6 选择安装其他程序

确认安装信息后，单击"安装"按钮，如图1-1-7所示，软件即开始安装，如图1-1-8所示。

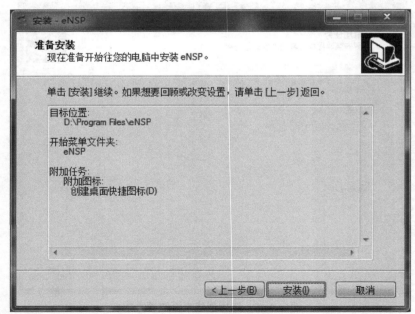

图1-1-7 准备安装

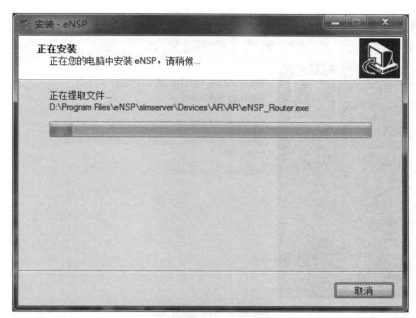

图1-1-8　软件安装中

1.1.2　WinPcap安装步骤

eNSP 的安装进度条走满之后，会自动安装 WinPcap，如图 1-1-9 所示。

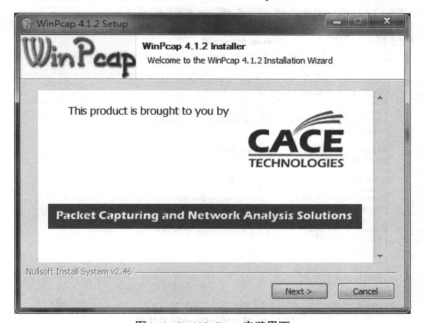

图1-1-9　WinPcap安装界面

此时单击"Next"按钮即可，出现安装欢迎界面，如图 1-1-10 所示。

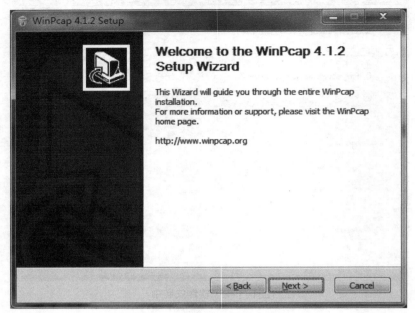

图1-1-10　WinPcap安装欢迎界面

鼠标单击"Next"按钮，出现协议界面，如图 1-1-11 所示。

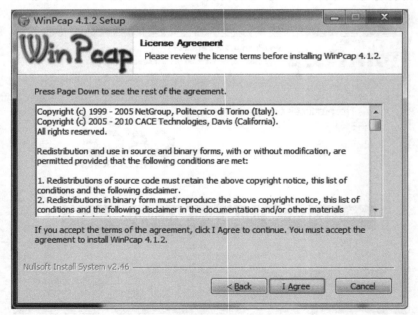

图1-1-11　WinPcap安装协议

鼠标单击"I Agree"按钮，即可进入安装选项界面，如图 1-1-12 所示。如果选中复选框，则表示同意在初始化时即自动启动 WinPcap。

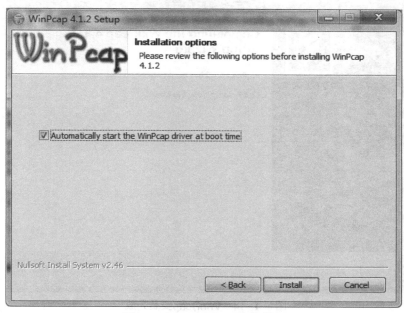

图1-1-12　WinPcap安装选项

鼠标单击"Install"按钮，即进入安装界面，等待安装完成即可，如图 1-1-13 所示。

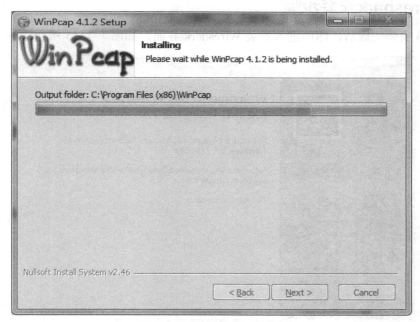

图1-1-13　WinPcap安装中

等到进度条走满,则表示安装完成,如图 1-1-14 所示。

图 1-1-14　WinPcap 安装完成

单击"Finish"按钮,WinPcap 安装完成。

1.1.3　Wireshark 安装步骤

WinPcap 安装完成后,随即进入安装 Wireshark 界面,如图 1-1-15 所示。

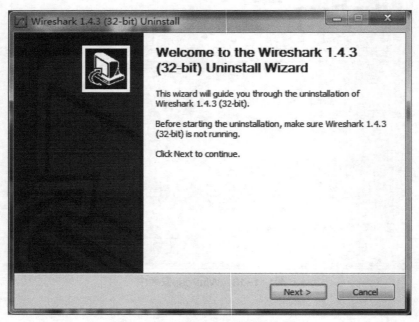

图 1-1-15　Wireshark 安装欢迎界面

单击"Next"按钮，进入组件选择界面，如图1-1-16所示。

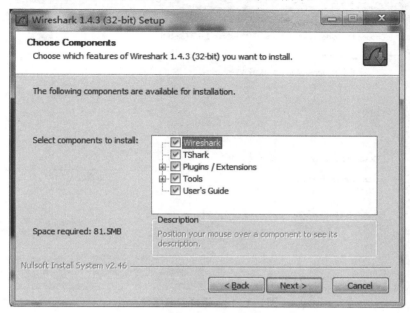

图1-1-16　Wireshark组件选择界面

没什么特殊要求的，一般将组件全选中即可，然后单击"Next"按钮，进入选择快捷方式以及文件关联界面，如图1-1-17所示。

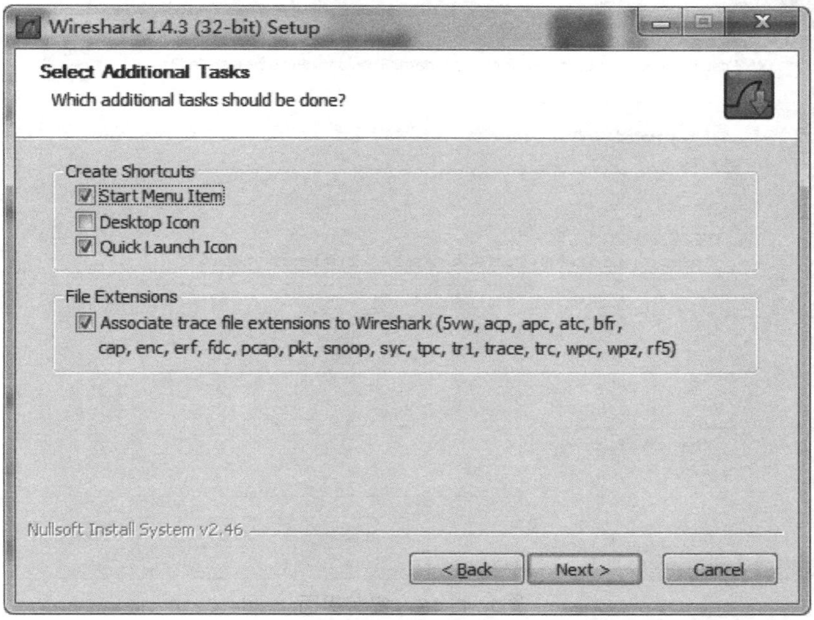

图1-1-17　Wireshark快捷方式及文件关联选择界面

选中相应的复选框，依次分别是启动菜单、桌面快捷方式和快速启动按钮，选择需要的快捷方式，单击"Next"按钮，即进入选择安装目标文件夹选项，如图1-1-18所示。

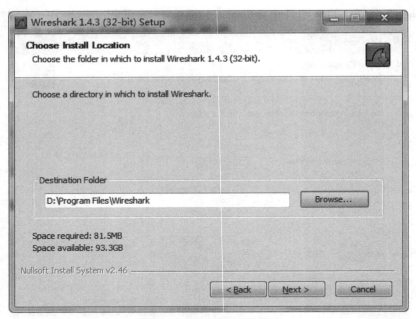

图1-1-18　选择安装路径

选择目标文件夹，安装 Wireshark，单击 "Next" 按钮，进入安装界面，如图 1-1-19 所示。

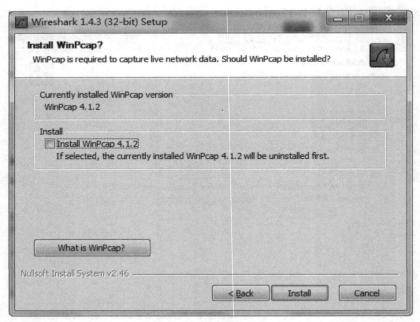

图1-1-19　安装界面

在 Wireshark 的安装界面，会出现一个复选框，询问是否需要安装 4.1.2 版本的 WinPcap——鉴于之前已经安装了 4.1.3 版本的 WinPcap，所以此处不需要选择，否则会重新安装一遍低版本的 WinPcap。单击"Install"按钮，即进入安装界面，如图 1-1-20 所示。

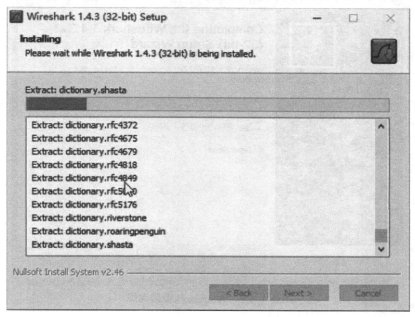

图 1-1-20　Wireshark 安装中

进度条走满，如图 1-1-21 所示，此时实际上安装工作已经完成了。

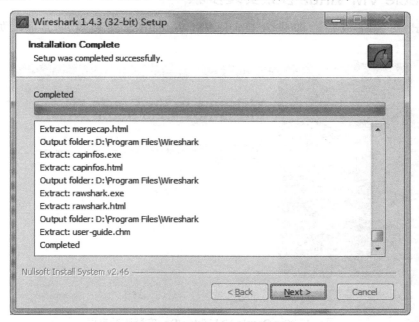

图 1-1-21　Wireshark 安装完成

单击"Next"按钮，跳转到安装结束界面，如图 1-1-22 所示。

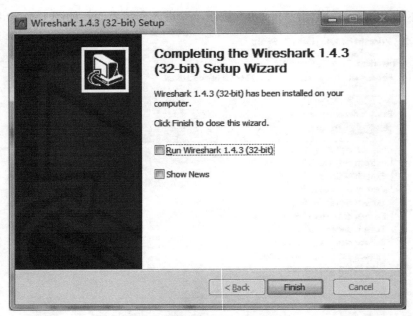

图1-1-22　Wireshark安装完成

单击"Finish"按钮，Wireshark 安装完毕。

1.1.4　Oracle VM VirtualBox安装步骤

Wireshark 安装完成后，即进入 Oracle VM VirtualBox 安装欢迎界面，如图 1-1-23 所示。

图1-1-23　Oracle VM VirtualBox安装欢迎界面

单击"Next"按钮，进入自定义安装界面，可以选择需要安装的组件，也可以更改安装的路径，如图 1-1-24 所示。

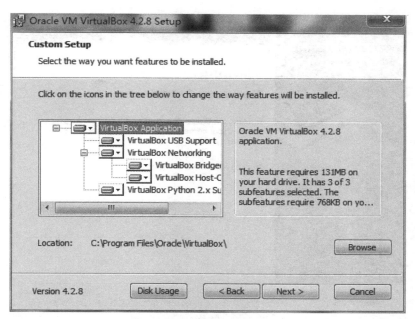

图1-1-24 自定义安装界面

选择需要安装的组件和安装路径后，单击"Next"按钮，进入快捷方式选择界面，如图1-1-25所示。

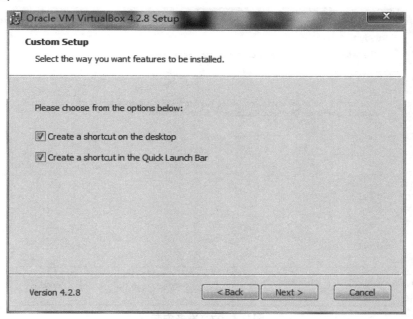

图1-1-25 快捷菜单选择界面

两个复选框的意思分别是在桌面上创建快捷方式和在快捷菜单栏中创建快捷方式。单击"Next"按钮，此时可能会弹出警告，提示当前网络连接可能会出现问题，如图1-1-26所示。

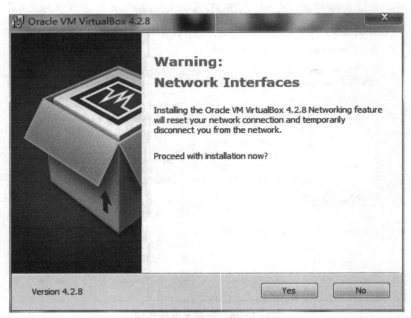

图1-1-26　网卡接口警告界面

不要紧张，单击"Yes"按钮，继续安装，如图1-1-27所示。

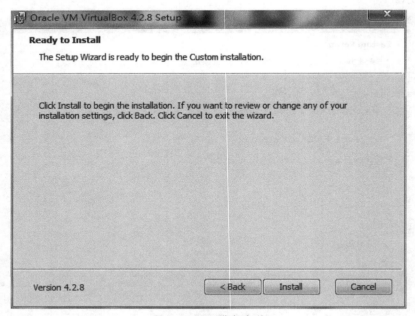

图1-1-27　准备安装

单击"Install"按钮，Oracle VM VirtualBox 迅速开始安装，如图1-1-28所示。

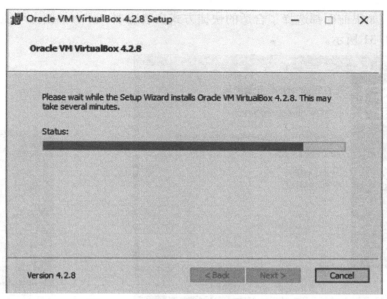

图1-1-28　Oracle VM VirtualBox安装中

等待一小会之后，安装即告完成，如图1-1-29所示。单击"Finish"按钮即可。

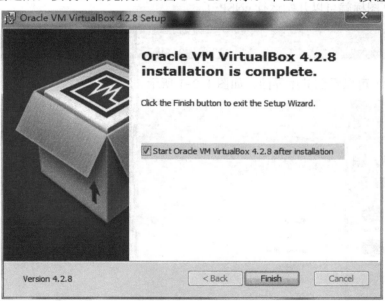

图1-1-29　Oracle VM VirtualBox安装完成

Oracle VM VirtualBox 安装完毕后，界面自动跳转到 eNSP 安装成功界面，如图 1-1-30 所示。如果不希望立刻打开程序，可取消选中"运行 eNSP"复选框。单击"完成"按钮结束安装。

安装完后，如果前面都选择了合适的快捷方式安装选项，那么桌面上可能会有三个快捷方式，如图 1-1-31 所示。

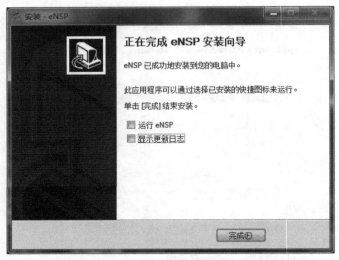

图1-1-30　Oracle VM VirtualBox安装完成

图1-1-31　相关软件的桌面快捷方式

双击 eNSP 图标就可以开始运行 eNSP 了。

1.2　熟悉eNSP

启动 eNSP，可以看到其主界面，如图 1-2-1 所示。

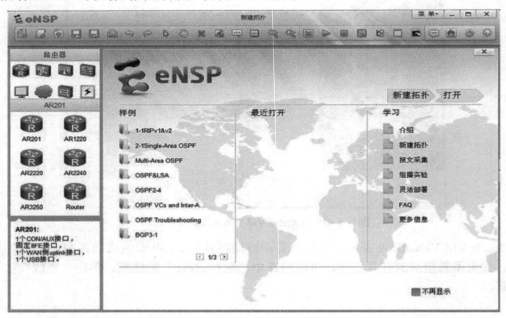

图1-2-1　eNSP主界面

单击"新建拓扑"按钮，就可以开始使用 eNSP 了，如图 1-2-2 所示。

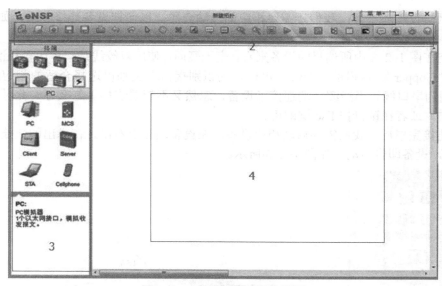

图1-2-2 eNSP新建拓扑界面

区域1是菜单栏，提供"文件""编辑""视图""工具""帮助"等菜单。

区域2是工具栏，提供常用的工具，将鼠标移到相应工具图标处会显示说明。

区域3是网络设备区，提供设备和传输介质。每种设备都有不同型号。比如单击路由器，会显示AR1220、AR2220等不同型号的路由器供选择。如果需要的话，直接将其拖动到区域4，也就是工作区就可以了。

区域4是工作区，在工作区中可以实施网络拓扑的组建。

接下来，我们可以尝试将网络设备区的交换机和若干PC拖到工作区的空白处，如图1-2-3所示。在工作区中可以对选中的设备进行删除操作，也可以选中全部设备后，使用鼠标右击后的快捷菜单进行水平对齐、垂直对齐等操作。

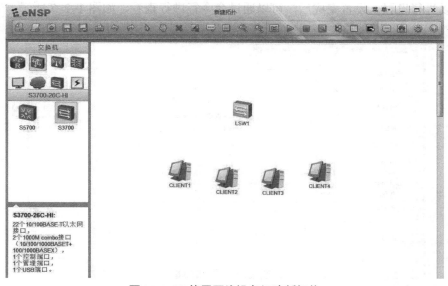

图1-2-3 使用网络设备组建新拓扑

单有网络设备还不行，我们还需要相应的传输介质，以便把设备连接起来，如图1-2-4所示。

以我们在图1-2-3中所选择的设备来看，毫无疑问，使用双绞线是一种比较靠谱的选择，因此选择"Copper"。这里的"Auto"可以自动识别接口卡类别以选择合适的相应线缆，而"Serial"则为串口线。当线缆一端连接了设备，忽然又不想要连接了怎么办？此时可以在工作区中右击，或者在键盘按 Esc 键即可。

线缆连接完毕后，我们需要启动相应设备。在设备图标上右击，在弹出的快捷菜单中选择"启动"，设备即告启动，如图1-2-5所示。

图1-2-4　各种传输介质

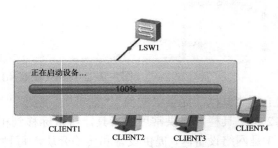

图1-2-5　启动设备

设备启动成功后，连接线上的红点会变成绿色。

把图1-2-3中所有的设备都连上相应的线缆，并启动相关设备。此时，可以在"计算机"上右击，在弹出的快捷菜单中选择"设置"，即可对计算机进行设置主机名、IP 地址等操作，如图1-2-6所示。

当然，既然PC可以设置，那么交换机肯定也是可以设置的。如果选择其他网络设备，一样也可以进行设置。设置完成后，可以通过命令行进行查看，如图1-2-7所示。

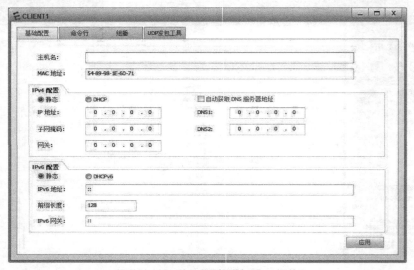

图1-2-6　对PC设备进行设置操作

图1-2-7 查看PC的IP地址

我们在这里可以尝试把 4 台 PC 设置在同一局域网内。

完成配置后，也可以对设备和拓扑进行保存。可以单击工具栏中的"保存"按钮来保存拓扑，并导出设备的配置文件，操作非常简单，在设备上右击，在弹出的快捷菜单中选择"导出设备配置"即可。导出的设备配置文件后缀为 .cfg，在下一次有需要的应用场景中，即可将其导入。需要注意的是，在导入配置时，必须是在设备未启动的状态下进行的。

1.3 熟悉VRP基本操作

1.3.1 VRP简介

VRP 是 Versatile Routing Platform 的简称，它是华为公司数据通信产品的通用网络操作系统。目前，在全球各地的网络通信系统中，华为（包括 H3C）设备几乎无处不在，因此，学习了解 VRP 的相关知识对于学习计算机网络和通信技术的人员来说，就显得非常重要。所以，接下来就让我们了解一下 VRP。

1．什么是 VRP

VRP 是华为公司从低端到高端的全系列路由器、交换机等数据通信产品的通用网络操作系统，就如同微软公司的 Windows 操作系统之于 PC，苹果公司的 iOS 操作系统之于 iPhone。VRP 可以运行在多种硬件平台之上，并拥有一致的网络界面、用户界面和管理界面，可为用户提供灵活而丰富的应用解决方案。

2．VRP 的演进

随着网络技术的迅速发展，VRP 在处理机制、业务能力、产品支持等方面也在持续演进。目前，VRP 的版本已从最初的 VRP1.0 演进到了 VRP8.X。

VRP 以 TCP/IP 模型为参考，通过完善的体系架构设计，将路由技术、MPLS 技术、VPN 技术、安全技术等数据通信技术，以及实时操作系统、设备和网络管理、网络应用等多项技术完美地集成在一起，满足了运营商和企业用户的各种网络应用场景的需求。

目前，华为大部分适用于企业网络场景的中低端网络设备是基于 VRP 5.X 的，故此处所涉及的 VRP 功能特性和配置描述基于 VRP5.12 给出。

1.3.2 VRP 命令行

要想实际操作华为网络设备，必须首先学会 VRP 命令行的使用方法。作为基础知识，一般至少需要掌握以下知识：

- 命令行的概念、作用和其基本结构。
- 用户视图、系统视图、接口视图之间的差异。
- 命令级别和用户权限级别的划分情况。
- 熟练地使用命令行。

1. 命令行的基本概念

华为网络设备功能的配置和业务的部署是通过 VRP 命令行来完成的。命令行是在设备内部注册的、具有一定格式和功能的字符串。一条命令行由关键字和参数组成，关键字是一组与命令行功能相关的单词或词组，通过关键字可以唯一确定一条命令行，参数是为了完善命令行的格式或指示命令的作用对象而指定的相关单词或数字等，包括整数、字符串、枚举值等数据类型。例如，测试设备间连通的命令行 **ping** ip-address 中，**ping** 为命令行的关键字，ip-address 为参数（取值为一个 IP 地址）。

新购买的华为网络设备，初始配置为空。若希望它能够具有诸如文件传输、网络互连等功能，则需要首先进入到该设备的命令行界面，并使用相应的命令进行配置。

2. 命令行界面

图 1-3-1 VRP 命令行界面

命令行界面是用户与设备之间的文本类指令交互的界面，就如同 Windows 操作系统中的 DOS（Disk Operation System）窗口一样。VRP 命令行界面如图 1-3-1 所示。

VRP 命令的总数达数千条之多，为了实现对它们的分级管理，VRP 系统将这些命令按照功能类型的不同分别注册在了不同的视图之下。

3. 命令行视图

命令行界面分成了若干种命令行视图，使用某个命令行时，需要先进入到该命令行所在的视图。最常用的命令行视图有用户视图、系统视图和接口视图，三者之间既有联系，又有一定的区别。

如图 1-3-1 所示，进入命令行界面后，首先进入的就是用户视图。提示符"<Huawei>"中，"< >"表示用户视图，"Huawei"是设备默认的主机名。在用户视图下，用户可以了解设备的基础信息、查询设备状态,但不能进行与业务功能相关的配置。如果需要对设备进行业务功能配置,则需要进入到系统视图。如图1-3-2所示,在用户视图下使用system-view命令,便可以进入到系统视图,此提示符中使用了方括号"[ ]"。

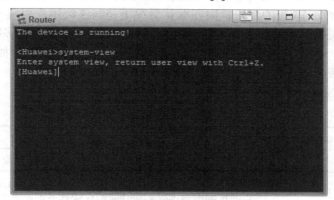

图1-3-2 系统视图界面

系统视图下可以使用绝大部分的基础功能配置命令。另外,系统视图还提供了进入其他视图的入口;若希望进入其他视图,必须先进入到系统视图。

如图1-3-3所示,如果要对设备的具体接口进行业务或参数配置,则还需要进入到接口视图。进入接口视图后,主机名后追加了接口类型和接口编号的信息。图1-3-3显示的是如何进入接口GigabitEthernet0/0/1的接口视图。在接口视图下,可以完成对相应接口的配置操作,例如配置接口的IP地址等。在接口视图下,主机名外的符号仍然是"[ ]"。事实上,除用户视图,其他任何视图下主机名外的符号都是"[ ]"。

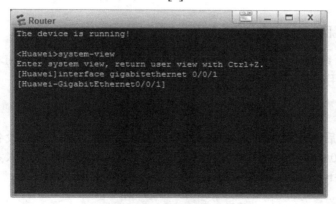

图1-3-3 接口视图界面

VRP系统将命令和用户进行了分级,每条命令都有相应的级别,每个用户也都有自己的权限级别,并且用户权限级别与命令级别具有一定的对应关系。具有一定权限级别的用户登录以后,只能执行等于或低于自己级别的命令。

4. 命令级别与用户权限级别

VRP命令级别分为0~3级:0级(参观级)、1级(监控级)、2级(配置级)、3级(管理级)。网络诊断类命令属于参观级命令,用于测试网络是否连通等。监控级命令用于查看网络状态和设备基本信息。对设备进行业务配置时，需要用到配置级命令。对于一些特殊的功能，如上传或下载配置文件，则需要用到管理级命令。

用户权限分为 0～15 共 16 个级别。在默认情况下，3 级用户就可以操作 VRP 系统的所有命令，也就是说 4～15 级的用户权限在默认情况下是与 3 级用户权限一致的。4～15 级的用户权限一般与提升命令级别的功能一起使用，例如当设备管理员较多时，需要在管理员中再进行权限细分，这时可以将某条关键命令所对应的用户级别提高，如提高到 15 级，这样一来，默认的 3 级管理员便不能再使用该关键命令。

用户权限级别与命令级别的对应关系如表 1-3-1 所示。

表1-3-1　用户权限级别与命令级别的对应关系

用户权限级别	命令级别	说　明
0	0	网络诊断类命令（ping、tracert）、从本设备访问其他设备的命令（telnet）等
1	0、1	系统维护命令，包括display等，但并不是所有的display命令都是监控级的，例如display current-configuration和display saved-configuration都是管理级命令
2	0、1、2	业务配置命令，包括路由、各个网络层次的命令等
3～15	0、1、2、3	涉及系统基本运行的命令，如文件系统、FTP下载、配置文件切换命令、用户管理命令、命令级别设置命令、系统内部参数设置命令等，还包括故障诊断的debugging命令

注意：建议不要随意修改默认的命令级别。如果确实需要修改，则应该在专业人员的指导下再进行修改，以免造成操作和维护上的不便，甚至给设备带来安全隐患。

1.3.3　命令行的使用方法

1. 进入命令视图

用户进入 VRP 系统后，首先进入的就是用户视图。如果出现 <Huawei>，并有光标在 ">" 右边闪动，则表明用户已成功进入了用户视图。

```
<Huawei>
```

进入用户视图后，便可以通过命令来了解设备的基础信息、查询设备状态等。如果要对 GigabitEthernetl/0/0 接口进行配置，则需先使用 system-view 命令进入系统视图，再使用 interface、interface-type、interface-number 命令进入相应的接口视图。

```
<Huawei>system-view
Enter system view, return user view with Ctrl+Z.   // 已进入系统视图
[Huawei]
[Huawei]interface gigabitethernet 0/0/1
[Huawei-GigabitEthernet0/0/1]   // 已进入接口视图
```

2. 退出命令视图

quit 命令的功能是从任何一个视图退回到上一层视图。例如，接口视图是从系统视图进入的，所以系统视图是接口视图的上一层视图。

```
[Huawei-GigabitEthernet0/0/1]quit
[Huawei]      //已退出到系统视图
```

如果希望继续退出至用户视图,可再次执行 **quit** 命令。

```
[Huawei]quit
<Huawei>      //已退出到用户视图
```

有些命令视图的层级很深,从当前视图退出到用户视图,需要多次执行 **quit** 命令。使用 **return** 命令,可以直接从当前视图退出到用户视图。

```
[Huawei-GigabitEthernet0/0/1]return
<Huawei>      //已退出到用户视图
```

另外,在任意视图下,使用快捷键 <Ctrl+Z>,可以达到与使用 **return** 命令相同的效果。

3. 输入命令行

UPR 系统提供了丰富的命令行输入方法,支持多行输入,每条命令最大长度为 510 个字符,命令关键字不区分大小写,同时支持不完整关键字输入。表 1-3-2 列出了命令行输入过程中常用的一些功能键。

表1-3-2　命令行功能键

功 能 键	功　　　能
退格键Backspace	删除光标位置前的一个字符,光标左移;若已经到达命令起始位置,则停止
左光标键←或<Ctrl+B>	光标向左移动一个字符位置;若已经到达命令起始位置,则停止
右光标键→或<Ctrl+F>	光标向右移动一个字符位置;若已经到达命令尾部,则停止
删除键Delete	删除光标所在位置的第一个字符,光标位置保持不动,光标后方字符向左移动一个字符位置;若已到达命令尾部,则停止
上光标键↑或<Ctrl+P>	显示上一条历史命令。如果需要显示更早的历史命令,可以重复使用该功能键
下光标键↓或<Ctrl+N>	显示下一条历史命令。如果需要显示更早的历史命令,可以重复使用该功能键

4. 不完整关键字输入

为了提高命令行输入的效率和准确性,VRP 系统能够支持不完整的关键字输入功能,即在当前视图下,当输入的字符能够匹配唯一的关键字时,可以不必输入完整的关键字。例如,当需要输入命令 **display current-configuration** 时,可以通过输入 dcu、dicu 或 discu 来实现,但不能输入 dc 或 disc 等,因为系统内有多条以 dc、disc 开头的命令,如:**display cpu-defend**、**display clock** 和 **display current-configuration**。

5. 在线帮助

在线帮助是 VRP 系统提供的一种实时帮助功能。在命令行输入过程中,用户可以随时键入"?"以获得在线帮助信息。命令行在线帮助可分为完全帮助和部分帮助。

关于完全帮助，我们来看一个例子。假如我们希望查看设备的当前配置情况，但在进入用户视图后不知道下一步该如何操作，这时就可以输入"?"，得到如下的回显帮助信息。

```
<Huawei>?
User view commands:
  arp-ping           ARP-ping
  batch-cmd          Batch commands
  cd                 Change current directory
  ce-ping            Ce-ping tool
  check              Check information
  clear              Clear monitor group
  clock              Specify the system clock
  cluster            Run cluster command
  cluster-ftp        FTP command of cluster
  compare            Compare function
  configuration      Configuration interlock
  copy               Copy from one file to another
  debugging          Enable system debugging functions
  delete             Delete a file
  dir                List files on a file system
  display            Display current system information
  fixdisk            Recover lost chains in storage device
  format             Format the device
  ftp                Establish an FTP connection hwtacacs-user
  issu               In-Service Software Upgrade (ISSU)
  kill               Release a user terminal interface
  language-mode      Specify the language environment
  license            License commands
  local-user         Add/Delete/Set user(s)
  ---- More ----
```

从显示的关键字中可以看到"display"，对此关键字的解释为Display current system information。自然会想到，要查看设备的当前配置情况，很可能会用到"display"这个关键字。于是，按任意字母键退出帮助后，输入display和空格，再输入问号"?"，可以得到如下的回显帮助信息。

```
<Huawei>display ?
  aaa                  AAA
  access-user          User access
  accounting-scheme    Accounting scheme
  acl                  Acl status and configuration information
  actual               Current actual
  admin-vsi            Specify administrator VSI configuration information
  alarm                Alarm
  antenna              current antenna that outputting radio
```

anti-attack	Specify anti-attack configurations
ap	Display AP information
ap-auth-mode	Display AP authentication mode
ap-elabel	electronic label
ap-license	AP license config
ap-performance-statistic	Display AP performance statistic information
ap-profile	Display AP profile information
ap-region	Display AP region information
ap-run-info	Display AP run information
ap-service-config	ap-service-config
ap-type	Display AP type information
ap-update	AP update
ap-whitelist	AP white list
arp	Display ARP entries
arp-limit	Display the number of limitation
arp-miss	ARP-miss message
atm	ATM status and configuration information
atm-bundle	Atm-bundle
atm-Trunk	Display information of atm-Trunk
authentication-scheme	Authentication scheme
authorization-scheme	Display AAA authorization scheme
b-vsi	B-VSI
bfd	Specify BFD(Bidirectional Forwarding Detection) configuration information
bgp	BGP information
binding	Display binding relation of profile
bootrom	Bootrom information
bpdu-tunnel	Bpdu-tunnel
bridge	Bridge MAC
bridge-link	Bridge link
bridge-profile	Display Bridge profile
bridge-whitelist	Bridge Whitelist
bssid-decode	Display bssid detail information
buffer	Buffer
bulk-stat	Bulk statistics
calendar	Calendar of a month
calibrate	Global calibrate
capwap	CAPWAP
cfm	Connectivity fault management
changed-configuration	The changed configuration
channel	Informational channel status and configuration information
clipboard	Clipboard status and configuration information
clock	Clock status and configuration information
cluster	Cluster status and configuration information

```
    cluster-increment-result       Result of increment configurations
    cluster-license                Cluster license information
    cluster-topology-info          Information of the cluster topology
    command-record                 Configuration information about history commands
    component                      Component information
    configuration-occupied         Configuration exclusive occupied
    control-flap                              Interface flap control status
    controller                     Specify controller
    counters                       Statistics information about the interface
    cpos-trunk                     Display information of cpos-trunk
    cpu-packet                     Packets reported to the CPU
    cpu-usage                      CPU usage information
    current-configuration          Current configuration
    ddns                           DDNS
   ---- More ----
```

从回显信息中，我们发现了"current-configuration"。通过简单的分析和推理，我们便知道，要查看设备的当前配置情况，应该输入的命令行是"display current-configuration"。

我们再来看一个部分帮助的例子。在通常情况下，我们不会完全不知道整个需要输入的命令行，而是知道命令行关键字的部分字母。假如我们希望输入 display current-configuration 命令，但不记得完整的命令格式，只记得关键字 display 的开头字母为 dis，current-configuration 的开头字母为 c。此时我们就可以利用部分帮助功能来确定完整的命令。输入 dis 后，再输入问号"？"。

```
<Huawei>dis?
   Display
```

回显信息表明，以 dis 开头的关键字只有 display。根据不完整关键字输入原则，用 **dis** 就可以唯一确定关键字 **display**。所以，在输入 dis 后直接输入空格，然后输入 c，最后输入"？"，以获取下一个关键字的帮助。

```
<Huawei>dis c?
    calendar                       calibrate
    capwap                         cfm
    changed-configuration          channel
    clipboard                      clock
    cluster                        cluster-increment-result
    cluster-license                cluster-topology-info
    command-record                 component
    configuration-occupied         control-flap
    controller                     counters
    cpos-trunk                     cpu-packet
    cpu-usage                      current-configuration
```

回显信息表明，确定关键字 display 后，以 c 开头的关键字只有为数不多的十几个，从中易找到 current-configuration。至此，我们便从 dis 和 c 这样的记忆片段中恢复出了完整的命令行 display current-configuration。

6. 快捷键

快捷键的使用可以进一步提高命令行的输入效率。VRP 系统已经定义了一些快捷键，称为系统快捷键。系统快捷键功能固定，用户不能再重新定义。常见的系统快捷键如表 1-3-3 所示。

表1-3-3 常见VRP系统快捷键

功 能 键	功 能
<Ctrl+Z>	返回到用户视图，功能相当于return命令
<Tab>键	部分帮助的功能，输入不完整的关键字后按下<Tab>键，系统会自动补全关键字

VRP 系统还允许用户自定义一些快捷键，但自定义快捷键可能会与某些操作命令发生混淆，所以一般情况下最好不要自定义快捷键。

1.3.4 基本配置

VRP 中的基本配置，大致包括：配置设备名称、配置设备系统时钟、配置设备 IP 地址、用户界面的基本配置。

1. 配置设备名称

命令行界面中的尖括号"< >"或方括号"[]"中包含设备的名称，也称为设备主机名。在默认情况下，设备名称为"Huawei"。为了更好地区分不同的设备，通常需要修改设备名称。我们可以通过命令 **sysname** host-name 来对设备名称进行修改，其中 **sysname** 为命令行的关键字，host-name 为参数，表示希望设置的设备名称。例如，通过如下操作，就可以将设备名称设置为 SwitchA。当然，也可以把它改为 Beckham、TFboys、Python 等。

```
<Huawei>system-view
Enter system view, return user view with Ctrl+Z.
[Huawei]sysname SwitchA
[SwitchA]
```

2. 配置设备系统时钟

华为设备出厂时默认采用了协调世界时（UTC），但没有配置时区，所以在配置设备系统时钟前，需要了解设备所在的时区。

设置时区的命令行为 **clock timezone** time-zone-name {add|minus} offset，其中 time-zone-name 为用户定义的时区名，用于标识配置的时区，根据偏移方向选择 add 和 minus，正向偏移（UTC 时间加上偏移量为当地时间）选择 add，负向偏移（UTC 时间减去偏移量为当地时间）选择 minus，offset 为偏移时间。假设设备位于北京时区，则相应的配置应该是：

```
[Huawei]clock timezone BJ add 08:00
```

设置好时区后，就可以设置设备当前的日期和时间了。华为设备仅支持 24 小时制的命令行，为 **clock datetime** HH:MM:SS YYYY-MM-DD，其中 HH:MM:SS 为设置的时间，YYYY-MM-DD 为设置的日期。假设当前的日期为 2019 年 2 月 14 日，时间为 02:06:00，则

相应的配置应该是：

```
[Huawei]clock datetime 02:06:00 2019-02-14
```

3．配置设备 IP 地址

用户可以通过不同的方式登录到设备命令行界面，包括 Console 口登录、MiniUSB 口登录以及 Telnet 登录。首次登录新设备时，由于新设备为空配置设备，所以只能通过 Console 口或 MiniUSB 口登录。首次登录到新设备后，便可以给设备配置一个 IP 地址，然后开启 Telnet 功能。

IP 地址是针对设备接口的配置，通常一个接口配置一个 IP 地址。配置接口 IP 地址的命令为 **ip address** ip-address{mask/mask-length}，其中 **ip address** 是命令关键字，ip-address 为希望配置的 IP 地址。mask 表示点分十进制方式的子网掩码；mask-length 则表示长度方式的子网掩码，即掩码中二进制数 1 的个数。

假设设备 Huawei 的管理接口为 Ethernet0/0/1，分配的 IP 地址为 10.1.1.101，子网掩码为 255.255.255.0，则相应的配置应该是：

```
[Huawei]interface Ethernet 0/0/1          // 进入相应接口
[Huawei- Ethernet 0/0/1]ip address 10.1.1.101 255.255.255.0
```

说明：该例中的子网掩码也可以用掩码的长度 24 直接表示，如果采用长度方式子网掩码的话，配置命令是 **ip address** 10.1.1.101 24。

4．用户界面的基本配置

（1）用户界面的概念。用户在与设备进行信息交互的过程中，不同的用户拥有各自不同的用户界面。使用 Console 口登录设备的用户，其用户界面对应了设备的物理 Console 口；使用 Telnet 登录设备的用户，其用户界面对应了设备的虚拟 VTY（Virtual Type Terminal）接口。

说明：不同设备支持的 VTY 接口总数可能不同。

如果希望对不同的用户进行登录控制，则需要首先进入到对应的用户界面视图进行配置（如规定用户权限级别、设置用户名和密码等）。例如，假设规定通过 Console 口登录的用户的权限级别为 2 级，则相应的操作如下。

```
<Huawei>system-view
[Huawei]user-interface console 0     // 进入 console 口用户的用户界面视图
[Huawei-ui-console0]user privilege level 2
```

如果有多个用户登录设备，因为每个用户都会有自己的用户界面，那么设备如何识别这些不同的用户界面呢？

（2）用户界面的编号。用户登录设备时，系统会根据该用户的登录方式，自动分配一个当前空闲且编号最小的相应类型的用户界面给该用户。用户界面的编号包括以下两种：

①相对编号。相对编号的形式是：用户界面类型＋序号。一般地，一台设备只有 1 个 Console 口（插式设备可能有多个 Console 口，每个主控板提供 1 个 Console 口），VTY 类型的用户界面一般有 15 个（默认情况下，开启其中的 5 个）。所以，相对编号的具体呈现如下。

- Console 口的编号：CON 0。
- VTY 的编号：第一个为 VTY 0，第二个为 VTY 1，以此类推。

②绝对编号。绝对编号仅仅是一个数值，用来唯一标识一个用户界面。绝对编号与相对编号具有一一对应的关系：Console 用户界面的相对编号为 CON 0，对应的绝对编号为 0；VTY 类型的用户界面的相对编号为 VTY 0～VTY 14，对应的绝对编号为 129～143。

使用 **display user-interface** 命令可以查看设备当前支持的用户界面信息，操作如下。

```
<Huawei>display user-interface
  Idx   Type     Tx/Rx    Modem  Privi  ActualPrivi  Auth  Int
+ 0     CON 0    9600     -      15     15           P     -
  129   VTY 0             -      0      -            N     -
  130   VTY 1             -      0      -            N     -
  131   VTY 2             -      0      -            N     -
  132   VTY 3             -      0      -            N     -
  133   VTY 4             -      0      -            N     -
  145   VTY 16            -      0      -            N     -
  146   VTY 17            -      0      -            N     -
  147   VTY 18            -      0      -            N     -
  148   VTY 19            -      0      -            N     -
  149   VTY 20            -      0      -            N     -
  150   Web 0    9600     -      15     -            A     -
  151   Web 1    9600     -      15     -            A     -
  152   Web 2    9600     -      15     -            A     -
  153   Web 3    9600     -      15     -            A     -
  154   Web 4    9600     -      15     -            A     -
  155   XML 0    9600     -      0      -            A     -
  156   XML 1    9600     -      0      -            A     -
  157   XML 2    9600     -      0      -            A     -
UI(s) not in async mode -or- with no hardware support:
1-128
  +    : Current UI is active.
  F    : Current UI is active and work in async mode.
  Idx  : Absolute index of UIs.
  Type : Type and relative index of UIs.
  Privi: The privilege of UIs.
  ActualPrivi: The actual privilege of user-interface.
  Auth : The authentication mode of UIs.
     A: Authenticate use AAA.
     N: Current UI need not authentication.
     P: Authenticate use current UI's password.
  Int  : The physical location of UIs.
```

在回显信息中，第一列 Idx 表示绝对编号，第二列 Type 为对应的相对编号。

5. 用户验证

每个用户登录设备时都会有一个用户界面与之对应。那么，如何做到只有合法用户才能

登录设备呢？答案是通过用户验证机制。设备支持的验证方式有3种：Password 验证、AAA 验证和 None 验证。

（1）Password 验证：只需输入密码，密码验证通过后，即可登录设备。在默认情况下，设备使用的是 Password 验证方式。使用该方式时，如果没有配置密码，则无法登录设备。

（2）AAA 验证：需要输入用户名和密码，只有输入正确的用户名和其对应的密码时，才能登录设备。由于需要同时验证用户名和密码，所以 AAA 验证方式的安全性比 Password 验证方式高，并且该方式可以区分不同的用户，用户之间互不干扰。所以，使用 Telnet 口登录时，一般都采用 AAA 验证方式。

（3）None 验证：不需要输入用户名和密码，可直接登录设备，即无须进行任何验证。安全起见，不推荐使用这种验证方式。

用户验证机制保证了用户登录的合法性。在默认情况下，通过 Telnet 口登录的用户，登录后的权限级别为 0 级。

6．用户权限级别

前面已经对用户权限级别的含义以及它与命令级别的对应关系进行了描述。用户权限级别也称为用户级别，在默认情况下，用户级别在 3 级及以上时，便可以操作设备所有命令。某个用户的级别，可以在对应用户界面视图下执行 **user privilege level** X 命令进行配置，其中 X 为指定的用户级别。

有了以上这些关于用户界面的相关知识后，我们接下来通过两个实例来说明 VTY 和 Console 用户界面的配置方法。

实例1：配置VTY用户界面

VTY 用户界面对应于使用 Telnet 口登录的用户。考虑到 Telnet 口登录是远程登录，容易存在安全隐患，所以在用户验证方式上采用了 AAA 验证。一般地，设备调试阶段需要登录设备的人员较多，并且需要进行业务方面的配置，所以通常配置最大 VTY 用户界面数为 15，即允许最多 15 个用户同时使用 Telnet 口登录到设备。同时，应将用户级别设置为 2 级，即配置级，以便可以进行正常的业务配置。

1．配置最大 VTY 用户界面数为 15

配置最大 VTY 用户界面数使用的命令是 user-interface maximum-vty number。如果希望配置最大 VTY 用户界面数为 15 个，则 number 取值为 15。

```
<Huawei>system-view
[Huawei]user-interface maximum-vty 15
```

2．进入 VTY 用户界面视图

使用 **user-interface vty** first-ui-number [last-ui-number] 命令进入 VTY 用户界面视图，其中 first-ui-number 和 last-ui-number 为 VTY 用户界面的相对编号，方括号"[ ]"表示该参数为可选参数。假设现在需要对 15 个 VTY 用户界面进行整体配置，则 first-ui-number 应取值为 0，last-ui-number 应取值为 14。

```
[Huawei]user-interface vty 14
[Huawei-ui-vty0-14]                    // 进入了 VTY 用户界面视图
```

3. 配置 VTY 用户界面的用户级别为 2 级

配置用户级别的命令为 **user privilege level** level。因为现在需要配置用户级别为 2 级，所以 level 的取值为 2。

```
[Huawei-ui-vty0-14]user privilege level 2
```

4. 配置 VTY 用户界面的用户验证方式为 AAA

配置用户验证方式的命令为 **authentication-mode** {aaa|none|password}，其中大括号"{}"表示其中的参数应任选其一。

```
[Huawei-ui-vty0-14] authentication-mode aaa
```

5. 配置 AAA 验证方式的用户名和密码

首先退出 VTY 用户界面视图，执行命令 aaa，进入 AAA 视图。再执行命令 local-user user-name password **cipher** password，配置用户名和密码。user-name 表示用户名，password 表示密码，关键字 **cipher** 表示配置的密码将以密文形式保存在配置文件中。最后，执行命令 local-user user-name service-type telnet，定义这些用户的接入类型为 Telnet。

```
[Huawei]aaa
[Huawei-aaa]local-user admin password cipher cy6304
[Huawei-aaa]local-user admin service-type telnet
[Huawei-aaa]
```

配置完成后，当用户通过 Telnet 口登录设备时，设备会自动分配一个编号最小的可用 VTY 用户界面给用户使用，进入命令行界面之前需要输入上面配置的用户名（admin）和密码（cy6304）。

实例2：配置Console用户界面

Console 用户界面对应于从 Console 口直连登录的用户，一般采用 Password 验证方式。通过 Console 口登录的用户一般为网络管理员，需要具有最高级别的用户权限。

1. 进入 Console 用户界面

进入 Console 用户界面使用的命令为 **user-interface console** interface-number，interface-number 表示 Console 用户界面的相对编号，取值为 0。

```
[Huawei] user-interface console 0
```

2. 配置用户界面

在 Console 用户界面视图下配置验证方式为 Password 验证，并配置密码为 cy6304，且密码将以密文形式保存在配置文件中。

配置用户界面的用户验证方式的命令为 **authentication-mode**{aaa|none|password}。使用

set authentication password cipher password 命令，配置密文密码。

```
[Huawei-ui-console0]authentication-mode password
Please configure the login password (maximum length 16):cy6304
```

配置完成后，配置信息会保存在设备的内存中，使用命令 display current-configuration 即可进行查看。如果不进行存盘保存，则这些信息在设备通电或重启时将会丢失。

特别需要注意的是，在重新登录需要输入密码时，在界面上是没有任何提示符的，如图 1-3-4 所示。当用户在 Password 后面输入 cy6304 时，提示框中并没有显示包括 *** 在内的任何字符，但输入正确密码并按回车键后，即可进入用户视图。

```
[Huawei]user-interface console 0
[Huawei-ui-console0]authentication-mode password
Please configure the login password (maximum length 16):cy6304
[Huawei-ui-console0]

  Please check whether system data has been changed, and save data in time

  Configuration console time out, please press any key to log on


Login authentication


Password:
<Huawei>
```

图1-3-4　超时后使用Password登录

1.3.5　配置文件管理

学习完本小节内容之后，就可以能够：
- 熟悉3个基本概念，即当前配置、配置文件、下次启动的配置文件。
- 完成设备当前配置的保存。
- 设置设备下次启动的配置文件。

1．基本概念

涉及配置文件管理的基本概念有3个：当前配置、配置文件、下次启动的配置文件。

（1）当前配置。设备内存中的配置信息称为设备的当前配置，它是设备当前正在运行的配置。显然，设备下电后或设备重启时，内存中原有的所有信息（包括配置信息）都会消失。

（2）配置文件。包含设备配置信息的文件称为配置文件，它存在于设备的外部存储器中（注意，不是在内存中），其文件名的格式一般为"*.cfg"或"*.zip"。用户可以将当前配置保存到配置文件中。当设备重启时，配置文件的内容可以被重新加载到内存，成为新的当前配置。配置文件除了具有保存配置信息的作用，还可以方便设备安装和维护人员查看、备份以及移植配置信息用于其他设备。在默认情况下，保存当前配置时，设备会将配置信息保存到名为"vrpcfg.zip"的配置文件中，并存放于设备的外部存储器的根目录下。

（3）下次启动的配置文件。顾名思义，下次启动的配置文件即为设备下次启动时加载至内存的配置文件。设备重启时，会从指定的配置文件中提取配置信息，并加载至内存中。在默认情况下，下次启动的配置文件的文件名为"vrpcfg.zip"。

2. 保存当前配置

保存当前配置的方式有两种：手动保存和自动保存。

（1）手动保存配置。用户可以使用 save[configuration-file] 命令随时将当前配置以手动方式保存到配置文件中，参数 configuration-file 为指定的配置文件名，格式必须为 "*.cfg" 或 "*.zip"。如未指定配置文件名，则配置文件名默认为 "vrpcfg.zip"。

例如，需要将当前配置保存到文件名为 "vrpcfg.zip" 的配置文件中时，可进行如下操作。

```
<Huawei>save
  The current configuration will be written to the device.
  Are you sure to continue? (y/n)[n]:y
  It will take several minutes to save configuration file, please wait..........
....
  Configuration file had been saved successfully
  Note: The configuration file will take effect after being activated
```

如果还需要将当前配置保存到文件名为 "backup.zip" 的配置文件中，作为对 vrpcfg.zip 的备份，则可进行如下操作。

```
<Huawei>save backup.zip
  Are you sure to save the configuration to hackup.zip? (y/n)[n]:y
  It will take several minutes to save configuration file, please wait..........
.....
  Configuration file had been saved successfully
  Note: The configuration file will take effect after being activated
```

（2）自动保存配置。自动保存配置功能可以有效降低用户因忘记保存配置而导致配置丢失的风险。自动保存分为周期性自动保存和定时自动保存两种方式。

在周期性自动保存方式下，设备会根据用户设定的保存周期，自动完成配置保存；无论设备的当前配置相比配置文件是否有变化，设备都会进行自动保存操作。在定时自动保存方式下，用户设定一个时间点，设备会每天在此时间点自动进行一次保存。在默认情况下，设备的自动保存功能是关闭的，需要用户开启之后才能使用。

周期性自动保存的设置方法如下：执行命令 **autosave interval on**，开启设备的周期性自动保存功能。

```
<Huawei>autosave interval on
  System autosave interval switch: on
  Autosave interval: 1440 minutes
  Autosave type: configuration file

  System autosave modified configuration switch: on
  Autosave interval: 30 minutes
  Autosave type: configuration file
```

系统默认的自动保存时间为 1440 分钟（24 小时），如果需要更改保存时间，可以使用命令 **autosave interval** time，设置自动保存周期，这里 time 为指定的时间周期，单位为分钟。

```
<Huawei>auto interval 2880
 System autosave interval switch: on
 Autosave interval: 2880 minutes
 Autosave type: configuration file
```

此外，也可以设置定时自动保存。设置方法如下：首先执行命令 **autosave time on**，开启设备的定时自动保存功能，然后执行命令 **autosave time** time-value，设置自动保存的时间点。time-value 为指定的时间点，格式为 HH:MM:SS，默认值为 00:00:00。

需要注意的是，周期性自动保存与定时自动保存是互斥的。同一时间、同一台设备只允许设置其中一种自动保存方式。如果希望更换自动保存方式，则需要首先取消已经设置的自动保存方式。另外，即使设置了自动保存功能，用户依然可以使用 **save** 命令进行手动方式保存配置。

在默认情况下，设备会将当前配置保存到"vrpcfg.zip"文件中。如果用户指定了另外一个配置文件作为设备下次启动的配置文件，则设备会将当前配置保存到新指定的下次启动的配置文件中。

3．设置下次启动的配置文件

设备支持设置任何一个存在于设备的外部存储器的根目录下（如 flash:/）的"*.cfg"或"*.zip"文件作为设备的下次启动的配置文件。我们可以通过 **startup saved-configuration** configuration file 命令来设置设备下次启动的配置文件，其中 configuration file 为指定配置文件名。如果设备的外部存储器的根目录下没有该配置文件，则系统会提示设置失败。

例如，如果需要指定已经保存的 backup.zip 文件作为下次启动的配置文件，可执行如下操作。

```
<Huawei>startup saved-configuration backup.zip
This operation will take several minutes, please wait...
Info: Succeeded in setting the file for booting system
  <Huawei>
```

注意：设置了下次启动的配置文件后，再保存当前配置时，默认会将当前配置保存到所设置的下次启动的配置文件中，从而覆盖了下次启动的配置文件的原有内容。所以，保存当前配置时应该特别小心。

设置好下次启动的配置文件后，一般会重启设备让配置生效。如果设备是由多人维护的，则很可能出现当前配置信息与下次启动的配置文件中的信息不一致的情况。VRP 系统提供了 **compare configuration** 命令，用来比较当前配置与下次启动配置文件的差异。执行该命令后，系统会从下次启动的配置文件的首行开始与当前配置进行比较，在比较出不同之处时，将从两者有差异的地方开始显示字符，默认显示 120 个字符。

例如，如果需要比较一下设备的当前配置与之前指定的下次启动的配置文件 backup.zip 之间的差异，则可执行以下操作。

```
<Huawei>compare con
<Huawei>compare configuration
 The current configuration is not the same as the next startup configuration file.
```

```
====== Current configuration line 53 ======
set authentication password cipher %$%$[o]TDLU`3Ej3TXXTgB#!,'YVA2xi:+x%t7utH0EB
=lx6'YY,%$%$
user-interface vty 0 4
user-interface vty 16 20
====== Configuration file line 53 ======
set authentication password
cipher %$%$|um2RWQ}ZB^n_wUE*+>G,'>sO～ET$wGShK^hYyM$
P,TR'>v,%$%$
user-interface vty 0 4
user-interface vty 16 20
```

从显示信息中可以看到，当前配置中取消了 HTTP 服务器功能，这一点与下次启动的配置文件是有差异的。

1.3.6 文件管理

VRP 通过文件系统来对设备上的所有文件（包括设备的配置文件、系统软件文件、License 文件、补丁文件等）和目录进行有效的管理。学习完本小节内容之后，我们应该能够：

- 了解文件管理的基本概念。
- 完成设备配置文件的备份。
- 通过TFTP和FTP实现文件的传输。
- 删除设备中的文件。
- 配置设备的启动文件。

1. 基本概念

VRP 文件系统主要用来创建、删除、修改、复制和显示文件及目录，这些文件和目录都存在于设备的外部存储器中。华为路由器支持的外部存储器一般有 Flash 和 SD 卡，交换机支持的外部存储器一般有 Flash 和 CF 卡。除此之外，有的设备还支持通过外接 U 盘来扩充设备的外部存储容量。

设备的外部存储器中的文件类型是多种多样的，除了有之前提到过的配置文件，还有系统软件文件、License 文件、补丁文件等。在这些文件中，系统软件文件具有特殊的重要性，因为它其实就是设备的 VRP 操作系统本身。系统软件文件的扩展名为".cc"，并且必须存放于外部存储器的根目录下。设备上电时，系统软件文件的内容会被加载至内存并运行。

2. 备份配置文件

由于系统升级等原因，我们可能需要将某个设备上的某个配置文件备份到该设备的外部存储器的某个指定文件夹中。下面，我们通过一个例子来说明这一过程。如图 1-3-5 所示，假设已经通过 PC 成功登录到路由器 R1，接下来的步骤将说明如何完成配置文件的备份过程。

图1-3-5 备份配置文件

（1）查看当前路径下的文件，并确认需要备份的文件名称与大小。**dir**[/all][filename|directory] 命令可用来查看当前路径下的文件，**all** 表示查看当前路径下的所有文件和目录，包括已经删除至回收站的文件。filename 表示待查看文件的名称，directory 表示待查看目录的路径。

路由器的默认外部存储器为 Flash，执行如下命令可查看路由器 R1 的 Flash 存储器的根目录下的文件和目录。

```
<Huawei>dir
Directory of flash:/

  Idx  Attr     Size(Byte)  Date        Time(LMT)  FileName
    0  drw-              -  Nov 26 2018 07:08:13   dhcp
    1  -rw-        121,802  May 26 2014 09:20:58   portalpage.zip
    2  -rw-          2,263  Nov 26 2018 08:14:17   statemach.efs
    3  -rw-        828,482  May 26 2014 09:20:58   sslvpn.zip
    4  -rw-            352  Nov 26 2018 07:54:51   private-data.txt
    5  -rw-            625  Nov 26 2018 07:56:15   hackup.zip
    6  -rw-            648  Nov 26 2018 08:14:03   backup.zip
    7  -rw-            646  Nov 26 2018 08:13:47   vrpcfg.zip

1,090,732 KB total (784,496 KB free)
<Huawei>
```

从回显信息中，我们看到了名为"vrpcfg.zip"的配置文件，大小为 646 字节，假设它就是我们需要备份的配置文件。

（2）新建目录。创建目录的命令为 **mkdir** directory，directory 表示需要创建的目录。在 flash 的根目录下创建一个名为 backup 的目录。

```
<Huawei>mkdir flash:/backup
Info: Create directory flash:/backup...Done
```

（3）复制并重命名文件。复制文件的命令为 **copy** source-filename destination-filename，source-filename 表示被复制文件的路径及源文件名，destination-filename 表示目标文件的路径及目标文件名。

把需要备份的配置文件 vrpcfg.zip 复制到新目录 backup 下，并重命名为 vrpcfgbak.zip。

```
<Huawei>copy vrpcfg.zip flash:/backup/vrpcfgbak.zip
Copy flash:/vrpcfg.zip to flash:/backup/vrpcfgbak.zip? (y/n)[n]:y

100%  complete
Info: Copied file flash:/vrpcfg.zip to flash:/backup/vrpcfgbak.zip...Done
<Huawei>
```

当然，也可以做两个备份，例如我们再做一个备份，并重命名为 cccy6304.zip，命令为：

```
<Huawei>copy vrpcfg.zip flash:/backup/cccy6304.zip
Copy flash:/vrpcfg.zip to flash:/backup/cccy6304.zip? (y/n)[n]:y

100%    complete
Info: Copied file flash:/vrpcfg.zip to flash:/backup/cccy6304.zip...Done
<Huawei>
```

（4）查看备份后的文件。**cd** directory 命令用来修改当前的工作路径。我们可以执行如下操作来查看文件是否备份成功。

```
<Huawei>cd flash:/backup/
<Huawei>dir
Directory of flash:/backup/

Idx  Attr     Size(Byte)   Date         Time(LMT)   FileName
0    -rw-            646   Nov 26 2018  08:42:00    cccy6304.zip
1    -rw-            646   Nov 26 2018  08:41:38    vrpcfgbak.zip

1,090,732 KB total (784,480 KB free)
<Huawei>
```

回显信息表明，backup 目录下已经有了文件 vrpcfgbak.zip 和 cccy6304.zip，配置文件 vrpcfg.zip 的备份过程已顺利完成。

3．删除文件

当设备的外部存储器的可用空间不够时，我们就很可能需要删除其中的一些无用文件。删除文件的命令为 **delete**[/unreserved][/force] filename，其中 /unreserved 表示彻底删除指定文件，删除的文件将不可恢复；/force 表示无须确认直接删除文件；filename 表示要删除的文件名。

如果不使用 /unreserved，则 **delete** 命令删除的文件将被保存到回收站中，而使用 **undelete** 命令则可恢复回收站中的文件。注意，保存到回收站中的文件仍然会占用存储器空间。**reset recycle-bin** 命令将会彻底删除回收站中的所有文件，这些文件将被永久删除，不能再被恢复。

例如，如果我们已经确定设备上的文件 backup.zip 不再有用，需要彻底删除，则可进行如下操作。

```
<Huawei>delete /unreserved backup.zip
Warning: The contents of file flash:/backup.zip cannot be recycled. Continue? (y
/n)[n]:y
Info: Deleting file flash:/backup.zip...
Deleting file permanently from flash will take a long time if needed...succeed.
<Huawei>
```

4．设置系统启动文件

所谓启动文件，是指设备在启动时，需要从系统外部存储器中加载至内存并运行的系统软件文件及其他相关文件。在设置下次启动使用的启动文件之前，可以先执行 **display startup** 命令查看设备当前设置的下次启动时所使用的启动文件情况。

```
<Huawei>display startup
  MainBoard:
Startup system software:                        null
Next startup system software:                   null
Backup system software for next startup:        null
Startup saved-configuration file:               flash:/vrpcfg.zip
Next startup saved-configuration file:          flash:/backup.zip
Startup license file:                           null
Next startup license file:                      null
Startup patch package:                          null
Next startup patch package:                     null
Startup voice-files:                            null
Next startup voice-files:                       null
  <Huawei>
```

回显信息表明，设备下次启动时将使用的系统软件文件为空 null。设置下次启动使用的系统软件文件的命令为 **startup system-software** system-file，system-file 表示指定的系统软件文件名。例如，当前启动系统软件文件为 software.cc，而想要将 devicesoft.cc 设置为下次启动时使用的系统软件文件，可执行如下操作（需要注意的是，设备中必须已有相应的系统软件文件）。

```
<Huawei>startup system-software devicesoft.cc
This operation will take several minutes, please wait...
Info: Succeeded in setting the file for booting system
```

然后再次执行 **display startup** 命令，检查设置是否成功。

```
<Huawei>display startup
  MainBoard:
Startup system software:                        flash:/software.cc
Next startup system software:                   flash:/devicesoft.cc
Backup system software for next startup:        null
Startup saved-configuration file:               flash:/vrpcfg.zip
Next startup saved-configuration file:          flash:/backup.zip
Startup license file:                           null
Next startup license file:                      null
Startup patch package:                          null
Next startup patch package:                     null
Startup voice-files:                            null
Next startup voice-files:                       null
  <Huawei>
```

从回显信息中我们可以看到，下次启动时将使用的系统软件文件已经成功设置成了 devicesoft.cc。

5. 基础配置常用命令

VRP 命令的总数达数千条之多，其中一些命令的使用频率非常高，并且涉及系统的基础配置。表 1-3-4 列出了一些与 VRP 基础配置相关的常用命令，用户可以首先学会并熟悉这些命令，然后再逐步学习和了解其他命令的使用方法。

表1-3-4　VRP基础配置常用命令

命令格式	简要说明
authentication-mode{aaa|password|none}	设置登录用户界面的验证方式
autosave interval{value|time|configuration time}	设置周期性自动保存当前配置
autosave time{value|time-value}	设置定时自动保存当前配置
cd directory	修改用户当前的工作路径
clock datetime HH:MM:SS YYYY-MM-DD	设置当前日期和时钟
clock timezone time-zone-name{add|minus}offset	设置本地时区信息
compare configuration[configuration-file] [current-line-number save-line-number]	比较当前配置文件与下次启动的配置文件内容
copy source-filename destination-filename	复制文件
delete[/unreserved][/force]{filename|devicename}	删除文件
dir[/all][filename|directory]	显示文件和目录
display current-configuration	查看当前生效的配置信息
display this	查看当前视图的运行配置
display startup	查看启动文件信息
display user-interface[ui-type ui-number1|ui-number][summary]	查看用户界面信息
ftp host-ip[port-number]	与FTP服务器建立连接
get source-filename[destination-filename]	从服务器下载文件到客户端
local-user user-name password **cipher** password	创建本地用户，并设置密码
local-user user-name **service-type telnet**	配置本地用户的接入类型
mkdir directory	创建新的目录
move source-filename destination-filename	将源文件从指定目录移动到目标目录中
put source-filename [destination-filename]	从客户端上传文件到服务器
quit	从当前视图退回到上一层视图。如果当前视图为用户视图，则退出系统
reboot	重新启动设备
reset recycle-bin	彻底删除当前目录下回收站中的内容
save	保存当前配置信息
schedule reboot{**at** time|**delay** interval}	配置设备的定时重启功能
startup saved-configuration configuration-file	设置系统下次启动时使用的配置文件
sysname host-name	设置设备的主机名

续表

命令格式	简要说明
system-view	该命令用来使用户视图进入系统视图
telnet host-name [port-number]	从当前设备使用Telnet口登录到其他设备
tftp tftp-server{**get**|**put**}source-filename[destination-filename]	上传文件到TFTP服务器，或从TFTP服务器下载文件
user-interface[ui-type]first-ui-number[last-ui-number]	进入一个用户界面视图或多个用户界面视图
user-interface maximum-vty number	设置登录用户的最大数目
user privilege level level	设置用户级别
undo terminal monitor	关闭终端提示

第2章 简单网络组建

按工作模式，计算机网络可分为对等网（Peer to Peer）模式和客户机/服务器（Client/Server，C/S）模式。在小型网络或家庭网络中，网络用户较少（一般在几十台计算机以内），通常采用对等网模式。对等网侧重于网络的共享功能，网络中的计算机一般处于同一区域。对等网结构包括：

简单网络组建0

（1）两台 PC 组成的对等网。当前一般采用交叉双绞线直接连接两台 PC。

（2）三台 PC 构成的对等网。一般采用双绞线作为传输介质，可用两种方式进行组建，一种采用双网卡网桥方式，即其中一台计算机上安装两块网卡，另外两台计算机各安装一块网卡，然后用双绞线连接起来；另一种采用集线器/交换机组建一个星形对等网，三台 PC 都直接与集线器/交换机相连。当前一般使用后一种方法。

简单网络组建1

（3）多于三台 PC 构成的对等网。采用集线器/交换机组成星形网络。

我们在 2.1 和 2.2 中先介绍对等网的组建，在 2.3 中通过服务器的架构介绍 C/S 网络的组建。

2.1 基于实际设备实现双机互连

两台计算机直接互相连接无疑是最为简单的计算机网络。在数字设备飞速发展的今天，个人拥有多台计算机已经并不鲜见。在某些环境下，例如 Internet 服务中断，而又需要从某一台主机上复制大容量数据到另外一台主机时，选择双机互连其实是挺方便的。下面介绍一下双机互连和数据共享的方法。

首先需要在物理上连接两台 PC，使用一条制作好的交叉网线将两台 PC 连接起来。网线的两端分别插入两台 PC 各自的网卡插口。注意，连接完成后，开机的两台 PC 的网卡灯都会点亮。如果不亮则表示没有连通，可能是网线或者网卡等有问题。

接下来就需要动手配置，以便实现数据共享了。

（1）设置计算机的网络标识。

①右击"我的电脑"，在弹出的快捷菜单中选择"属性"选项，在打开的对话框中选择"计算机名"标签，出现如图 2-1-1 所示的对话框。

②单击"更改"按钮，在打开的对话框中，为该计算机输入新的名称与希望加入的工作组名称，然后单击"确定"按钮。

注意：计算机名称不能与在同一工作组中的其他计算机同名，否则将无法正确识别计算机。由于组建的网络为对等网，属于工作组模式，所以"工作组"必须相同。

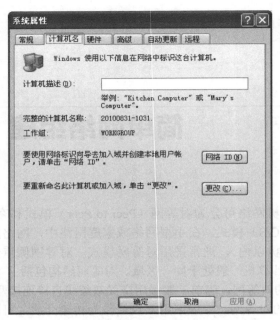

图2-1-1 设置"我的电脑"网络标识

（2）设置 IP 地址。打开"控制面板"→"网络连接"→"本地连接"，按以下步骤设置 IP 地址。

①选中"本地连接"图标，右击，在弹出的快捷菜单中选择"属性"选项，打开"本地连接属性"对话框。

②在"此连接使用下列项目"列表框中选择"Internet 协议（TCP/IP）",然后单击"属性"按钮，出现如图 2-1-2 所示的对话框。

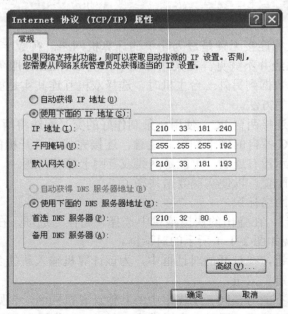

图2-1-2 "Internet协议（TCP/IP）属性"对话框

③在"Internet 协议（TCP/IP）属性"对话框中选择"使用下面的 IP 地址"，接着输入相应的 IP 地址，如"192.168.1.1"，注意在同一网段内的其他计算机都要设置为"192.168.1.X"（X 是 1 至 254 内的任意自然数），而且保证各 IP 地址不能重复，以避免计算机不能被识别。在"子网掩码"中输入"255.255.255.0"，"默认网关"中输入"192.168.1.1"就可以了。单击"确定"按钮使设置生效。

（3）Ping 命令测试连通性。

①单击"开始"程序中的"运行"，在对话框的"打开"文本框中输入"cmd"，单击"确定"按钮，弹出命令行界面，如图 2-1-3 和图 2-1-4 所示。

图2-1-3　打开命令行界面

图2-1-4　命令行界面

②在命令行界面中使用 Ping 命令测试到另一台 PC 的连通性，如本机的 IP 是"192.168.1.18"，另一台 PC 的地址是"192.168.1.117"，则输入"ping 192.168.1.117"，观察响应情况。如返回"Reply from 192.168.1.117: bytes=32 time<1ms TTL=63"样式响应，表明连通；而如返回"Request time out""Destination specified is invalid"等响应，则表明不连通，需重新检查设置（需要注意的是，有时候防火墙的开启会导致 Ping 不通）。

（4）设置共享。共享设置也就是把本地计算机的资源（文件、文件夹、磁盘、打印机等）提供给网上其他计算机共享。服务设置只是添加了本机具有对外提供服务的功能，并没有把本机的资源共享出去，需要进行共享设置后才能把本机的资源共享出去，但共享设置必须在服务设置以后才能进行，否则不能设置共享。具体设置步骤如下：

①若计划让其他计算机共享本机的 C 盘，则在"我的电脑"窗口中的右击 C 盘符，在弹出的快捷菜单中选择"共享和安全"选项（如果没有添加服务，则在弹出的快捷菜单中"共享和安全"选项不可见，即无法设置共享），出现如图 2-1-5 所示的对话框。

②单击"如果您知道在安全方面的风险，但又不想运行向导就共享文件，请单击此处"，在打开的对话框中选择"只启用文件共享"即可。

③在新弹出的对话框中输入相关信息，包括共享名和设置用户访问权限，如图 2-1-6 所示。

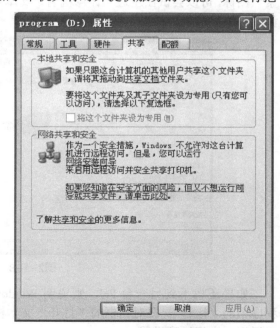

图2-1-5　"共享"属性界面

图 2-1-6　设置共享

④按相同的方式可设置文件夹的共享。

（5）利用"网上邻居"实现 PC 间访问。在确保两台 PC 能够相互 Ping 通的情况下，可使用 Windows 系统的"网上邻居"功能实现互相访问，并传输数据。

①双击桌面上"网上邻居"图标，打开后选择"查看工作组计算机"选项，如图 2-1-7 所示。

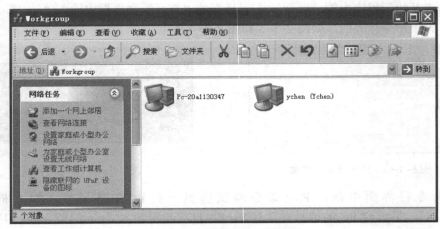

图 2-1-7　查看工作组计算机

②选择对应的计算机名，双击即可看到先前利用"设置共享"中共享的文件夹。可以利用复制、粘贴等操作将共享文件夹中的文件复制至本机，计算机间资源访问变得非常方便。

需要注意的是，如果步骤（5）中的①完成后，未显示另一台 PC，则单击工具栏中的"搜索"图标，可以尝试在左边"计算机名"文本框中填入另一台 PC 的名字或 IP 地址进行搜索，如图 2-1-8 所示。

图 2-1-8　搜索计算机

如果还找不到另一台 PC，则说明 Windows 的安全策略可能设置不正确。单击"开始"程序中的"运行"，在对话框的"打开"文本框中输入"gpedit.msc"并确定，打开"组策略"对话框，进行以下设置：

①选择左边的"本地计算机"策略→计算机配置→Windows设置→安全设置→本地策略→用户权利指派,在右侧对话框中找到"拒绝从网络访问这台计算机"选项,双击打开,如果其中有"Guest"选项,则删除,如图2-1-9所示。

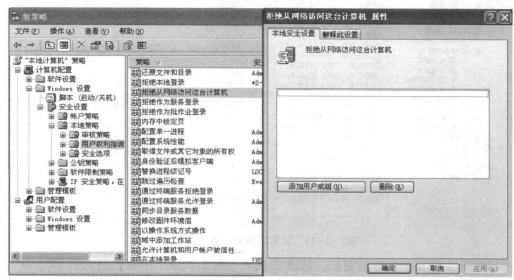

图2-1-9 设置组策略:用户权利指派

②选择左边的"本地计算机"策略→计算机配置→Windows设置→安全设置→本地策略→安全选项,在右侧对话框中找到"网络访问:本地账户的共享和安全模式"选项,双击打开,将属性改为"经典-本地用户以自己的身份验证",如图2-1-10所示。再在右侧对话框中找到"账户:使用空白密码的本地账户只允许进行控制台登录"选项,双击打开,将属性改为"已禁用",如图2-1-11所示。

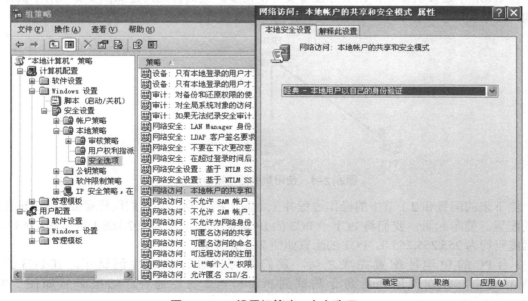

图2-1-10 设置组策略:安全选项a

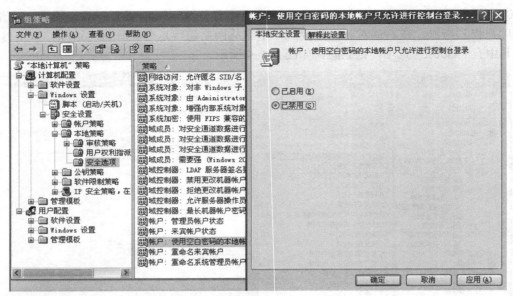

图2-1-11 设置组策略：安全选项b

进行以上3项安全策略设置后，再次尝试在"网上邻居"中查找另一台PC。实际上，图2-1-9到图2-1-11中的情况极少出现。

上述数据共享配置是基于 Windows XP 系统实现的，Windows 7 以上系统在 IP 地址设置和文件夹共享上与 Windows XP 系统略有差异，但原理一致。

2.2 基于eNSP实现多机互连

在 eNSP 中连接机器无疑比实际设备要方便得多。我们首先构建如图 2-2-1 所示的拓扑结构，这里使用了 3 台 PC 和一台集线器。使用双绞线连接所有设备，并启动设备。

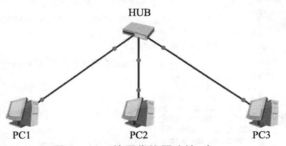

图2-2-1 使用集线器连接3台PC

接下来的配置和2.1节中的操作过程并无本质上的区别——我们同样需要对 PC 进行相应的配置。简单起见，我们将 PC1～PC3 的 IP 地址分别设置为 192.168.1.1～192.168.1.3，子网掩码均为 255.255.255.0。PC1 的配置如图 2-2-2 所示。

3 台 PC 的 IP 地址配置完成之后，我们就可以进行连通性测试了。在 PC3 的命令行界面中，分别使用 Ping 命令测试到 PC1 和 PC2 的连通性，结果必然如图 2-2-3 所示。

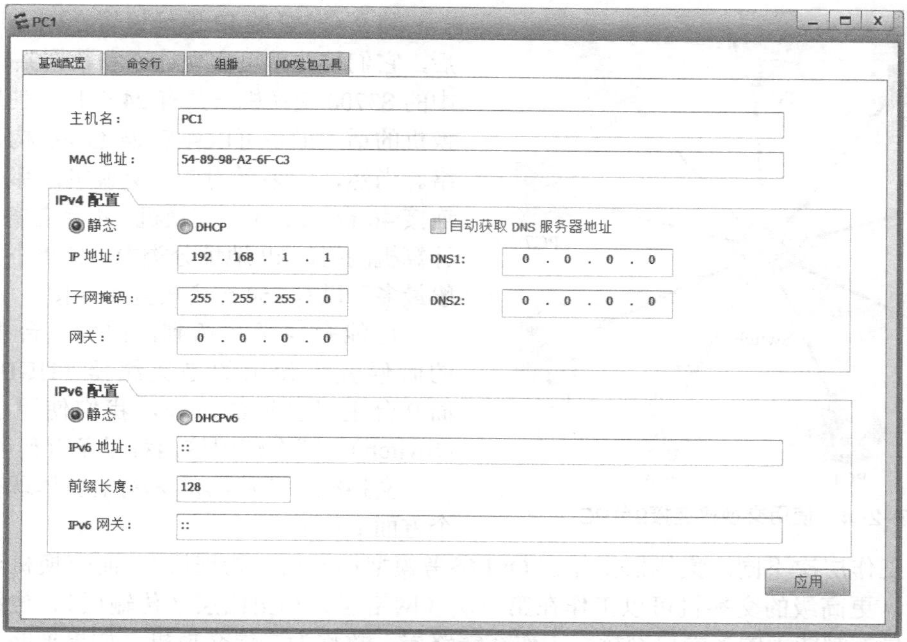

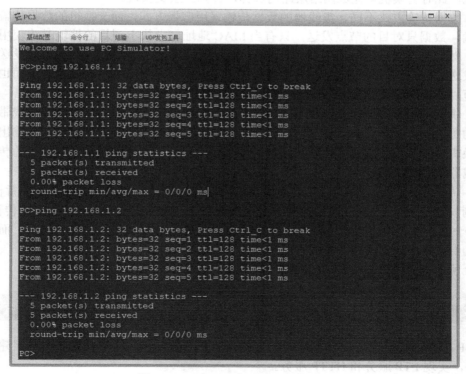

图2-2-2　配置PC1的IP地址

图2-2-3　在PC3中Ping PC1和PC2

既然可以搭建 3 台 PC 互连的拓扑，那么毫无疑问也可以使用更多主机互连，如图 2-2-4 所示，是一个使用 1 台交换机和 9 台 PC 互连的小型局域网。

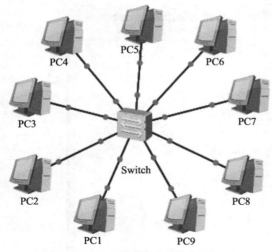

图2-2-4　使用交换机连接9台PC

将 9 台 PC 的 IP 地址设置在同一局域网之后，它们彼此就可实现连通和数据共享。eNSP 中的 S3700 交换机一共有 24 个口，使用 1 台交换机的话，最多可以连接 24 台 PC 构建小型网络。当然，如果采用 2 台交换机，那么就可以连接 46 台 PC。3 台交换机，4 台交换机……在计算机网络的 IP 地址分类中，C 类小型网络一般最多可以有 254 台主机互相连接。

可能有同学注意到，前面 3 台主机互连的时候我们使用的是集线器（HUB），而后面 9 台主机互连的时候，我们使用了交换机（Switch）。那么使用这两种设备有何区别呢？

交换机与集线器的区别主要体现在如下几个方面：

（1）工作层次不同。集线器工作在 OSI 参考模型第一层（物理层），而交换机至少工作在第二层，更高级的交换机可以工作在第三层（网络层）和第四层（传输层）。传统交换机只具有流量控制能力的多端口网桥，工作在链路层，故称为二层交换机。如果把路由功能加入交换机，此时交换机可完成网络层路由选择，称为三层交换机。

（2）数据传输方式不同。集线器的数据传输采用广播方式，而交换机的数据传输采用点对点传输，数据只对目的节点发送，只有当 MAC 地址表中找不到目的地址时才使用广播方式发送，然后交换机在地址表中记录相应 MAC 地址，即自学习功能，接下来的发送又是有目的的发送。这样的好处是数据传输效率提高，不会出现广播风暴，在安全性方面也不会出现其他节点侦听的现象。

（3）带宽占用方式不同。在带宽占用方面，集线器所有端口采用共享背板总线带宽，而交换机的每个端口都具有自己独立的带宽，同一时刻可以有多个端口同时输入和输出，这样使得交换机每个端口的带宽要比集线器端口可用带宽要高，这也就决定了交换机的传输速度要比集线器快、效率高。

（4）传输模式不同。集线器只能采用半双工方式进行传输，由于集线器共享背板总线，同一时刻只能有一个端口输入，否则将出现碰撞现象。而交换机则采用全双工方式传输数据，即在同一时刻可以同时进行数据接收和发送，这不但使得数据传输速度大大加快，而且在整个系统的吞吐量方面交换机比集线器要快一倍以上。

综上所述，交换机无疑是比集线器性能更突出的设备。

2.3　FTP和HTTP服务器架构

eNSP 工具的终端设备中有客户端和服务器两种设备，通过这两种设备可以组建简单的 C/S 网络，实现 FTP 服务和 HTTP 服务。

我们首先来了解一下 FTP 和 HTTP 服务器架构的原理。

文件传输协议（File Transfer Protocol，FTP）是用于在网络上进行文件传输的一套标准协议，它属于网络传输协议的应用层。FTP 的主要功能是在主机间高速可靠地传输文件。

FTP 服务一般运行在 20 和 21 两个端口。端口 20 用于在客户端和服务器之间传输数据流，而端口 21 用于传输控制流。

超文本传输协议（HyperText Transfer Protocol，HTTP）是互联网上应用最为广泛的一种网络协议，所有的 WWW 文件都必须遵守这个标准。HTTP 是一个客户端和服务器端请求和应答的标准，客户端是终端用户，服务器端是网站。通过使用 Web 浏览器，客户端发起一个到服务器上指定端口（默认端口为 80）的 HTTP 请求，请求被允许后即可访问应答的服务器上存储着的资源，比如 HTML 文件和图像。

接下来，我们来了解 FTP 和 HTTP 的使用与最终要实现的目标。

FTP 采用 C/S（Client/Server）结构。在 FTP 的使用中，包含"下载"和"上传"两个概念。"下载"文件就是从远程主机（FTP Server）中复制文件至本地计算机上，"上传"文件就是将文件从本地计算机中复制至远程主机上，即用户可以通过客户机从远程主机上传（下载）文件。

HTTP 在使用中允许将超文本标记语言（HTML）文档从 Web 服务器传送到 Web 浏览器。HTML 是一种用于创建文档的标记语言，这些文档包含相关信息的链接。你还可以单击一个链接来访问其他文档、图像或多媒体对象，并获得关于链接项的附加信息。

简单地说，如果在某一台 PC 上构建了 FTP 和 HTTP 服务器，那么其他计算机就可以通过在浏览器中输入如"ftp://10.64.129.113"和"http://10.64.129.113"（该 PC 的 IP 地址），即可实现对 PC 上的指定的文件下载以及网页访问。

下面让我们来学习一下如何实现 FTP 服务器和 HTTP 服务器的架构。

2.3.1　基于实际设备实现FTP服务器架构

在 Windows 操作系统中实现 FTP 服务器，需要安装信息服务（Internet Information Services，IIS），如果系统中没有 IIS 安装包，则需要事先准备一个 IIS 包（通常 Windows7 以上的系统都自带 IIS）。

进入"开始"菜单→"控制面板"→选择"添加 / 删除程序"，打开"添加 / 删除程序"窗体→单击窗体左侧"添加 / 删除 Windows 组件（A）"，如图 2-3-1 所示。

图2-3-1　添加/删除Windows组件（A）

在打开的"Windows 组件向导"窗体中，将"Internet 信息服务（IIS）"前面复选框勾选上，如图 2-3-2 所示。

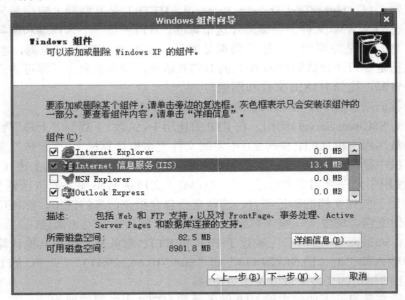

图2-3-2　添加Internet 信息服务（IIS）

单击"详细信息"按钮，在打开的"Internet 信息服务（IIS）"窗体中将"文件传输协议（FTP）服务"前面复选框勾选上，如图 2-3-3 所示。

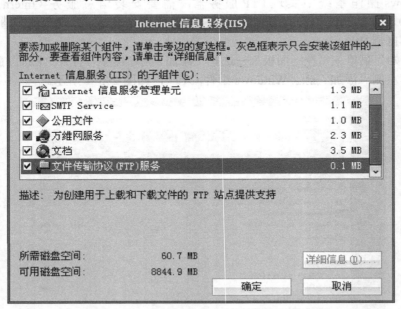

图2-3-3　添加文件传输协议（FTP）服务

单击"确定"按钮，再单击"下一步"按钮，系统即开始配置组件，如图 2-3-4 所示。

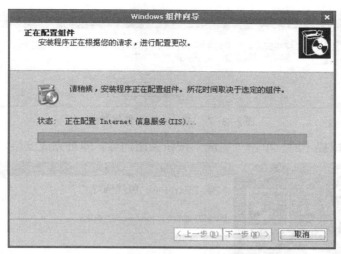

图2-3-4　安装Internet 信息服务（IIS）组件

在安装过程中会弹出"所需文件"窗体，如图 2-3-5 所示。

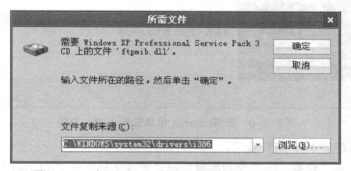

图2-3-5　安装Internet 信息服务（IIS）组件所需文件

　　将解压后的 IIS 路径（如 C:\Documents and Settings\Administrator\ 桌面 \iisxpi386\I386）复制到"文件复制来源"输入框中，单击"确定"按钮。

　　如再遇到需要"插入光盘"之类的提示，继续粘贴该 IIS 路径即可。如果弹出"Windows 文件保护"对话框，则单击"取消"按钮，如图 2-3-6 所示。

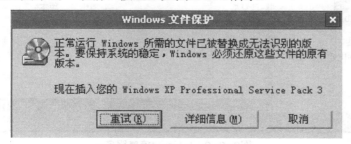

图2-3-6　Windows文件保护a

在后续弹出的对话框中单击"是（Y）"按钮，如图 2-3-7 所示。

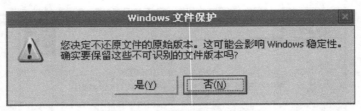

图2-3-7　Windows文件保护b

当出现安装完成提示时，单击"完成"按钮关闭向导，即可完成安装，如图 2-3-8 所示。

图2-3-8　完成Internet 信息服务（IIS）安装

接下来就可以配置 FTP 服务器了。

单击"开始"→"设置"→"控制面板"→"管理工具"→"Internet 信息管理服务器"，打开 Internet 信息服务，如图 2-3-9 所示。

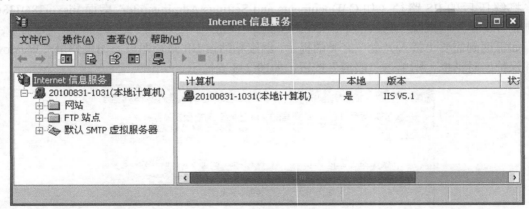

图2-3-9　Internet信息服务

单击"FTP 站点"，再右击"默认 FTP 站点"，在弹出的快捷菜单中选择"属性"，打开如图 2-3-10 所示对话框。

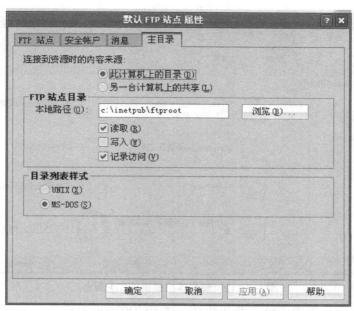

图2-3-10 默认FTP站点属性

单击"浏览"按钮,可将本地路径改为自己需要的路径,如图2-3-11所示。

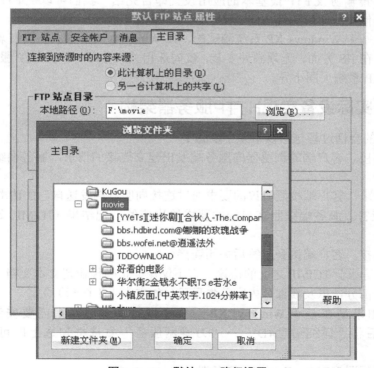

图2-3-11 默认FTP路径设置

局域网中的其他用户在浏览器中输入本机 IP 地址,即可享受本机提供的 FTP 服务,如图 2-3-12 所示。

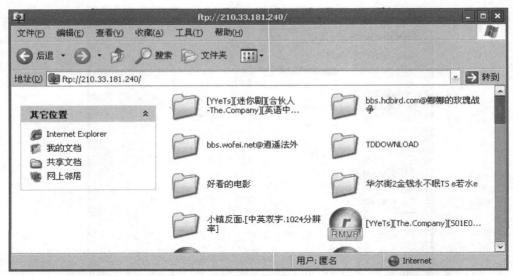

图2-3-12　使用本机提供的FTP服务

实际上，FTP属性设置中除了默认路径，还有很多内容可修改，如"FTP站点""网络账户""消息"等。

至此，文件传输协议FTP最基本的应用设置即告完结，我们可以在FTP主目录中放入文件，局域网其他成员即可实现访问。

上述实现是基于Windows XP系统测试的，在Windows 7及以上系统中架构FTP服务器更为简单便捷。在IIS方面，无须额外安装，仅勾选相关服务即可。在FTP服务器架构方面，则和Windows XP系统大同小异。

2.3.2　基于实际设备实现HTTP服务器架构

HTTP协议的会话过程包括以下4个步骤：

（1）建立连接。客户端的浏览器向服务端发出建立连接的请求，服务端给出响应就可以建立连接了。

（2）发送请求。客户端按照协议的要求通过连接向服务端发送自己的请求。

（3）给出应答。服务端按照客户端的要求给出应答，把结果（HTML文件）返回给客户端。

（4）关闭连接。客户端接到应答后关闭连接。

HTTP协议是基于TCP/IP之上的协议，它不仅保证正确传输超文本文档，还可以确定传输文档中的哪一部分，以及哪部分内容首先显示（如文本先于图形）等。

同样的，如果是在基于Windows XP系统中进行的测试，则需要安装IIS。方法同2.3.1小节，然后将"详细信息(D)"→"万维网服务"复选框勾选上即可，如图2-3-13所示。

接下来介绍配置HTTP（WWW）服务器。

单击"开始"→"设置"→"控制面板"→"管理工具"→"Internet信息管理服务器"，打开Internet信息服务，如图2-3-14所示。

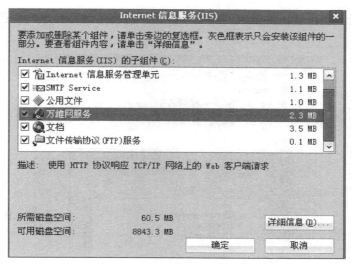

图2-3-13　添加WWW服务

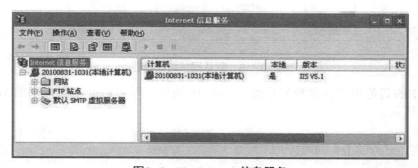

图2-3-14　Internet信息服务

单击"网站",再右击"默认网站",在弹出的快捷菜单中选择"属性",打开如图2-3-15所示对话框。

图2-3-15　"默认网站属性"对话框

选中"主目录"选项卡，再单击"浏览"按钮，可将本地路径改为自己需要的路径，如图 2-3-16 所示。

图2-3-16 默认网站路径设置

局域网中的其他用户在浏览器中输入本机 IP 地址，即可访问本机提供的 WWW 服务，如图 2-3-17 所示。

图2-3-17 访问本机提供的WWW服务

实际上，网站属性设置中除了默认路径，还有很多内容可修改，如"文档""网站""安全性"等。

至此，超文本传输协议 HTTP 最基本的应用设置即告完结，可以尝试放入自己建设的网站，再要求局域网其他成员访问。

2.3.3 基于eNSP实现FTP服务器架构

我们先来构建一个最基本的拓扑用于实现 FTP 服务器，如图 2-3-18 所示。

接下来配置服务器信息。

首先配置基本信息。双击服务器图标，在"基础配置"选项卡中设置服务器的相关参数，如图 2-3-19 所示。

图2-3-18　构建FTP服务器拓扑

图2-3-19　服务器基本配置

然后配置 FTP 服务器信息。在"服务器信息"选项卡的左侧导航树中选择"FtpServer"，配置 FtpServer 的相关参数，如图 2-3-20 所示。

再接下来我们就可以配置客户端信息了。

同样先配置基本信息。双击客户端图标，在"基础配置"选项卡设置客户端的相关参数，如图 2-3-21 所示。

59

计算机网络实验

图2-3-20 配置FTP Server参数

图2-3-21 配置FTP Client参数

然后配置 FTP 客户端信息。在"客户端信息"选项卡的左侧导航树中选择"FtpClient",设置相关参数,如图 2-3-22 所示。

其中,"文件传输模式"栏中的"PASV"表示被动模式,"PORT"表示主动模式。"类型"栏中的"Binary"表示程序类型的文件,"ASCII"表示文本模式的文件,"Auto check"表示自动选择。目录中只能显示大小为 1MB 以内的文件。

图2-3-22　配置FTP Client客户端信息

配置完成后,我们来验证一下 FTP 服务配置是否成功。

先启动全部设备,然后双击服务器图标,在"服务器信息"选项卡的左侧导航树中选择"FtpServer",单击"启动"按钮。再双击客户端图标,在"客户端信息"选项卡的左侧导航树中选择"FtpClient",单击"登录"按钮,如图 2-3-23 所示,显示登录成功。

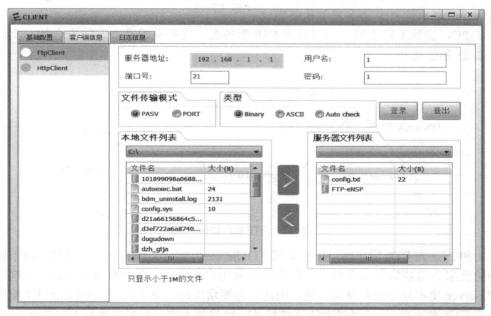

图2-3-23　FTP Client登录FTP Server成功

在"服务器文件列表"中选择 config.txt 文件,单击中间的左向箭头,提示文件下载成功,在"本地文件列表"中可以看到该文件。

在"本地文件列表"中选择 test-ftpserver.txt 文件,单击右向箭头,提示文件上传成功,在"服务器文件列表"中可以看到该文件,如图 2-3-24 所示。

图2-3-24　FTP服务器的文件上传下载

这样,最基本的 FTP 服务器架构就完成了。

除了 PC,实际上路由器也可以作为 FTP 服务器,它还能提高一定的安全性。我们构建如图 2-3-25 所示拓扑。

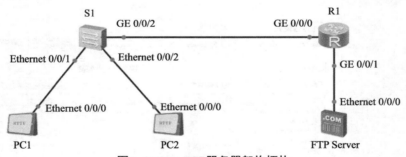

图2-3-25　FTP服务器架构拓扑

PC1 和 PC2 为 FTP 用户端,用于访问 FTP Server,实现文件的上传和下载。出于安全考虑,为防止服务器被病毒文件感染,我们禁止从用户端直接上传文件到 Server——这个限制在 FTP Server 端本身并没有办法实现,因此,需要增加路由器 R1。我们可以把 R1 配置为一个中继的 FTP 服务器,用户可以上传文件到 R1,经检测无危害后再上传到 FTP Server。这样,R1 也需要作为用户端从 Server 下载更新文件。

将图 2-3-24 中的设备按表 2-3-1 进行编址。

表2-3-1 设备编址

设备	接口	IP地址	子网掩码	默认网关
PC1	Ethernet 0/0/0	210.33.181.1	255.255.255.0	210.33.181.254
PC2	Ethernet 0/0/0	210.33.181.2	255.255.255.0	210.33.181.254
FTP Server	Ethernet 0/0/0	210.33.182.1	255.255.255.0	210.33.182.254
R1（Router）	GE 0/0/0	210.33.181.254	255.255.255.0	N/A
	GE 0/0/1	210.33.182.254	255.255.255.0	N/A

PC 和 FTP Server 的编址比较简单，类似于 2.2 节中的图 2-2-2。

R1 的地址配置稍微麻烦一点，需要使用 VRP（Versatile Router Platform，通用路由平台）进行基本操作。

在 R1 上右击 CLI（Command Line Interface，命令行接口），即可进入配置界面。命令行接口是用户和路由器进行交互的常用工具。

启动设备，登录成功后即进入用户视图，提示符为"<Huawei>"，输入 system-view 即可进入系统视图。在系统视图下，使用相应命令可以进入其他视图，如使用 interface 命令进入接口视图。在接口视图下使用 **ip address** 命令配置相应的 IP 地址和子网掩码。

为路由器的 GE 0/0/0 接口配置 IP 地址时，可以使用完整的子网掩码，也可使用子网掩码长度，如掩码 255.255.255.0，还可以使用 24 代替。

R1 的 GE 0/0/0 接口地址配置命令如下所示。

```
<Huawei>system-view
Enter system view, return user view with Ctrl+Z.
[Huawei]interface g 0/0/0
[Huawei-GigabitEthernet0/0/0]ip address 210.33.181.254 24
[Huawei-GigabitEthernet0/0/0]
```

配置完成后，可以使用 q 命令返回到系统视图，也可以使用 return 命令返回到用户视图，或者直接使用快捷键 Ctrl+Z。

```
[Huawei-GigabitEthernet0/0/0]q
[Huawei]return
<Huawei>
```

如果想要查看配置是否成功，可以使用"display current-configuration"进行查询。前面配置如果无误，则显示如下信息：

```
#
interface GigabitEthernet0/0/0
 ip address 210.33.181.254 255.255.255.0
#
interface GigabitEthernet0/0/1
 ip address 210.33.182.254 255.255.255.0
```

根据表 2-3-1 完成编址后，使用 ping 命令进行各直连链路的连通性测试。以 R1 测试 PC1 为例，显示结果如下：

```
[R1]ping 210.33.181.1
PING 210.33.181.1: 56  data bytes, press CTRL_C to break
  Reply from 210.33.181.1: bytes=56 Sequence=1 ttl=255 time=30 ms
  Reply from 210.33.181.1: bytes=56 Sequence=2 ttl=255 time=50 ms
  Reply from 210.33.181.1: bytes=56 Sequence=3 ttl=255 time=40 ms
  Reply from 210.33.181.1: bytes=56 Sequence=4 ttl=255 time=40 ms
  Reply from 210.33.181.1: bytes=56 Sequence=5 ttl=255 time=50 ms
--- 210.33.181.1 ping statistics ---
    5 packet(s) transmitted
    5 packet(s) received
    0.00% packet loss
    round-trip min/avg/max = 30/42/50 ms
```

图2-3-26 FTP服务器待用文件夹

第一部分，我们配置路由器作为 FTP 客户端。

首先，在本地计算机上创建一个文件夹，命名为 FTP-Lab4，如图 2-3-26 所示，并作为 FTP 服务器的文件夹，在该文件夹下再创建子文件夹 FTP-eNSP，并在该子文件夹中存入一个测试文件 test.txt。

创建完成后，我们就可以在 FTP 服务器中设置 FTP-Lab4 为主文件夹目录了，如图 2-3-27 所示。

图2-3-27 设置FTP服务器文件根目录

设置完成后，单击"启动"按钮即可启动 FTP Server。在 R1 上使用 ftp 命令连接 FTP 服务器。登录时默认需要输入用户名和密码。由于服务器上没有设置用户名和密码，每次在 R1 上登录时等同于创建该用户名和密码。本次使用用户名 lab-4，密码 ensp。

```
<R1>ftp 210.33.182.1
Trying 210.33.182.1 ...
Press CTRL+K to abort
```

```
Connected to 210.33.182.1.
220 FtpServerTry FtpD for free
User(210.33.182.1:(none)):lab-4
331 Password required for lab-4.
Enter password:
230 User lab-4 logged in , proceed
[ftp]
```

可以看到，路由器进入到了 FTP 配置视图。使用 ls 命令即可查看当前 FTP 服务器的文件夹状态。

```
[ftp]ls
200 Port command okay.
150 Opening ASCII NO-PRINT mode data connection for ls -l.
FTP-eNSP
226 Transfer finished successfully. Data connection closed.
[ftp]
```

可以看到，当前 FTP 服务器中存在文件夹 "FTP-eNSP"。使用 cd 命令进入文件夹。

```
[ftp]cd FTP-eNSP
250 "/FTP-eNSP" is current directory.
```

可以看到，FTP-eNSP 文件夹已成为当前路径。使用 ls 命令查看文件夹中的文件。

```
[ftp]ls
200 Port command okay.
150 Opening ASCII NO-PRINT mode data connection for ls -l.
100%
test.txt
226 Transfer finished successfully. Data connection closed.
```

可以看到 FTP-eNSP 文件夹中存在文件 "test.txt"。使用 dir 命令可以查看详细的文件属性。

```
[ftp]dir
200 Port command okay.
150 Opening ASCII NO-PRINT mode data connection for ls -l.
100%
-rwxrwxrwx   1 lab-4      nogroup               20 Jul 4  2016 test.txt
226 Transfer finished successfully. Data connection closed.
```

接下来，如果想要获取该文件，使用 get 命令即可下载 test.txt 到本地路由器中。

```
[ftp]get test.txt
200 Port command okay.
150 Sending test.txt (20 bytes). Mode STREAM Type BINARY
100%
226 Transfer finished successfully. Data connection closed.
FTP: 20 byte(s) received in 0.180 second(s) 111.11byte(s)/sec.
```

可以看到，文件下载成功。同样，我们可以使用 put 命令上传 test.txt 文件到 FTP Server 中，并命名为 new.txt。

```
[ftp]put test.txt new.txt
200 Port command okay.
150 Opening BINARY data connection for new.txt
100%
226 Transfer finished successfully. Data connection closed.
FTP: 20 byte(s) sent in 0.140 second(s) 142.85byte(s)/sec.
```

到这里为止，R1 路由器作为 FTP 客户端的配置已经全部完成。

第二部分，我们配置 R1 路由器作为 FTP 服务器。R1 作为 FTP 服务器的话，路由器下行的用户端即可上传文件到路由器上，而不是直接上传至原来 FTP Server 中，能保证一定的安全性。

首先，我们打开路由器 R1 的 FTP 服务器功能。

```
<R1>system-view
Enter system view, return user view with Ctrl+Z.
[R1]ftp server enable
Info: Succeeded in starting the FTP server.
```

设置 FTP 服务器登录的用户名为 lab4，密码为 ensp；设置文件夹目录"flash："，配置 FTP 用户可以访问的目录为"flash："，用户优先级为 3，服务类型为 ftp。

```
[R1]aaa
[R1-aaa]local-user lab4 password cipher ensp
Info: Add a new user.
[R1-aaa]local-user lab4 ftp-directory flash:
[R1-aaa]local-user lab4 service-type ftp
[R1-aaa]local-user lab4 privilege level 3
```

配置完成后，在本地创建测试文件 test-ftpserver.txt，然后在用户端 PC1 设置信息，如图 2-3-28 所示。

图2-3-28　在PC1设置FTP客户端信息

单击"登录"按钮,如果前面设置都没有错误的话,"服务器文件列表"中随即会出现文件列表。

在"本地文件列表"中选择文件 test-ftpserver,并单击右向箭头将其传送至 FTP 服务器,即可上传文件,如图 2-3-29 所示。

此时再在 R1 上查看目录下的文件。

图2-3-29 上传成功提示框

```
<R1>dir
Directory of flash:/
  Idx   Attr   Size(Byte)   Date          Time       FileName
   0    drw-        -       Aug 07 2015   13:51:14   src
   1    drw-        -       Jul 03 2016   23:17:16   pmdata
   2    drw-        -       Jul 03 2016   23:17:22   dhcp
   3    -rw-       28       Jul 04 2016   07:58:32   private-data.txt
   4    drw-        -       Jul 03 2016   23:32:27   mplstpoam
   5    -rw-       20       Jul 04 2016   08:29:45   test.txt
   6    -rw-       20       Jul 04 2016   09:24:12   test-ftpserver.txt
32,004 KB total (31,992 KB free)
```

可以看到,文件"test-ftpserver.txt"已经上传至 FTP 服务器 R1。

同样的,我们也可以在 FTP 客户端 PC2 上进行相应配置,登录成功后,即可从 R1 服务器上下载文件,如图 2-3-30 所示。

图2-3-30 PC2从R1下载文件

当然，我们也可以使用 FTP 客户端 PC2 直接从原 FTP Server（210.33.182.1）上下载文件。进行相应配置，登录成功后，即可从 FTP Server 服务器上下载文件，如图 2-3-31 所示。

图2-3-31　PC2从FTP Server下载文件

值得注意的是，因为原 FTP Server 没有设置登录的用户名和密码，所以从 PC2 登录时，使用任意用户名和密码即可视为创建了一组账号并成功登录。

思考题

1. 在默认情况下，FTP 服务器的监听端口号是 21，能否在相连的路由器上变更此端口号？

2. FTP 的应用场景有哪些？操作 FTP 服务器的常见命令有哪些？

3. 如何用 eNSP 实现 HTTP 服务器？

4. 在 Windows 7 及以上系统中，架构 FTP 和 HTTP 服务器时，和在 Windows XP 系统中实现的最主要区别是什么？

第3章 交换机和路由器配置

交换机和路由器是计算机网络中最主要的两个通信设备,可以认为它们是计算机网络的"骨骼",支撑了各种独立自主的计算机彼此之间进行通信。计算机网络的基本研究对象,就是交换和路由。

传统的共享式以太网是,多台计算机连接到一段共享介质上,当其中任一台计算机占用共享介质时,其他计算机都只能等待,所以传输质量极大地受到共享介质上计算机数量的影响,当网络中计算机的数量超过一定限度后,网络性能会急剧下降直至崩溃。这是同一冲突域内,数据冲突所导致的必然后果。为了解决上述问题,应减少冲突域内的主机数量,这就是以太网交换机(Switch)采取的有效措施。

路由技术是融合现代通信技术、计算机技术、微电子技术、大规模集成电路技术、光电子技术及光通信技术的网络核心技术。路由器(Router)是工作在 OSI 参考模型的第三层——网络层的互连设备。路由器实现了网络之间的互连。

3.1 交换机基本配置

3.1.1 交换机基础理论

我们先来了解一下交换机的工作原理。交换机采用背板总线结构,为每个端口提供一个独立的共享介质,把冲突域限制在每个端口的范围内。因此,当交换机在数据链路层进行数据转发时,需要确认数据帧应该发送到哪一个端口,而不是简单地向所有端口进行广播,从而提高了网络的利用率。其工作原理为,当交换机接收到任一数据帧时,它首先会记录该数据帧的源 MAC 地址和源端口的映射,如果在"MAC 地址-端口"映射表中已经存在该映射项,则更新该映射项的生存期,如果没有则在"MAC 地址-端口"映射表中保存该映射项,如图 3-1-1 所示。

交换机的配置

然后判断该数据帧属于广播帧还是单播帧,如果是广播帧则向除接收该数据帧之外的所有端口转发该数据帧,如果是单播帧则执行下一步——查找"MAC 地址-端口"映射表,确定"MAC 地址-端口"映射表中是否有该数据帧的目的 MAC 地址所对应的映射项,如果存在对应的映射则按照该映射项进行数据转发,如果不存在对应的映射则向除接收该数据帧之外的所有端口转发该数据帧。

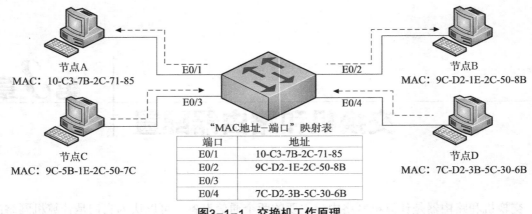

图3-1-1　交换机工作原理

接下来我们简单介绍一下华为/H3C交换机。

先看一下华为交换机。以Quidway S3026E以太网交换机为例，它是华为自主开发的二层以太网交换机，提供24个固定的10/100Base-TX以太网端口、1个Console口及2个扩展模块插槽，其前面板如图3-1-2所示。

图3-1-2　Quidway S3026E以太网交换机前面板

从图中可以看出，前面板依次排列有电源指示灯、24个固定的10/100Base-TX以太网端口及配置口（Console）。

Quidway S3026E以太网交换机后面板如图3-1-3所示，依次排列有交流电源插座、风扇、2个可选扩展模块插槽及接地柱。

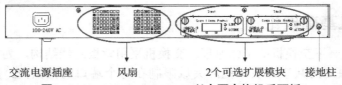

图3-1-3　Quidway S3026E以太网交换机后面板

Quidway S3026E以太网交换机的主要功能包括支持基于端口的VLAN、支持GVRP（GARP VLAN Registration Protocol）、支持生成树协议、支持IEEE 802.3x流控（全双工）、支持广播风暴抑制、支持端口汇聚、支持用户分级管理和口令保护、支持三种方式实现软件升级，管理维护方便。

再看一下H3C交换机。以H3C S3100以太网交换机为例，它提供24个10/100/1000M以太网端口、4个千兆SFP Combo口、1个Console口、2个扩展模块插槽，如图3-1-4所示。

图3-1-4　H3C S3100以太网交换机前面板

H3C S3100 以太网交换机的主要功能包括支持基于端口的 VLAN；支持 512 项静态 MAC 地址表 /MAC 地址过滤表；地址自学习；支持 WRR、HQ-WRR 队列调度；支持广播风暴抑制；支持端口汇聚；支持 5 种设备管理；支持 6 种设备维护。

华为和 H3C 交换机在很多方面都基本一致，下面介绍几个两者同时具备的设备属性。

1. Console 控制接口

Console 控制接口是网络设备用来与计算机或终端设备进行连接的常用接口。Console 是对于网络设备的基本配置时通过专用连线（Console 线）与计算机的串口相连，网络设备（路由器、交换机）中有 Console 接口，此外还有 AUX 口。Console 线一端为 RJ-45 接头，一端为串口接头，如图 3-1-5 所示。

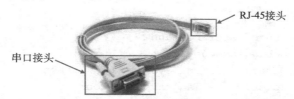

图3-1-5 交换机的Console线

2. Telnet

Telnet 协议是 TCP/IP 协议族中的一员，是 Internet 远程登录服务的标准协议和主要方式。它为用户提供了在本地计算机上完成远程主机工作的能力。在终端使用者的计算机上使用 Telnet 程序，用它连接到服务器。终端使用者可以在 Telnet 程序中输入命令，这些命令会在服务器上运行，就像直接在服务器的控制台上输入一样，可以在本地就能控制服务器。要开始一个 Telnet 会话，必须输入用户名和密码来登录服务器。Telnet 是常用的远程控制 Web 服务器的方法。实验中的 Telnet 配置是对密码的验证设置，即只需输入 Password 即可登录交换机，然后就可以对交换机进行配置了。

3. 命令行级别

华为 / H3C 以太网交换机的命令行采用分级保护方式，防止未授权的用户非法侵入。命令行等级可划分为参观级（VISIT）、监控级（MONITOR）、配置级（SYSTEM）、管理级（MANAGE）4 个级别。

（1）参观级。该级别包含的命令有网络诊断工具命令（Ping、Tracert）、用户界面的语言模式切换命令（Language-mode）及 Telnet 命令等，该级别命令不允许进行配置文件保存的操作。

（2）监控级。用于系统维护、业务故障诊断等，包括 Display、Debugging 命令，该级别命令不允许进行配置文件保存的操作。

（3）配置级。业务配置命令，包括路由、各个网络层次的命令，这些用于向用户提供直接网络服务。

（4）管理级。该级别的命令是用于系统基本运行、系统支撑模块的命令，这些命令对业务提供支撑作用，包括文件系统、FTP、TFTP、XModem 下载、用户管理命令、级别设置命令等。

同时对登录用户也划分为 4 个级别，分别与命令级别相对应，即不同级别的用户登录后，只能使用等于或低于自己级别的命令。

4. 帮助系统

Quidway S3026E 以太网交换机提供了多达上千条的配置命令，要记住所有的配置命令是不切实际的，当用户在使用交换机命令时，往往因为记不住而出现错误提示，此时可以使用交换机提供的帮助功能来快速完成命令的查找。命令行接口提供了丰富的帮助功能，可按以下方法使用。

在任意视图下，输入 <?> 获取该视图下所有的命令及其简单描述。

```
<Quidway>?
User view commands:
  cluster         Run cluster command
  debugging       Debugging functions
  display         Display current system information
  language-mode   Specify the language environment
  ping            Ping function
  quit            Exit from current command view
  reset           Reset operation
  send            Send information to other user terminal interface
  stacking        Run command on stack switch
  super           Privilege specified user priority level
  telnet          Establish one TELNET connection
  terminal        Specify the terminal characteristics
  tracert         Trace route function
  undo            Undo a command or set to its default status
```

输入一条命令，后接以空格分隔的 <?>，如果该位置为关键字，则列出全部关键字及其简单描述。

```
<Quidway>language-mode ?
  chinese   Chinese environment
  english   English environment
```

输入一条命令，后接以空格分隔的 <?>，如果该位置为参数，则列出有关的参数描述。

```
<Quidway>super ?
  INTEGER<0-3>  Priority level
  <cr>
```

输入一行字符串，其后紧接 <?>，列出以该字符串开头的所有命令。

```
<Quidway>s?
  save   send   stacking   super   system-view
```

输入一条命令，后接一字符串紧接 <?>，列出以该字符串开头的所有关键字。

```
<Quidway> display ver?
Version
```

输入命令的某个关键字的前几个字母,按下 <Tab> 键,如果以输入字母开头的关键字唯一,则可以显示出完整的关键字。

```
<Quidway>pi
<Quidway>ping
```

以上帮助信息,均可在用户视图通过执行 language-mode 命令切换为中文显示。

特别的,对于需要重复刚才使用过的配置命令时,可以使用"↑"和"↓"键来查找交换机最近使用的 10 条命令。

5. 视图

(1)用户视图。交换机开机后直接进入用户视图,提示符为 <Quidway>。在该视图下,可以查询交换机的一些基础信息。

```
<Quidway>
```

(2)系统视图。在用户视图下输入 system-view 命令后回车,即进入系统视图,提示符为 [Quidway]。在该视图下,可以进一步查看交换机的配置信息和调试信息以及进入具体的配置视图进行参数配置。

```
<Quidway>system-view
Enter system view, return to user view with Ctrl+Z.
[Quidway]
```

(3)以太网端口视图。在系统视图下输入 interface 命令即可进入以太网端口视图,提示符为 [Quidway-Ethernet0/1],在该视图下主要完成端口参数的配置。

```
[Quidway]interface ethernet 0/1
[Quidway-Ethernet0/1]
```

这里华为和 H3C 交换机有略微细小的区别,华为交换机表示某个端口,例如,以太网 1 号口时,用 Ethernet 0/1 表示;而 H3C 交换机表示相应端口时,用 Ethernet 0/0/1 表示。

```
[H3C]interface e 0/0/1
[H3C-Ethernet0/0/1]
```

(4)VLAN 配置视图。在系统视图下输入 vlan 2 即可进入 VLAN 配置视图,提示符为 [Quidway-vlan2]。在该视图下主要完成 VLAN 的属性配置。

```
[Quidway]vlan 2
[Quidway-vlan2]
```

需要注意的是,VLAN1 并不需要专门划分,默认整个冲突域即为 VLAN1。

(5)VTY 用户界面视图。在系统视图下输入 user-interface vty number 即可进入 VTY 用户界面视图,提示符为 [Quidway-ui-vty0]。在该视图下可以配置登录用户的验证参数等信息。

```
[Quidway]user-interface vty 0
[Quidway-ui-vty0]
```

注意：在配置过程中，需要注意配置视图的变化，特定的命令只能在特定的配置视图下执行，否则交换机会提示用户输入的是错误命令或者没有该命令。

3.1.2 交换机配置

熟悉了交换机的设备属性之后，接下来我们就可以开始配置交换机了。

首先构建一个如图 3-1-6 所示的拓扑图。我们以 H3C S3100 交换机为例，介绍交换机的配置过程。

按照图 3-1-6，我们先在物理上连接好各设备，用 H3C S3100 随机携带的标准 Console 线缆的水晶头一端插在交换机的 Console 口上，另一端的 9 针接口插在 PC2 的 COM 口上；用一条网线一头插在 PC1 的网卡口上，另一头插在交换机 1 号以太网口上。之后，给各设备通电开机，我们就可以开始对交换机进行配置了。

首先我们进行本地配置。

1. Console 配置

单击"开始"→"程序"→"附件"→"通信"→"超级终端"，进入超级终端窗口，建立新的连接，系统弹出如图 3-1-7 所示的连接描述界面。

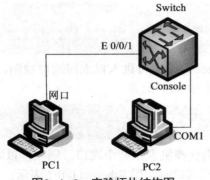

图3-1-6　实验拓扑结构图

图3-1-7　连接描述界面

值得注意的是，Windows7 及以上的操作系统可能没有自带超级终端，这时候就需要去下载一个超级终端，并将之安装在计算机上，如图 3-1-8 所示，然后开启"Telnet 服务器"与"Telnet 客户端"服务，如图 3-1-9 所示。

图3-1-8　安装"超级终端"

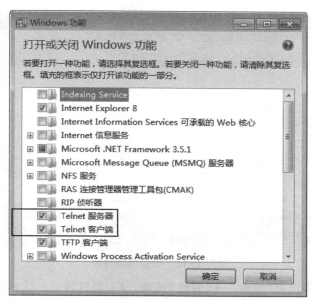

图3-1-9 开启"Telnet服务器"与"Telnet客户端"功能

在如图3-1-7所示连接描述界面中输入新连接的名称,单击"确定"按钮,系统弹出如图3-1-10所示的选择串口界面,在"连接时使用"一栏中选择连接使用的串口(COM1)。

串口选择完毕,单击"确定"按钮,系统弹出如图3-1-11所示的COM1属性设置界面,设置波特率(即"每秒位数")为9600,"数据位"为8,"奇偶校验"为无,"停止位"为1,"数据流控制"为无。

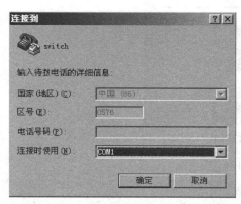

图3-1-10 选择串口界面

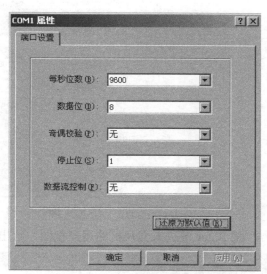

图3-1-11 COM1属性设置界面

COM1属性设置完成后,单击"确定"按钮,系统进入如图3-1-12所示的超级终端界面。

图3-1-12 超级终端界面

在超级终端界面中选择"文件"→"属性"选项,进入属性窗口。选择属性窗口中的"设置"选项卡,进入如图3-1-13所示属性设置窗口,在其中选择"终端仿真"为VT100,选择完成后,单击"确定"按钮。

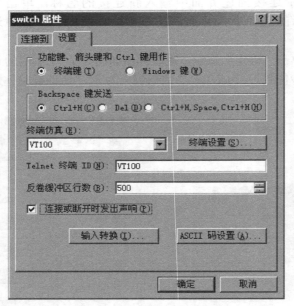

图3-1-13 属性设置窗口

按Enter键进入交换机的用户视图,给出以下提示:

```
<H3C>
%Jul 29 10:09:47 2016 H3C SHELL/5/LOGIN:-1- Console ( Aux0/0)in unit1 login
<H3C>
```

接下来这一步比较重要。为了防止实验结果受到以往配置数据的影响,在用户视图下使用 reset saved-configuration 命令清除以往的记录。

```
<H3C>reset saved-configuration
Warning: The action will delete the saved configuration in the device.
The configuration will be erased to reconfigure. Continue? [Y/N]:y
Warning: Now clearing the configuration in the device.
Configuration in flash memory is being cleared.
Please wait...
...
Unit1 reset saved-configuration successfully.
<H3C>
Jul  4 2016 16:56:49-08:00 H3C %%01CFM/4/RST_CFG(l)[0]:The user chose
Y when deciding whether to reset the saved configuration.
<H3C>
```

紧跟着再使用 reboot 命令重启交换机。

```
<H3C>reboot
Warning: All the configuration will be saved to the configuration file for
the next startup:, Continue?[Y/N]:y
Now saving the current configuration to the slot 0.
Save the configuration successfully.
Info: If want to reboot with saving diagnostic information, input 'N'
and then execute 'reboot save diagnostic-information'.
System will reboot! Continue?[Y/N]:y
Jul  4 2016 16:57:05-08:00 H3C %%01CMD/4/REBOOT(l)[1]:The user chose
Y when deciding whether to reboot the system. (Task=co0, Ip=**, User=**)
<H3C>
```

鉴于交换机中的所有配置已经清空，我们先设置命令级别口令。因为 Telnet 用户登录时，默认可以访问命令级别为 0 级的命令，因此，需要在 Console 配置模式下为 1、2、3 级用户设置口令，请输入以下命令：

```
<H3C>system-view
Enter system view, return to user view with Ctrl+Z.
[H3C]super password level 1 simple 111111
[H3C]super password level 2 simple 222222
[H3C]super password level 3 simple 333333
```

为了使得交换机可以被远程配置（Telnet 配置），我们需要给交换机配置 IP 地址。

第 1 步：配置交换机的 IP 地址。要采用 Telnet 配置，交换机必须已配置好 IP 地址。配置交换机的 IP 地址应在系统视图下使用 interface vlan-interface vlan-number 命令进入 VLAN 接口配置视图，然后使用 ip address 命令配置 IP 地址。具体方法为：

```
<H3C>system-view
Enter system view, return to user view with Ctrl+Z.
[H3C]interface vlan-interface 1
[H3C -Vlan-interface1]ip address 192.168.0.1 255.255.255.0
[H3C -Vlan-interface1]
```

第 2 步：配置用户登录口令。为了网络安全，华为 /H3C 交换机要求远程登录用户必须配置登录口令，否则不能登录。配置用户登录口令需要在系统视图下使用 user-interface vty 0 4 命令进入 VTY 用户界面视图，然后使用 password 命令即可配置用户登录口令。具体方法为：

```
[H3C]user-interface vty 0 4
[H3C -ui-vty0-4]authentication password
[H3C -ui-vty0-4]set authentication password simple 123456
[H3C -ui-vty0-4]
```

至此，Console 配置完成。

2. Telnet 配置

如果交换机已配置了 IP 地址，我们就可以在本地或远程使用 Telnet 口登录到交换机上进行配置。当然，使用 Telnet 口登录交换机的设备，应该和交换机在同一网络中。

在实验中，我们选择同一局域网的 PC1。

第 1 步：配置 PC1 的 IP 地址。

由于 PC1 直接与交换机相连，所以 PC1 的 IP 地址与交换机的 IP 地址应位于同一子网，例如，设置 PC1 的 IP 地址为 192.168.0.2，网关为 192.168.0.1（交换机的 IP 地址），子网掩码为 255.255.255.0。

图3-1-14 运行界面

第 2 步：通过 Telnet 登录到交换机进行配置。

在 PC1 中，单击"开始"→"运行"进入运行界面，如图 3-1-14 所示（当然，也可以在"运行"中先输入 CMD 进入命令行模式）。

输入 telnet 192.168.0.1 后单击"确定"按钮进入口令验证界面，如图 3-1-15 所示。输入已设置的口令后回车，即可进入交换机用户视图（特别注意：口令不会显示 * 号，事实上，输入口令时，屏幕上没有任何显示）。

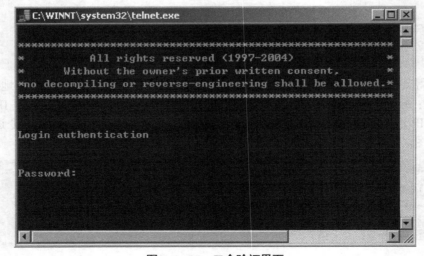

图3-1-15 口令验证界面

第3步：切换用户命令级别。如果需要配置交换机，还需要进入系统视图进行配置。而 Telnet 用户登录时，默认可以访问命令级别为 0 级的命令，并不能进入系统视图。因此，要对交换机进行配置，还需切换到相应的用户命令级别，具体操作如图 3-1-16 所示。

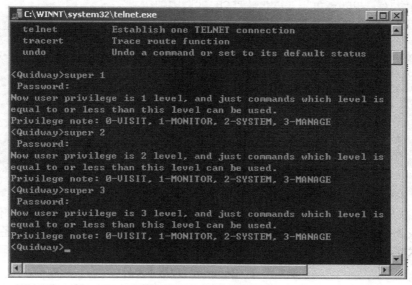

图3-1-16　用户级别切换

请在各个命令级别下检查相应的命令权限。切换到 2 级（配置级）命令级别时，即可进入系统视图，此时可以对交换机进行设置，它和本地配置没有什么区别。

3.1.3　交换机软件升级

通常，华为/H3C 的以太网交换机的软件主要由两部分组成：一是负责系统运行、数据转发的主体 VRP（Versatile Routing Platform，通用路由平台）软件；二是引导交换机进行初始化和启动的 Bootrom 程序。

VRP 是华为公司数据通信产品的通用操作系统平台。VRP 以 TCP/IP 协议栈为核心，在操作系统中集成了路由技术、QoS 技术、VPN 技术、安全技术等数据通信技术，为多种硬件平台提供了一致的网络界面、用户界面和管理界面，同时它是一个可持续发展的平台，可以最大程度保护用户的投资。

在使用过程中，交换机的 VRP 和 Bootrom 程序可能需要升级，在不更新设备的情况下升级交换机的软件，可以利用新版本软件所提供的新功能实现更好的数据转发。

1. Bootrom 程序升级（VRP 软件的升级方法类似）

Bootrom 程序用于引导交换机进行初始化和启动，Bootrom 程序的版本决定了命令格式和视图。我们以 Quidway S3026E 以太网交换机为例，展示升级方法。

先查看一下要升级的交换机 Bootrom 程序版本（RELEASE 0007），具体方法如下。

```
Quidway>
%07/19/2016 15:36:24-EXEC-5-LOGIN: Console login from Aux0/0
Quidway>enable
```

```
Quidway#show version
Huawei Versatile Routing Platform Software
VRP (R) Software, Version 3.10, RELEASE 0007
Copyright (c) 2000-2002 HUAWEI TECH CO., LTD.
Quidway S3026E uptime is 0 week,0 day,0 hour,2 minutes
Quidway S3026E with 1 MIPS Processor
64M     bytes SDRAM
8192K   bytes Flash Memory
Config Register points to FLASH
Hardware Version is REV.0
CPLD Version is 002
Bootrom Version is 119
[Subslot 0] 24 FE  Hardware Version is REV.0
[Subslot 1] 1 GTIU Hardware Version is REV.0
Quidway#
```

Bootrom 程序的版本 0007 与 0022（升级后的版本）在命令格式和视图方面有较大差别，具体差异如表 3-1-1 所示。因此需要升级 Bootrom 程序版本以便更好地发挥设备的性能和得到更好的技术支持。

表3-1-1 Bootrom程序版本差异

Bootrom程序版本0007		Bootrom程序版本0022	
Quidway>	用户模式	\<Quidway\>	用户视图
Quidway>enable Quidway#	在用户模式下利用enable进入到特权模式（Quidway#）	\<Quidway\>system-view [Quidway]	在用户视图下利用system-view进入到系统视图
Quidway#show	利用show命令显示各种配置信息	[Quidway]display	利用display命令显示各种配置信息

2. Bootrom 程序升级过程

接下来我们展示升级过程如下。

第 1 步：重启交换机，在用户视图下输入 "reboot" → "y" 命令。

```
<Quidway>reboot
This will reboot Switch. Continue? [Y/N] y
%Jan 27 14:38:52 2006 Quidway DEV/5/DEV_LOG:
Switch is rebooted.
******************************************
*                                        *
* Quidway S3026E BOOTROM, Version 119    *
*                                        *
******************************************
Copyright(C) 2000-2002 by HUAWEI TECHNOLOGIES CO.,LTD.
Creation date: Jan 22 2003, 16:04:24
CPU type         : MIPS
CPU Clock Speed  : 150MHz
Memory Size      : 64MB
```

```
Main board self test...
SDRAM fast test....................OK!
Flash fast test....................OK!
CPLD test..........................OK!
Port g1/1 has 1000BASE-T GT module
Port g2/1 has no module
Switch chip test...................OK!
Switch SDRAM fast test.............OK!
PHY test...........................OK!
Please check port leds.........finished!
Switch MAC addr..........00e0.fc12.317d
Press to enter Boot Menu...  5
```

第 2 步：此时输入＜Ctrl+B＞，系统提示"Boot Menu password："，要求输入 Bootrom 密码，输入正确的密码后（交换机的默认设置为没有密码），系统进入 BOOT 菜单。

```
BOOT   MENU
1. Download application file to flash
2. Select application file to boot
3. Display all files in flash
4. Delete file from flash
5. Modify bootrom password
0. Reboot
Enter your choice(0-5):
```

第 3 步：在 BOOT 菜单中，输入 <1>，按 Enter 键，系统进入到下载程序菜单。

```
Enter your choice(0-5): 1
1. Set TFTP protocol parameter
2. Set FTP protocol parameter
3. Set XMODEM protocol parameter
0. Return to boot menu
Enter your choice(0-3):
```

第 4 步：在下载程序菜单中，输入 <3>，选择 Xmodem 协议完成软件升级，按 Enter 键，系统进入到下载速率选择菜单。

```
Enter your choice(0-3): 3
Load file name     :S3026E-VRP3.10-0007.app
Please select your download baudrate:
1: 9600
2: 19200
3: 38400
4: 57600
5: 115200*
0: Return
Enter your choice(0-5):
```

第 5 步：根据实际情况，选择合适的下载速率，一般选择 115200，这样下载会快点。输

入 <5>，按 Enter 键，系统会提示更改波特率，使其与所选的软件下载波特率一样。

```
Enter your choice(0-5): 5
Are you sure to download file to flash? (Y/N) y
Download baudrate is 115200 bps.
Please change the terminal's baudrate to 115200 bps and select XMODEM protocol.
Press enter key when ready.
```

图3-1-17 发送文件界面

第6步：更改波特率到115200，中间需要做一次断开和连接操作，设置才会起作用。

第7步：在超级终端的菜单栏中单击"传送"→"发送文件"，系统弹出"发送文件"对话框，在弹出的对话框中单击"浏览"按钮，选择需要下载的Bootrom软件，并将下载使用的协议改为Xmodem，如图3-1-17所示。

第8步：单击"发送"按钮，系统弹出如图3-1-18所示的文件传输界面。

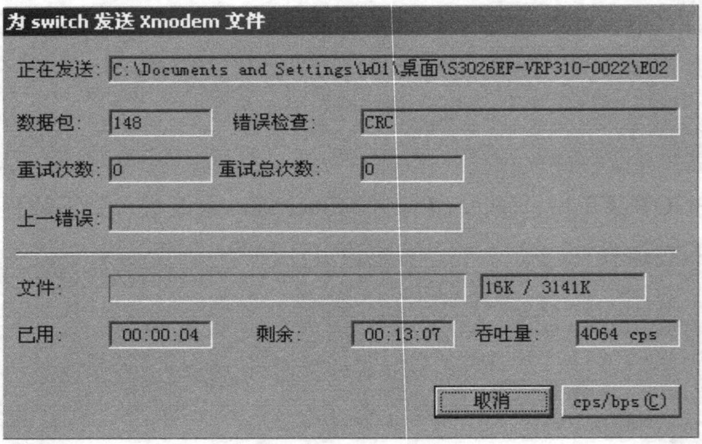

图3-1-18 文件传输界面

此时显示：

```
Now please start transfer file with XMODEM protocol.
If you want to exit, Press <Ctrl+X>.
Loading ...CCCCCCCCCCCCCCCCCCCCCCCCCCCCCCCCCCCCC done!
## Total Size     = 0x00311174 = 3215732 Bytes
```

第9步：下载完成后，系统会提示，应该把波特率改回到9600，中间同样需要做一次断开和连接操作，设置才会起作用，显示如下。

```
Your baudrate should be set to 9600 bps again!
Press enter key when ready.
```

第10步：系统提示已有0007版本，是否删除，选择y，系统开始删除0007版本，之后把0022版本写入到Flash中，完成后，系统回到BOOT菜单。

```
 File S3026E-VRP3.10-0007.app exist, delete it? (Y/N) y
 Deleting file...xxxxxxxxxxxxxxxxxxxxxxdone!
 Writing
file..........................................................
.... done!
 Next time, S3026E-VRP3.10-0007.app will become default boot file!
 BOOT   MENU
 1. Download application file to flash
 2. Select application file to boot
 3. Display all files in flash
 4. Delete file from flash
 5. Modify bootrom password
 0. Reboot
 Enter your choice(0-5):
```

第 11 步：重启交换机，进入交换机后，用 display version 命令查看交换机的 Bootrom 程序版本，可以看出已升级到 0022 版本，表明升级成功。

```
 <Quidway>
 %Jun 19 16:01:31 2016 Quidway SHELL/5/LOGIN: Console login from Aux0/0
 <Quidway>system
 Enter system view, return to user view with Ctrl+Z.
 [Quidway]display version
 Huawei Versatile Routing Platform Software
 VRP (R) Software, Version 3.10, RELEASE 0022
 Copyright (c) 2000-2004 HUAWEI TECH CO., LTD.
 Quidway S3026E uptime is 0 week,0 day,0 hour,0 minute
 Quidway S3026E with 1 MIPS Processor
 64M     bytes SDRAM
 8192K   bytes Flash Memory
 Config Register points to FLASH
 Hardware Version is REV.0
 CPLD Version is 002
 Bootrom Version is 119
 [Subslot 0] 24 FE    Hardware Version is REV.0
 [Subslot 1]  1 GE    Hardware Version is REV.0
```

3.2　交换机高级配置

要想发挥交换机的强大功能，我们必须要学会配置和管理交换机。前面所介绍的实际上仅仅是告知如何进入交换机的操作。至于进去之后怎么做，属于后续的进阶配置的内容。就好像打仗时，我们都知道战斗机的作用很大，3.1 节就相当于让我们进入飞机并且启动引擎，而接下来的内容，则是如何让飞机飞起来并且发挥战斗功能。交换机的端口，就相当于战斗机中的各种武器。

3.2.1 基础知识

1. 端口速率

目前市面上的交换机以太网端口支持的速率有 10Mbps、100Mbps、10/100Mbps 自适应和 1000Mbps 等几种方式，支持端口速率的手工配置和自适应，默认情况下，所在端口都是自适应工作模式，通过相互交换自协商报文进行速率匹配。

2. 端口工作模式

以太网技术有半双工和全双工两种端口工作模式。一般的交换机在支持这两种端口工作模式外，一般也同时支持端口工作模式的手工配置和自协商。

3. 端口的链路类型

交换机的以太网端口有 Access、Hybrid 和 Trunk 三种链路类型。Access 类型的端口只能属于 1 个 VLAN，一般用于连接计算机的端口；Trunk 类型的端口可以属于多个 VLAN，可以接收和发送多个 VLAN 的报文，一般用于交换机之间连接的端口；Hybrid 类型的端口可以属于多个 VLAN，可以接收和发送多个 VLAN 的报文，也可以用于交换机之间的连接，还可以用于连接用户的计算机。Hybrid 端口和 Trunk 端口的不同之处在于 Hybrid 端口可以允许多个 VLAN 的报文发送时不打标签，而 Trunk 端口只允许默认 VLAN 的报文发送时不打标签。

4. 端口聚合

端口聚合也叫端口汇聚，是通过配置软件的设置，将两个或多个物理端口组合在一起成为一条逻辑的路径从而增加在交换机和网络节点之间的带宽，将属于这几个端口的带宽合并，给端口提供一个几倍于独立端口的独享的高带宽、大吞吐量。它是一种封装技术，是一条点到点的链路。链路的两端可以都是交换机，也可以是交换机和路由器，还可以是主机和交换机或路由器。将多条链路捆绑在一起后，不但提升了整个网络的带宽，而且数据还可以同时经由被绑定的多条物理链路传输，具有链路冗余的作用，在网络出现故障或其他原因断开其中一条或多条链路时，剩下的链路还可以工作。

5. 端口镜像

端口镜像（Port Mirroring）把交换机一个或多个端口（VLAN）的数据镜像到一个或多个端口的方法，以便监视进出网络的所有数据包，供安装了监控软件的管理服务器抓取数据。而企业出于信息安全、保护公司机密的需要，也迫切需要网络中有一个端口能提供这种实时监控功能。在企业中用端口镜像功能，可以很好地对企业内部的网络数据进行监控管理，在网络出现故障的时候，可以很好地进行故障定位。

3.2.2 端口绑定

端口绑定指的是计算机的 MAC 地址和交换机的端口进行的绑定。就好像把飞行员和战斗机进行绑定一样，进入机舱的时候不再需要验证飞行员的身份，显然能达到更快起飞的目的。

1. 技术背景

局域网节点的物理地址（MAC 地址）采用 6 字节 48 位表示。

交换机中的"MAC 地址－端口"映射表是标识目的 MAC 地址与交换机端口之间映射关系的表，主要作用是用于二层转发，其中的 MAC 地址分为静态 MAC 地址和动态 MAC 地址。

静态 MAC 地址由用户配置，具有最高优先级（不能被动态 MAC 地址覆盖）且永久生效；动态 MAC 地址由交换机在转发数据帧的过程中学习或者手动添加，且在有限时间内生效。

当交换机接收到需要转发的数据帧时，首先学习数据帧的源 MAC 地址，与接收端口建立映射关系；然后根据目标 MAC 地址查询 MAC 地址表，如果查到相关表项，交换机将数据帧从相应端口转发；否则，交换机将数据帧在其所属广播域内广播。如果动态 MAC 地址长时间没有出现在转发数据帧中，交换机会将其从 MAC 地址表中删除。

在交换网络中，交换机既可以通过动态方式学习 MAC 地址，也可以由手工方式配置静态 MAC 地址与端口的映射。在某些主机的配置和位置比较固定的情形下，我们可以考虑为其配置静态 MAC 地址，这样可以减少一些因动态地址老化而导致的网络广播流量，提高网络效率和稳定性。

2. 配置示例

在配置之前，我们有必要掌握一些基础知识。一是学会并掌握查看 MAC 地址表的方法，并了解 MAC 地址表中各表项的意义；二是掌握 MAC 地址表的学习和老化过程；三是了解 MAC 地址表的维护和管理方法；四是掌握地址端口绑定的基本方法。掌握了这 4 个内容之后，我们就可以开始做实验了。

（1）实验内容。

内容 1：将计算机的 MAC 地址和交换机端口绑定。

内容 2：查看交换机的 MAC 地址表，并对其进行适当操作。

（2）实验操作。根据如图 3-2-1 所示拓扑结构图搭建实验环境。

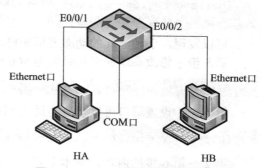

图3-2-1　MAC地址绑定拓扑结构图

实验中使用 H3C 系列交换机一台，PC 两台，直连双绞线两根，专用配置电缆一根。设置 HA、HB 的 IP 地址分别为 192.168.0.1、192.168.0.2，子网掩码都为 255.255.255.0。

在正式开始实验之前，我们需要获取主机 HA 的 MAC 地址。

在"开始"→"运行"中输入 cmd 并回车，进入计算机的命令行模式，然后输入查询命令 ipconfig /all。

```
C:\Users\Administrator.PC-20150723XMJX>ipconfig /all
……
物理地址 . . . . . . . . . . . . . : 54-89-98-47-1F-16
```

可知，HA 当前地址为 54-89-98-47-1F-16。

第1步：配置静态 MAC 地址绑定端口。因为 HA 连接在交换机的 E 0/0/1* 口上，接下来我们把交换机地址表中 MAC 地址 54-89-98-47-1F-16 的表项的端口号设置为 Ethernet 0/0/1，并将此表项设置为静态表项。

```
<H3C>system-view
Enter system view, return user view with Ctrl+Z.
[H3C]mac-address static 5489-9847-1F16 Ethernet 0/0/1 vlan 1
```

需要注意的是，在一个交换机中，对同一个 MAC 地址只能有一个表项，在配置上述静态表项之前，必须把相应的动态表项给释放掉。

第2步：查看 MAC 地址表信息。

```
[H3C]display mac-address
MAC Address       VLAN ID    STATE          Port        AGING TIME
5489-9847-1f16    1          Config static  Eth0/0/1    NOAGED
5489-989c-7094    1          Learned        Eth0/0/2    AGING
-----------        2 mac address(es) found
-------------------------------
```

可以看到，MAC 地址表中有两项：前一项是刚设置的静态地址，后一项是交换机通过自动学习得到的动态地址。

第3步：禁止 Ethernet 0/0/1 后再进行地址学习。将端口 Ethernet 0/0/1 与计算机的 MAC 地址进行静态绑定后，该端口还会继续学习 MAC 地址，也就是说其他计算机还可以连接到该端口，要想其他计算机不能连接到该端口，就要禁止该端口后再进行地址学习。

```
[H3C]interface e 0/0/1
[H3C-Ethernet0/0/1] mac-address max-mac-count 0
```

此时在 HB 上使用 ping 命令测试 HA 的连通性，会发现不能连通。

第4步：手动添加动态表项并查看老化时间。将 HB 以动态项形式添加至 E 0/0/2 口。

```
[H3C]mac-address dynamic 5489-989c-7094 Ethernet 0/0/2 vlan 1
[H3C]display mac-address aging-time
```

可以发现，手动添加的动态表项和自动学习到的自动表项一样，依然有老化时间。

第5步：修改系统的老化时间为 500 秒。

```
[H3C]mac-address aging-time 500          // 单位为秒（seconds）
```

第6步：设置端口可以学习的最大 MAC 地址数为 200。

```
[H3C-Ethernet0/0/1]mac-address max-mac-count 200
```

第2～第6步的内容，基本上就属于对交换机"MAC-地址"映射表的操作，这些操作相对比较简单，但是每条操作在具体的网络环境下，都能发挥独到的作用。

3.2.3 端口配置

1. 技术背景

快速以太网交换机端口类型一般包括 10Base-T、100Base-TX、1000Base-TX、100Base-

---

* 注：E 0/0/1 与 Ethernet 0/0/1 表示同一端口号，在真实的设备中，输入这两种情况都是正常操作。

FX、1000Base-FX 等，其中 T 和 TX 一般是由自适应端口提供的，即通常所讲的 RJ-45 端口。RJ-45 接口可用于连接 RJ-45 接头，适用于由双绞线构建的网络，这种端口是最常见的，一般来说以太网交换机都会提供这种端口。

平常所讲的多少口交换机，指的是具有多少个 RJ-45 端口的交换机。RJ-45 端口可直接连接计算机、网络打印机等终端设备，也可以与其他交换机、路由器等设备进行连接来组建网络。交换机对端口数据进行同时交换，每一个端口属于一个冲突域，在划分了虚拟局域网（VLAN）以后，每个虚拟局域网属于一个广播域。交换机端口是网络连通的重要部分，配置不当也会造成网络不通。根据实际的网络环境给端口设置恰当的功能和性质，能提高网络效率和网络安全性。

2. 配置示例

根据图 3-2-2 所示拓扑结构搭建实验环境。实验中使用 H3C 系列交换机一台，PC 一台，专用配置电缆一根。

（1）实验内容。

内容 1：查看交换机端口基本参数。

内容 2：端口的常用配置命令。

（2）实验操作。

步骤 1：设置端口工作模式

H3C 交换机端口的工作模式一般分为半双工、全双工和自动，命令表述为：duplex {half | full | auto}

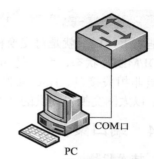

图 3-2-2　交换机端口配置拓扑结构图

默认情况下，H3C 交换机的工作模式为 auto，即自动方式。如果希望发送数据包的同时也可以接收数据包，可设置为全双工方式，如果希望发送数据包时不希望接收数据包，可设置为半双工方式。

我们尝试将交换机的 Ethernet 0/0/1 口设置为全双工模式。

```
<H3C>system-view
[H3C]interface Ethernet0/0/1
[H3C-Ethernet0/0/1]undo negotiation auto
[H3C-Ethernet0/0/1]duplex full
```

步骤 2：设置端口速率

交换机的端口速率一般为 10、100 和 1000Mbps，命令表述为：speed{10 | 100 | 1000 | auto}。

我们尝试将端口 Ethernet 0/0/1 的速率设置为 10Mbps。

```
[H3C-Ethernet0/0/1]speed 10
```

需要注意的是，如果端口连接的是计算机，则端口速率和计算机的网卡应该配置为同一值，否则以小的为准。

步骤 3：设置端口流量控制

交换机以太网端口的流量控制的命令是 flow-control，可以对发送和接收的报文进行流量控制，默认情况下是关闭流量控制的。

我们尝试开启以太网端口 Ethernet 0/0/3 的流量控制。

```
[H3C-Ethernet0/0/3] flow-control
```

然后再关闭。

```
[H3C-Ethernet0/0/3] undo flow-control
```

步骤 4：设置端口流量控制

交换机以太网端口的关闭和启用的命令是 shutdown | undo shutdown。交换机启动后，可以根据需要关闭或者启用端口，或者端口出现故障，也可以用这两条命令重启端口。一般默认情况下端口是打开的。

我们尝试关闭以太网端口 Ethernet 0/0/3。

```
[H3C-Ethernet0/0/3] shutdown
```

然后再开启。

```
[H3C-Ethernet0/0/3] undo shutdown
```

基本上，以上就是对交换机端口本身属性的配置。还有一个不太常用的配置是配置端口的 MDI/MDIX 状态，命令是 mdi{across | auto | normal}。MDI 表示介质相关接口，MDIX 表示介质非相关接口。H3C 交换机可以智能识别 MDI/MDIX 接口，路由器和 PC 都属于 MDI 接口；以太网交换机提供的是 MDIX 接口。

3.2.4 端口聚合

1. 技术背景

端口聚合

以太网技术的速率从 10Mbps、100Mbps、1000Mbps 发展到现在的 10Gbps，提供的网络带宽也越来越大，虽然主机以太网卡基本上都只有 100Mbps 带宽，但交换机面对的是成百上千的用户，如果交换机之间仍采用 100Mbps 端口进行连接，必然会成为用户访问网络的瓶颈，所以交换机之间可以通过多个端口的连接，也就是采用端口聚合技术来提供数据传输，提高用户访问速率。

另外，在解决汇聚层交换机到核心层交换机之间的链路带宽问题时，采用端口聚合技术远远比使用更高带宽的网络接口卡来得容易，而且成本更加低廉。

端口聚合技术比较适合于以下几个方面具体应用：

（1）用于与服务器相连，给服务器提供独享的高带宽。

（2）用于交换机之间的级联，通过牺牲端口数来给交换机之间的数据交换提供捆绑的高带宽，提高网络速度，突破网络瓶颈，进而大幅提供网络性能。

（3）可以提供负载均衡能力以及系统容错。由于 Trunk 可以实时平衡各个交换机端口和服务器接口的流量，一旦某个端口出现故障，它会自动把故障端口从 Trunk 组中撤销，进而重新分配各个 Trunk 端口的流量，从而实现系统容错。

需要注意的是，在配置端口汇聚前，首先要保证交换机用于汇聚的所有端口是连续的，必须工作在全双工状态下，而且必须工作在相同的速率下，且不能为自动方式。

接下来，我们介绍具体的实验过程。

2. 基于 S3026E 的配置示例

根据图 3-2-3 所示拓扑结构，搭建实验环境。实验中使用华为 Quidway S3026E 交换机 2 台，PC 2 台，直连双绞线 4 根，专用配置电缆 2 根。设置 HA、HB 的 IP 地址分别为 192.168.0.1、192.168.0.2，子网掩码都为 255.255.255.0。

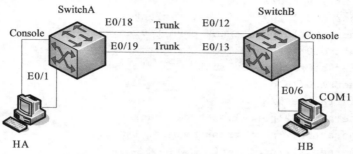

图 3-2-3　交换机端口汇聚拓扑结构图

步骤 1：配置 SwitchA 的 E 0/19 和 E 0/18 的端口速率与工作模式，并进行聚合。

```
[switchA]interface e 0/19
[switchA-Ethernet0/19]port link-type trunk
[switchA-Ethernet0/19]port trunk permit vlan all
[switchA-Ethernet0/19]speed 100
[switchA-Ethernet0/19]duplex full
[switchA-Ethernet0/19] interface e 0/18
[switchA-Ethernet0/18]port link-type trunk
[switchA-Ethernet0/18]port trunk permit vlan all
[switchA-Ethernet0/18]speed 100
[switchA-Ethernet0/18]duplex full
[switchA-Ethernet0/18]quit
[switchA]link-aggregation e 0/18 to e 0/19 both
```

步骤 2：检查配置结果。

```
[switchA] display current-configuration
……
interface Ethernet0/18
duplex full
speed 100
port link-type trunk
port trunk permit vlan all
#
interface Ethernet0/19
duplex full
speed 100
port link-type trunk
port trunk permit vlan all
……
#
link-aggregation Ethernet0/18 to Ethernet0/19 both
```

步骤 3：配置 SwitchB 的 E 0/13 和 E 0/12 的端口速率与工作模式，并进行端口聚合。

```
[switchB]interface e 0/13
[switchB-Ethernet0/13]port link-type trunk
[switchB-Ethernet0/13]port trunk permit vlan all
[switchB-Ethernet0/13]speed 100
[switchB-Ethernet0/13]duplex full
[switchB-Ethernet0/13]q
[switchB]interface e 0/12
[switchB-Ethernet0/12]port link-type trunk
[switchB-Ethernet0/12]port trunk permit vlan all
[switchB-Ethernet0/12]speed 100
[switchB-Ethernet0/12]duplex full
[switchB]link-aggregation e 0/12 to e 0/13 both
```

需要注意的是，这里最后一个参数为 both，依赖于目的和源 MAC 地址均匀地映射到端口汇聚组内的一个端口，否则仅依赖于源 MAC 地址。

同样可利用 display current-configuration 命令来显示当前配置是否正确。

步骤 4：测试端口聚合效果

在主机 HA 上使用 ping 192.168.0.2 -t 命令，会发现不停地 ping 通，此时拔掉交换机之间的一根网线，仍然不停地 ping 通。这就是端口聚合的效果，不但提高了带宽，还增强了可靠性。

另外，在配置 Trunk 时，必须遵循下列规则。

（1）正确选择 Trunk 的端口数目，数目必须是 2，4 或 8。

（2）必须使用同一组中的端口，如果交换机上的端口分成了几个组，Trunk 的所有端口必须来自同一组。

（3）使用连续的端口。Trunk 上的端口必须连续，如可以用端口 4～端口 7 组合成一个端口汇聚。

（4）一个端口只产生一个 Trunk。如果没有扩展槽的以太网交换机有 3 组端口，则该交换机可以支持 3 个端口聚合。加上扩展槽可以使该交换机多支持一个端口汇聚。

（5）基于端口号维护接线顺序。在接线时最重要的是两头的连接线必须相同。在一端交换机的最低序号的端口必须和对方最低序号的端口相连接，其余也依次连接。

（6）为 Trunk 配置端口参数。在 Trunk 上的所有端口自动认为都具有和最低端口号的端口参数相同的配置。比如用端口 4～端口 7 产生了 Trunk，端口 4 是主端口，它的配置被扩散到其他端口（端口 5～端口 7）。只有端口已经被配置成了 Trunk，就不能修改端口 5、6 和 7 的任何参数，否则可能会导致和端口 4 的设置冲突。

3. 基于 S5700 的配置示例

根据图 3-2-4 所示拓扑结构，在 eNSP 中搭建实验环境。实验中使用 S5700 系列交换机 2 台，PC 2 台。

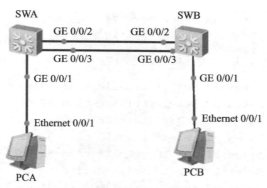

图3-2-4 交换机端口汇聚拓扑结构图

第1步：完成VLAN基本配置。

```
[SWA]vlan 10
[SWA-vlan10]port GigabitEthernet 0/0/1
[SWA]int vlan 10
[SWA-Vlanif10]ip address 192.168.0.254 255.255.255.0
```

第2步：在SWA和SWB上创建编号为1的Eth-Trunk端口（Eth-Trunk1），将物理端口Ethernet 0/0/1加入Eth-Trunk1端口，并配置Eth-Trunk1端口。

```
[SWA]interface Eth-Trunk 1
[SWA-Eth-Trunk1]trunkport GigabitEthernet 0/0/2 to 0/0/3
[SWA-Eth-Trunk1]port link-type trunk
[SWA-Eth-Trunk1]port trunk allow-pass vlan 10
```

第3步：检查配置信息。

```
[SWA]display eth-trunk 1
Eth-Trunk1's state information is:
WorkingMode: NORMAL          Hash arithmetic: According to SIP-XOR-DIP
Least Active-linknumber: 1   Max Bandwidth-affected-linknumber: 8
Operate status: up           Number Of Up Port In Trunk: 2
--------------------------------------------------------------------
PortName                     Status        Weight
GigabitEthernet0/0/2         Up            1
GigabitEthernet0/0/3         Up            1
```

第4步：测试端口聚合效果。

```
Ping 192.168.0.2: 32 data bytes, Press Ctrl_C to break
From 192.168.0.2: bytes=32 seq=1 ttl=128 time=78 ms
From 192.168.0.2: bytes=32 seq=2 ttl=128 time=78 ms
From 192.168.0.2: bytes=32 seq=3 ttl=128 time=79 ms
From 192.168.0.2: bytes=32 seq=4 ttl=128 time=78 ms
From 192.168.0.2: bytes=32 seq=5 ttl=128 time=62 ms
From 192.168.0.2: bytes=32 seq=6 ttl=128 time=47 ms
```

```
From 192.168.0.2: bytes=32 seq=7 ttl=128 time=94 ms
From 192.168.0.2: bytes=32 seq=8 ttl=128 time=63 ms
Request timeout!
Request timeout!
From 192.168.0.2: bytes=32 seq=11 ttl=128 time=63 ms
From 192.168.0.2: bytes=32 seq=12 ttl=128 time=47 ms
From 192.168.0.2: bytes=32 seq=13 ttl=128 time=93 ms
From 192.168.0.2: bytes=32 seq=14 ttl=128 time=94 ms
From 192.168.0.2: bytes=32 seq=15 ttl=128 time=63 ms
From 192.168.0.2: bytes=32 seq=16 ttl=128 time=94 ms
From 192.168.0.2: bytes=32 seq=17 ttl=128 time=94 ms
```

3.2.5 端口镜像

1. 技术背景

在日常网络维护过程中，例如，流量从哪个网络节点出发到哪个网络节点终止，目前网络带宽占用实际比例是多少，这些是我们最为关心的事情，也是必须关心的事情。镜像技术就是掌握上述信息的一种重要辅助手段。

另外，在 IT 技术日益发达和广泛应用的今天，对重要数据网络和公共信息网络进行安全审查也显得尤为重要。由于部署 IDS（Intrusion Detection Systems，入侵检测系统）等产品时需要监听网络流量（网络分析仪同样也需要），但是在目前广泛采用的交换网络中监听所有流量有相当大的困难，因此，需要通过配置交换机来把一个或多个端口的数据转发到某一个端口来实现对网络的监听。

2. 配置示例

在做实验之前，我们首先需要了解端口镜像的原理和掌握在交换机上进行端口镜像的方法。

（1）实验内容。配置交换机以实现端口镜像功能。

（2）实验步骤。以太网交换机两台，PC 两台，双绞线三根，配置电缆两根，网络拓扑如图 3-2-5 所示。

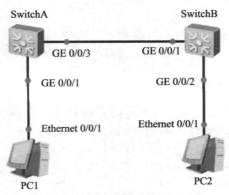

图 3-2-5　端口镜像拓扑结构图

步骤1：配置交换机 SwitchA

```
[SwitchA]interface Vlanif 1
[SwitchA -Vlanif1]ip address 192.168.10.1 24
[SwitchA]vlan batch 2 to 3
[SwitchA]interface GigabitEthernet 0/0/3
[SwitchA-GigabitEthernet0/0/3]port link-type trunk
[SwitchA-GigabitEthernet0/0/3]port trunk allow-pass vlan 2
[SwitchA-GigabitEthernet0/0/3]q
[SwitchA]interface GigabitEthernet 0/0/1
[SwitchA-GigabitEthernet0/0/1]port link-type access
[SwitchA-GigabitEthernet0/0/1]port default vlan 3
[SwitchA-GigabitEthernet0/0/1]q
```

步骤2：配置交换机 SwitchB

```
[Huawei]sysname SwitchB
[SwitchB]vlan 2
[SwitchB-vlan2]q
[SwitchB]interface GigabitEthernet 0/0/2
[SwitchB-GigabitEthernet0/0/2]port link-type access
[SwitchB-GigabitEthernet0/0/2]port default vlan 2
[SwitchB-GigabitEthernet0/0/2]q
[SwitchB]interface GigabitEthernet 0/0/1
[SwitchB-GigabitEthernet0/0/1]port link-type trunk
[SwitchB-GigabitEthernet0/0/1]port trunk allow-pass vlan 2
[SwitchB-GigabitEthernet0/0/1]q
```

步骤3：配置远程观察端口和镜像端口

```
[SwitchA]observe-port 1 interface GigabitEthernet 0/0/3 vlan 2
[SwitchA]interface GigabitEthernet 0/0/1
[SwitchA-GigabitEthernet0/0/1]port-mirroring to observe-port 1 both
[SwitchA-GigabitEthernet0/0/1]q
```

步骤4：检查配置信息

```
[SwitchA]display observe-port
---------------------------------------------------------------
 Index      : 1
 Interface: GigabitEthernet0/0/3
 Used       : 2
---------------------------------------------------------------
[SwitchA]display port-mirroring
 Port-mirror:
---------------------------------------------------------------
 Mirror-port                Direction      Observe-port
---------------------------------------------------------------
 GigabitEthernet0/0/1       Both           GigabitEthernet0/0/3
---------------------------------------------------------------
```

步骤 5：监控数据流

在前面 4 个步骤完成之后，就可以在监视机上通过 GE 0/0/3 监控 GE 0/0/1 上的数据流了，如图 3-2-6 所示。

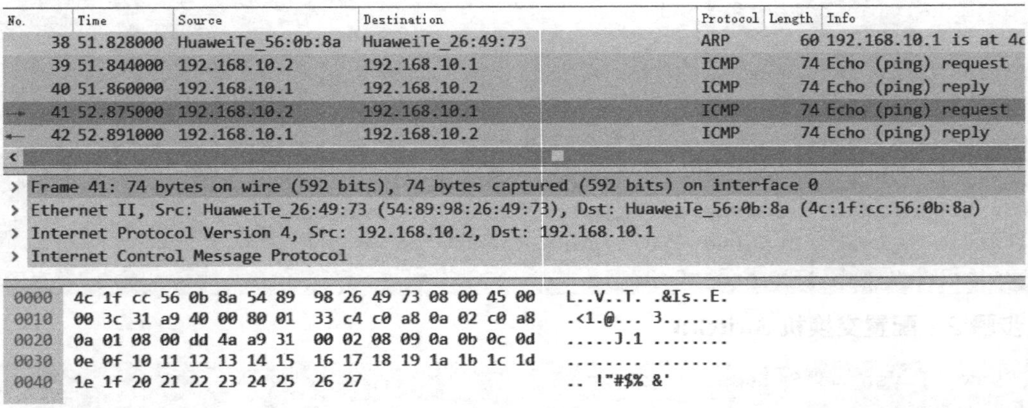

图3-2-6 镜像抓包测试

注意：

（1）一个目的端口只能处于一个监控任务中。当一个端口被配置成目的端口后就不能再成为源端口，同时冗余链路端口也不能成为监控的目的端口。特别需要指出的是，如果一个 Trunk 端口被配置成为监控的目的端口，则其 Trunk 功能也将自动停止。

（2）源端口又可以称为被监控端口。在一个监控任务中，可以有一个或多个源端口，而且可以根据用户需要设置为输入方向、输出方向或双向，但无论哪种情况，在一个 SPAN 任务中，所有源端口的被监控方向都必须是一致的。

（3）Trunk 端口可以单独设为源端口，也可以与非 Trunk 端口一起被设置为源端口，但要注意的是，监控端口不会识别来自 Trunk 端口针对不同 VLAN 的数据封装格式，换句话说，在监控端口收到的数据包将无法辨明是来自哪个 VLAN 的。

（4）配置本地端口镜像时，必须预先创建本地镜像组。

（5）本地镜像组必须配置源端口、目的端口才能生效。其中源端口和目的端口不能是现有镜像组的成员，并且一个镜像组只能配置一个目的端口。

（6）请用户不要在目的端口上开启 STP、RSTP 或 MSTP，否则可能会影响镜像功能的正常使用。

3.3 路由器基本配置

3.3.1 路由器基础理论

我们首先来了解一下路由器的工作原理。

路由器主要完成网络层的功能，将数据包从源主机经由最佳路径传送到目的主机。其工作原理为，路由器通过路由选择算法，建立并维护一张路由表。路由表包含着目的地址和下一跳路由器地址等多种路由信息。路由表中的路由信息指明每一台路由器应该把数据包转发给谁，它的下一跳路由器地址是什么。路由器根据路由表提供的下一跳路由器地址，将数据包转发过去。通过把数据包逐级地转发到下一跳路由器的方式,最终把数据包转发到目的主机。

路由技术是融合现代通信技术、计算机技术、微电子技术、大规模集成电路技术、光电子技术及光通信技术的网络核心技术。路由器(Router)工作在 OSI 参考模型的第三层——网络层的互连设备。路由器实现了异种网络之间的互连。

在实际的华为设备上配置路由器的方法和配置交换机大体上相同,只在细节上有所出入。因此,本节介绍在 eNSP 环境下实现路由器的配置。

3.3.2 路由器配置

eNSP 提供了 6 种路由器供选择,如图 3-3-1 所示。

由图中可见,5 个路由器为 AR 系列指定路由器,1 个路由器为提供基本路由功能的默认路由器。

路由器的配置

AR 系列路由器是华为公司自主开发的、面向企业级网络的产品。功能较为完善,支持的特性包括广域网互连、局域网接入、无线局域网、IP 应用、IP 路由、组播、MPLS、安全、VPN、网络管理等。根据网络规模的不同,AR 系列路由器既可以在中小型企业网中担当核心路由器,也可以在大的企业中担当分支网络的接入路由器,同时适合在电信管理网、计费网等电信级网络中应用。

以高校实验室中比较常见的 AR2809 路由器为例,其外观如图 3-3-2 所示。

图 3-3-1 eNSP 提供的路由器

图 3-3-2 华为 AR2809 路由器外观图

AR 系列路由器采用模块化结构,提供了多种可选配的多功能接口模块(Multifunctional Interface Module,MIM)和智能接口卡(Smart Interface Card,SIC),基本上所有型号的路由器都提供交流供电和直流供电两种主机。华为 AR2809 后面板如图 3-3-3 所示。

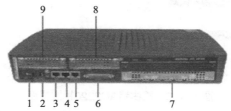

1—电源开关;2—电源插座;3—配置口(CON);4—备份口(AUX);5—10/100M 以太网口;
6—同/异步串口(SERIAL);7—SLOT1(MIM 插槽);8—SLOT2(SIC 插槽);9—SLOT3(SIC 插槽)
图 3-3-3 华为 AR2809 路由器后面板

在 eNSP 中可以灵活地搭建需要的拓扑结构。我们选择 AR2220 路由器，先构建一个路由器配置的拓扑，如图 3-3-4 所示。

在拓扑中的设备图标上右击，在弹出的快捷菜单中选择"设置"命令，如图 3-3-5 所示，打开接口配置界面。

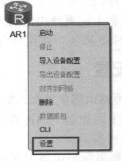

图3-3-4　路由器配置拓扑图　　　　图3-3-5　路由器设置

在"视图"选项卡中，可以查看设备面板及可供选择的接口卡，如图 3-3-6 所示。如果需要为设备增加接口卡，可在"eNSP 支持的接口卡"区域中选择合适的接口卡，直接拖至上方的设备面板上的相应槽位即可。如果需要删除某个接口卡，直接将设备面板上的接口卡拖回至"eNSP 支持的接口卡"区域即可。需要注意的是，只有在设备电源关闭的情况下，才能进行增加或者删除接口卡的操作。

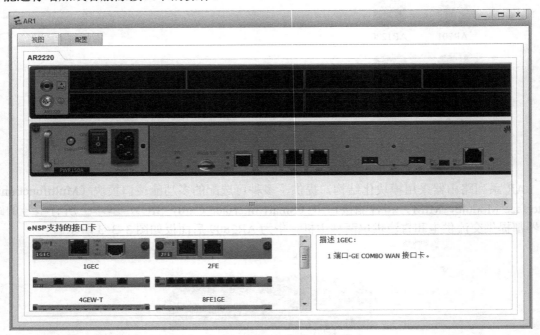

图3-3-6　路由器AR2220视图界面

在"配置"选项卡中，可以设置设备的串口号。默认情况下，串口号从 2000 开始使用，取值范围为 [2000，65535]。可以更改串口号并单击"应用"按钮使之生效，如图 3-3-7 所示。

在登录路由器后可以使用命令行来配置设备,包括更改路由器名称、配置路由器时钟、设置标题文本,以及使用命令行查看相关配置信息等。

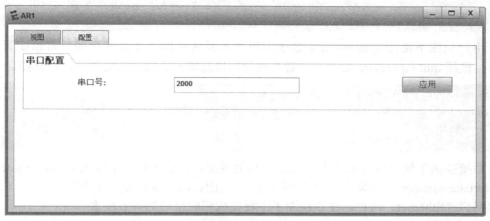

图3-3-7　路由器AR2220串口号设置

启动设备,登录成功后即进入用户视图,如下所示:

```
<Huawei>
```

在用户视图下,只能使用参观级和监控级的命令,如使用 display version 查看版本号及硬件基本信息等。

```
<Huawei>display version
Huawei Versatile Routing Platform Software
VRP (R) software, Version 5.130 (AR2200 V200R003C00)
Copyright (C) 2011-2012 HUAWEI TECH CO., LTD
Huawei AR2220 Router uptime is 0 week, 0 day, 0 hour, 5 minutes
BKP 0 version information:
1. PCB         Version    : AR01BAK2A VER.NC
2. If Supporting PoE : No
3. Board       Type       : AR2220
4. MPU Slot Quantity : 1
5. LPU Slot Quantity : 6
MPU 0(Master) : uptime is 0 week, 0 day, 0 hour, 5 minutes
MPU version information :
1. PCB         Version    : AR01SRU2A VER.A
2. MAB         Version    : 0
3. Board       Type       : AR2220
4. BootROM     Version    : 0
```

或者使用 dir 命令查看当前默认路径下的文件信息等。

```
<Huawei>dir
Directory of flash:/
  Idx  Attr    Size(Byte)   Date         Time(LMT)  FileName
    0  drw-         -       Jul 04 2016  07:04:27   dhcp
```

```
    1   -rw-             121,802  May 26 2014 09:20:58   portalpage.zip
    2   -rw-               2,263  Jul 04 2016 07:04:53   statemach.efs
    3   -rw-             828,482  May 26 2014 09:20:58   sslvpn.zip
1,090,732 KB total (784,508 KB free)
```

在用户视图下使用 system-view 命令即可进入系统视图。在系统视图下可以配置接口、协议等，使用 quit / q / return 命令（或者直接使用快捷键 Ctrl+Z）则退回至用户视图。

```
<Huawei>system-view
Enter system view, return user view with Ctrl+Z.
[Huawei]q
<Huawei>
```

在系统视图下使用相应的命令可以进入其他视图。在系统视图下输入 interface interface-type interface-number 命令即可进入相应的接口视图。interface-type 主要有串行口（Serial）和以太网口（Ethernet）两种，在该视图下主要完成相应接口的参数配置。

```
[Huawei]interface Serial 0/0/0
[Huawei-Serial0/0/0]q
[Huawei]interface Ethernet 0/0/1
[Huawei-Ethernet0/0/1]q
[Huawei]
```

例如，给路由器的的 GE 0/0/1 接口配置 IP 地址和子网掩码，则需要事先进入该接口。配置 IP 地址时，可以使用完整的子网掩码，也可以使用子网掩码长度。如 255.255.255.0 也可以用 24 代替。

```
[Huawei]interface GigabitEthernet 0/0/1
[Huawei-GigabitEthernet0/0/1]ip address 192.168.1.254 255.255.255.0
[Huawei-GigabitEthernet0/0/1]
```

路由协议是路由器的关键所在。在系统视图下输入 rip 或 ospf 即可进入路由协议配置视图，该配置视图下可以完成路由协议的相关配置。

```
[Huawei]rip
[Huawei-rip-1]q
[Huawei]ospf
[Huawei-ospf-1]q
```

和在实际设备上配置一样，在 eNSP 中一样可以使用命令行的帮助功能，如输入"?"用于获取相应命令及其简单描述。同样的，也可以使用快捷键实现基本的命令编辑功能，如输入不完整的关键字后按下 <Tab> 键，系统将自动补全命令（如输入"dis"后按下 <Tab> 键可以将命令补全为"display"）。

```
[Huawei]dis
[Huawei]dispaly
```

可以通过 display hotkey 命令来查看已定义、未定义和系统保留的快捷键情况。

对路由器的配置，同样也分为 Console 和 Telnet。在真实设备上，路由器的 Console 配置方式和对交换机的配置大体相同；在 eNSP 下的 Console 配置和真实设备基本完全相同，因此这里不再详细介绍如何给路由器设置登录口令和配置相应级别等的操作。

这里再介绍一些对路由器的常规配置操作。

1. 修改路由器名称

当有多个设备需要管理时，我们可以给每个设备设置一个特定的名称以便提高辨识度。在系统视图下，使用 sysname 命令可以修改当前路由器名称。如将名字为 huawei 的路由器改名为 R1。

```
[Huawei]sysname R1
[R1]
```

当然，这个命令对交换机也是有效的。实际上，绝大部分命令对华为/H3C 系列的设备都是通用的。

2. 设置路由器时钟

为了保证网络中的设备有准确的时钟信号，我们需要准确设置设备的系统时钟。clock datetime 命令用于设置当前时间和日期；clock timezone 命令用于设置所在的时区。例如，在用户视图下修改系统日期和时间为 2018 年 11 月 17 日 17 点。

```
<R1>clock datetime 17:00:00 2018-11-17
<R1>
```

或者在用户视图下设置所在时区为北京。

```
<R1>clock timezone BJ add 08:00:00
<R1>
```

这里 add 08:00:00 的原因是因为系统默认设置的是伦敦时间，而北京处于 +8 时区，因此时间偏移量增加了 8。

3. 设置标题信息

如果需要对登录路由器的用户提供警示或者说明信息，可以对用户登录时或登录成功后的标题信息进行设置。

header login 命令用于设置登录时的文本，例如，设置登录时的标题文本为"Hello World"。

```
[R1]header login information "Hello World"
```

header shell 命令可以设置登录成功后显示的文本信息，例如，设置登录成功后显示的标题文本信息为"Welcome to eNSP lab"。

```
[R1]header shell information "Welcome to eNSP lab"
```

这里，login 参数是用户在登录路由器认证过程中激活终端连接时显示的标题信息，一般用于给用户提供明确的提示或者指引信息。shell 参数则是当用户登录成功后，在路由器对话框中显示的标题信息。

配置完成后，退出系统，再重新进入，即可看到之前设置的标题信息。

```
[R1]q
<R1>q User interface con0 is available
Please Press ENTER.
Welcome to eNSP lab
<R1>
```

4. 查看路由器当前配置

display current-configuration 命令可以查看路由器当前已经完成的配置。

```
<R1>display current-configuration
#
sysname R1
#
aaa
 authentication-scheme default
 authorization-scheme default
 accounting-scheme default
 domain default
 domain default_admin
 local-user admin password cipher OOCM4m($F4ajUn1vMEIBNUw#
 local-user admin service-type http
#
……
#
rip 1
#
header shell information "Welcome to eNSP lab"
header login information "Hello World"
#
user-interface con 0
user-interface vty 0 4
user-interface vty 16 20
#
return
```

之前已配置的信息都会显示出来。

此外，display interface GigabitEthernet 0/0/0 可以查看路由器对应的接口状态信息；display ip interface brief 命令可以查看接口与 IP 相关摘要信息；display ip routing-table 命令可以查看路由表等。

3.3.3　配置通过Telnet口登录路由器

同样的，在熟悉了路由器的设备属性之后，接下来我们开始配置在 eNSP 下如何使用 Telnet 口登录路由器了。

首先构建一个如图 3-3-8 所示的拓扑图。我们以 AR2220 路由器为例,介绍路由器的配置过程。

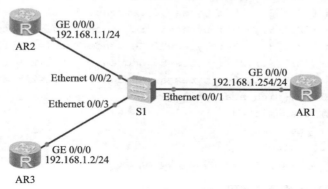

图3-3-8　配置Telnet登录拓扑

实验设备的编址如表 3-3-1 所示。

表3-3-1　图3-3-8拓扑中的设备编址

设　　备	端　　口	IP地址	子网掩码	网　　关
AR1（AR2220）	GE 0/0/0	192.168.1.254	255.255.255.0	N/A
AR2（AR2220）	GE 0/0/0	192.168.1.1	255.255.255.0	192.168.1.254
AR3（AR2220）	GE 0/0/0	192.168.1.2	255.255.255.0	192.168.1.254

实验步骤如下。
步骤1：设备编址
根据表 3-3-1 对所有设备进行相应的基本设置。
我们先对路由器 AR1 的接口进行地址配置。

```
<Huawei>sys
[Huawei]sysname AR1
[AR1]interface GigabitEthernet 0/0/0
[AR1-GigabitEthernet0/0/0]ip address 192.168.1.254 24
```

再对 AR2 和 AR3 进行配置。

```
<Huawei>sys
[Huawei]sysname AR2
[AR2]interface GigabitEthernet 0/0/0
[AR2-GigabitEthernet0/0/0]ip address 192.168.1.1 24
-------------------------        我是分割线        -------------------------
<Huawei>sys
[Huawei]sysname AR3
[AR3]interface GigabitEthernet 0/0/0
[AR3-GigabitEthernet0/0/0]ip address 192.168.1.2 24
```

完成后,使用 ping 命令检测各设备间的连通性。

```
[AR2]ping 192.168.1.254
  PING 192.168.1.254: 56  data bytes, press CTRL_C to break
    Reply from 192.168.1.254: bytes=56 Sequence=1 ttl=255 time=30 ms
    Reply from 192.168.1.254: bytes=56 Sequence=2 ttl=255 time=50 ms
    Reply from 192.168.1.254: bytes=56 Sequence=3 ttl=255 time=40 ms
    Reply from 192.168.1.254: bytes=56 Sequence=4 ttl=255 time=20 ms
    Reply from 192.168.1.254: bytes=56 Sequence=5 ttl=255 time=40 ms
  --- 192.168.1.254 ping statistics ---
    5 packet(s) transmitted
    5 packet(s) received
    0.00% packet loss
    round-trip min/avg/max = 20/36/50 ms
```

步骤 2：设置 Telnet 登录的密码

为了可以远程登录路由器，需要首先在路由器上配置 Telnet 功能。同时，为了提高网络的安全性，可以在 Telnet 登录时使用密码进行验证——也就是只有拥有正确密码的用户才有登录的权限。

我们在 AR1 上配置 Telnet 验证的方式为密码验证，设置密码为 network，并将其以密文的形式存储，然后在配置文件中以加密的形式显示密码。这样，即便密码不小心泄露，也不至于丢失。

```
[Huawei]user-interface vty 0 4
[Huawei-ui-vty0-4]authentication-mode password
Please configure the login password (maximum length 16):network
```

然后，我们就可以在 AR2 和 AR3 上以 Telnet 的方式连接 AR1 了。

先看 AR2 的情况：

```
<AR2>telnet 192.168.1.254
  Press CTRL_] to quit telnet mode
  Trying 192.168.1.254 ...
  Connected to 192.168.1.254 ...
Hello World
Login authentication
Password:
Welcome to eNSP lab
<AR1>
```

可以看到，在登录时，提示 Hello World；而在登录成功之后，则提示 Welcome to eNSP lab。

接下来再看 AR3 的情况：

```
<AR3>telnet 192.168.1.254
  Press CTRL_] to quit telnet mode
  Trying 192.168.1.254 ...
  Connected to 192.168.1.254 ...
Hello World
```

```
Login authentication
Password:
Welcome to eNSP lab
<AR1>
```

它也只有在输入认证密码后，才可以成功登录。

登录成功之后，我们可以在 AR1 上使用 display users 命令查看已经登录的用户信息。

```
[AR1]display users
  User-Intf    Delay    Type   Network Address    AuthenStatus    AuthorcmdFlag
+ 0  CON 0    00:00:00                                            pass
  Username : Unspecified
  129 VTY 0   00:02:27  TEL    192.168.1.2                        pass
  Username : Unspecified
  130 VTY 1   00:00:04  TEL    192.168.1.1                        pass
  Username : Unspecified
```

从上可以看到，AR2 和 AR3 都已经成功登录。

步骤 3：设置 Telnet 登录用户的不同权限

我们在网络管理中，经常需要给不同的用户以不同的权限，以便保证更高的安全性。例如，在一个公司中，一般的普通员工只有设备的监控权限；而网络管理员则拥有配置和管理的权限。从步骤 2 中可以看到，在默认情况下 VTY 用户界面的用户级别为 0，也就是监控级。以这个级别的密码登录设备，一般只能使用 display 等命令监控设备。

例如，我们之前在 AR2 上使用 Telnet 登录到 AR1 之后，尝试进入系统视图：

```
<AR2>telnet 192.168.1.254
  Press CTRL_] to quit telnet mode
  Trying 192.168.1.254 ...
  Connected to 192.168.1.254 ...
  Hello World
  Login authentication
  Password:
  Welcome to eNSP lab
  <AR1>system-view
     ^
Error: Unrecognized command found at '^' position.
<AR1>
```

输入 system-view 命令之后发现被拒绝了。究其原因，那就因为权限不够，不能执行更高一级的命令。

接下来我们就来设置拥有设备的配置和管理权限的高级别。一般来说，VTY 用户界面的认证模式改为 aaa 之后才能使用本地的用户名和密码进行认证。当然，默认情况下，aaa 认证功能是开启的。下面我们在 aaa 视图下配置本地用户名为 netlab 和密文密码为 computer，并且将该用户的级别调整为最高级的 level 3，也就是管理级。

```
[AR1]aaa
[AR1-aaa]local-user netlab password cipher computer privilege level 3
Info: Add a new user.
```

然后配置 netlab 的用户类别为 telnet。

```
[AR1-aaa]local-user netlab service-type telnet
```

然后进入 VTY 用户视图，将认证模式改为 AAA。

```
[AR1]user-interface vty 0 4
[AR1-ui-vty0-4]authentication-mode aaa
```

此时，我们将 AR3 模拟成网络管理员的角色，来尝试到 AR1 的 Telnet 连接。

```
<AR3>telnet 192.168.1.254
  Press CTRL_] to quit telnet mode
  Trying 192.168.1.254 ...
  Connected to 192.168.1.254 ...
Hello World
Login authentication
Username:netlab
Password:
Welcome to eNSP lab
<AR1>system-view
Enter system view, return user view with Ctrl+Z.
[AR1]
```

AR3 使用我们刚才设置的 3 级用户名和密码登录之后，很明显就有了对应的权限。一下子就进入了系统视图，从而可以对 AR1 进行所有相关的配置和管理操作。

因此，通过设置不同级别的用户名和密码，我们就实现了 Telnet 的不同权限登录。

3.4 实验注意问题

有很多学生是初次接触交换机/路由器等设备的配置，因此，在实验过程中，要注意以下几方面的问题。

（1）计算机一般有多个 COM 口，在超级终端配置时一定要与连接的 COM 口匹配，而且 COM 的参数一定要按照要求进行配置。

（2）交换机/路由器有多种配置视图，特定的命令只有在相应的配置视图下才会起作用，否则交换机会提示命令错误或命令不存在。

（3）遇到命令记不住时，尽可能使用交换机/路由器的帮助功能，多使用"？"进行查询；当然，如果记得住命令的首字母或前面几个字母，那就用 Tab 键。事实上，为了提高代码输入的效率，在记得住命令的情况下，也应该尽可能多地使用 Tab 键来补足相应命令。

（4）为了使实验不受以往配置的影响，要清除已有的配置，需要在用户视图下依次使用 reset saved-configuration 和 reboot 命令。

思考题

1. 使用未自带超级终端的 Windows 7 本地配置交换机时，需要开启 Telnet 服务。这时候，都需要开启"Telnet 服务器"和"Telnet 客户端"服务吗？

2. 怎样解除 MAC 地址绑定？

3. 实际上，在 3.2.2 小节的第 3 步中，关闭端口学习还有一条命令是"mac-address learning disable"，这条命令和"mac-address max-mac-count 0"的区别是什么？端口学习被禁止后，如果将 HA 从交换机的 E0/0/1 口拔出，再连接到其他以太网口，则 HB 能否 ping 通 HA？

4. 两台交换机之间通过 E0/0/1 口相连，协商后两个接口速率为 100Mbps，如果用 speed 命令强制一个端口的速率为 10Mbps，另一个为 100Mbps，是否可行？

5. 在端口汇聚实验中，网络按图搭建好后如果不进行端口汇聚配置，网络会出现异常吗？

6. 什么是流镜像？它和端口镜像有何异同？如何进行流镜像？

7. 在 eNSP 的路由器配置中，quit 命令和 return 命令的区别是什么？

8. 设置路由器所在的时区为东京，应该使用什么命令？

9. 什么是 STelnet？

10. 在实现路由器的配置时，基于 eNSP 的配置与基于实际设备的配置相比较有什么不同？

实践篇

- ◎ VLAN 组建
- ◎ 生成树配置
- ◎ VLAN 路由
- ◎ 静态路由
- ◎ 动态路由

文化篇

第4章 VLAN组建

说到交换技术，大多数人都会立即联想起交换机中最重要也是最常用的一项技术——VLAN（Virtual Local Area Network，虚拟局域网）。很明显，从它的名字我们可以看出，这是一种局域网（LAN）技术。事实上，它就是一种构建虚拟的局域网的技术，是一种发展很快的典型局域网技术。其核心是通过交换设备，在网络物理结构的基础上构建逻辑网络，使网络中的任意节点都能够根据需要组成一个逻辑局域网。VLAN 组网技术具有高速、灵活、易于扩展和管理的特点，被广泛用于局域网建设。

虽然它早已名声在外，但真正要完整地掌握这项技术并不是那么容易，单单划分方式，就包括了基于端口、基于 MAC 地址、基于 IP 子网、基于协议和基于策略等。

4.1 VLAN基础理论

4.1.1 VLAN技术背景

VLAN组建0

局域网交换机出现后，同一个交换机下不同的端口已经不在同一个冲突域中，这解决了共享冲突问题。局域网交换机在网络的源端口和目的端口之间建立直接、快速和准确的点到点连接，独享带宽，提高了网络的利用率。但局域网交换机无法完全过滤应用广泛的广播报文，当网络中的节点数足够多时，广播报文（在某些情况下，单播报文也被发送到整个广播域的所有端口）的任意传播，大大地占用了有限的网络带宽资源，使得网络的性能迅速下降，这就是所谓的"广播风暴"问题。

VLAN 技术就是为了解决广播域过大的一种技术，是建立在局域网交换机的基础上，以软件的形式来实现逻辑工作组的划分和管理，逻辑工作组的节点组成不受物理位置的限制。一个 VLAN 组成一个逻辑子网，即一个逻辑广播域。

IEEE 于 1999 年 6 月颁布了用于标准化 VLAN 实现方案的 802.1q。VLAN 技术的出现，使得管理员可以根据实际应用需求，把同一物理局域网内的不同用户逻辑地划分成不同的广播域，每一个 VLAN 都包含一组有着相同需求的计算机工作站，与物理上形成的 LAN 有着相同的属性。由于它是从逻辑上划分，而不是从物理上划分的，所以同一个 VLAN 内的各个工作站没有限制在同一个物理范围中，即这些工作站可以在不同物理 LAN 网段。由 VLAN 的特点可知，一个 VLAN 内部的广播和单播流量都不会转发到其他 VLAN 中，从而有助于控制流量、减少设备投资、简化网络管理、提高网络的安全性。

4.1.2 VLAN标签

VLAN是二层协议，划分VLAN之后，在二层的数据帧中会打上所属VLAN的标签，即IEEE 802.1q Tag（标签），也就是通常所说的VLAN标签。VLAN标签用来指示VLAN的成员，它封装在能够穿越局域网的帧里。这些标签在数据包进入VLAN的某一个交换机端口的时候被加上，在从VLAN的另一个端口出去的时候被除去。根据VLAN的端口类型，VLAN会决定是给帧加入还是去除标签。

我们先来看一下传统以太网的帧格式，传统的以太网数据帧中没有VLAN标签，如图4-1-1的上半部分所示。

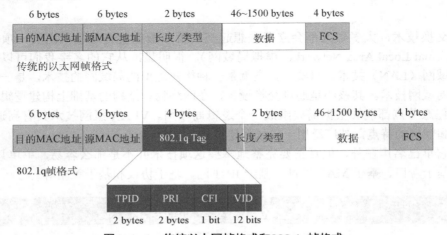

图4-1-1 传统以太网帧格式和802.1q帧格式

IEEE 802.1q是虚拟桥接局域网的正式标准，对传统的Ethernet帧格式进行了修改，在"源MAC地址"字段和"长度/类型"字段之间插入了一个4字节的"802.1q Tag"字段。而这个"802.1q Tag"字段又包括了TPID、PRI、CFI和VID四个子字段，如图4-1-1的下半部分所示。

"802.1q Tag"字段所包括的4个子字段的说明如下。

（1）TPID："Tag Protocol Identifier"（标签协议标识符）字段，占两个字节（16位），表明这是一个添加了IEEE 802.1q标签的帧（区别于未加VLAN标签的帧），值固定为0x8100（表示封装了IEEE 802.1q VLAN协议）。如果不支持802.1q的设备（如用户主机、打印机等终端设备就不支持）收到这样的帧，就会将其丢弃。

（2）PRI：Priority（优先级）字段，占3位，表示0～7八个优先级（值越大，优先级越高），主要用于当交换机阻塞时，优先发送哪个数据帧，也就是QoS（服务质量）的应用，是在802.1q规范中被详细定义的。

（3）CFI："Canonical Format Indicator"（标准格式指示器）字段，占1位，用来兼容以太网和令牌环网。用来标识MAC地址在传输介质中是否以标准格式进行封装，取值为0表示MAC地址以标准格式封装，为1表示以非标准格式封装，默认取值为0，在以太网中该值总为0，表示以标准格式封装MAC地址。

（4）VID："VLAN Identified"（VLAN标志）字段，占12位，指明VLAN的ID，取值范围为0～4095，共4096个，但由于0和4095为协议保留取值，所以VID的实际有效取值范围是 1～4094。每个进入支持 802.1q 协议的交换机发送出来的数据包都会包含这个域，以指明自己属于哪一个 VLAN。

4.1.3　VLAN中的链路类型和端口类型

一个 VLAN 帧可能带有 Tag（一般也称为 Tagged VLAN 帧，或简称为 Tagged 帧），也可能不带 Tag（称为 Untagged VLAN 帧，或简称为 Untagged 帧）。在谈及 VLAN 技术时，如果一个帧被交换机划分到 VLAN i（i=1, 2, 3, …, 4094），我们就把这个帧简称为一个 VLAN i 的帧，或一个 VLAN i 帧。对于带有 Tag 的 VLAN i 帧，i 其实就是这个帧的 Tag 中的 VID 字段的取值。注意，对于 Tagged VLAN 帧，交换机显然能够根据其 Tag 中的 VID 值判定出它属于哪个 VLAN；对于 Untagged VLAN 帧（如终端计算机发出的帧），交换机需要根据某种规则（如根据这个帧是从哪个端口进入交换机的）来判定或划分它属于哪个 VLAN。

在一个支持 VLAN 特性的交换网络中，我们把交换机与终端计算机直接相连的链路称为 Access 链路（Access Link），把 Access 链路上交换机一侧的端口称为 Access 端口（Access Port）。同时，我们把交换机之间直接相连的链路称为 Trunk 链路（Trunk Link），把 Trunk 链路上两侧的端口称为 Trunk 端口（Trunk Port）。在一条 Access 链路上运动的帧只能是（或者说应该是）Untagged 帧，并且这些帧只能属于某个特定的 VLAN；在一条 Trunk 链路上运动的帧只能是（或者说应该是）Tagged 帧，并且这些帧可以属于不同的 VLAN。一个 Access 端口只能属于某个特定的 VLAN，并且可以让属于这个特定 VLAN 的帧通过；一个 Trunk 端口可以同时属于多个 VLAN，并且可以让属于不同 VLAN 的帧通过。

每一个交换机的端口（无论是 Access 端口还是 Trunk 端口）都应该配置一个 PVID（Port VLAN ID），到达这个端口的 Untagged 帧将一律被交换机划分到 PVID 所指代的 VLAN。例如，如果一个端口的 PVID 被配置为 5，则所有到达这个端口的 Untagged 帧都将被认定为是属于 VLAN 5 的帧。默认情况下，PVID 的值为 1。

概括地讲，链路（线路）上运动的帧，可能是 Tagged 帧，也可能是 Untagged 帧。但一台交换机内部不同端口之间运动的帧则一定是 Tagged 帧。

接下来，我们具体地描述一下 Access 端口和 Trunk 端口对于帧的处理方式和转发规则。

1. Access 端口

当 Access 端口从链路（线路）上收到一个 Untagged 帧后，交换机会在这个帧中添加上 VID 为 PVID 的 Tag，然后对得到的 Tagged 帧进行转发操作。

当 Access 端口从链路（线路）上收到一个 Tagged 帧后，交换机会检查这个帧的 Tag 中的 VID 是否与 PVID 相同。如果相同，则对这个 Tagged 帧进行转发操作；如果不同，则直接丢弃这个 Tagged 帧。

当一个 Tagged 帧从本交换机的其他端口到达一个 Access 端口后，交换机会检查这个帧的 Tag 中的 VID 是否与 PVID 相同。如果相同，则将这个 Tagged 帧的 Tag 进行剥离，然后将得到的 Untagged 帧从链路（线路）上发送出去；如果不同，则直接丢弃这个 Tagged 帧。

2. Trunk 端口

对于每一个 Trunk 端口，除了要配置 PVID，还必须配置允许通过的 VLAN ID 列表。

当 Trunk 端口从链路（线路）上收到一个 Untagged 帧后，交换机会在这个帧中添加上 VID 为 PVID 的 Tag，然后查看 PVID 是否在允许通过的 VLAN ID 列表中。如果在，则对得到的 Tagged 帧进行转发操作；如果不在，则直接丢弃得到的 Tagged 帧。

当 Trunk 端口从链路（线路）上收到一个 Tagged 帧后，交换机会查看这个帧的 Tag 中的 VID 是否在允许通过的 VLAN ID 列表中。如果在，则对该 Tagged 帧进行转发操作；如果不在，则直接丢弃得到的 Tagged 帧。

当一个 Tagged 帧从本交换机的其他端口到达一个 Trunk 端口后，如果这个帧的 Tag 中的 VID 不在允许通过的 VLAN ID 列表中，则该 Tagged 帧会被直接丢弃。

当一个 Tagged 帧从本交换机的其他端口到达一个 Trunk 端口后，如果这个帧的 Tag 中的 VID 在允许通过的 VLAN ID 列表中，且 VID 与 PVID 相同，则交换机会对这个 Tagged 帧的 Tag 进行剥离，然后将得到的 Untagged 帧从链路（线路）上发送出去。

当一个 Tagged 帧从本交换机的其他端口到达一个 Trunk 端口后，如果这个帧的 Tag 中的 VID 在允许通过的 VLAN ID 列表中，且 VID 与 PVID 不相同，则交换机不会对这个 Tagged 帧的 Tag 进行剥离，而是直接将它从链路（线路）上发送出去。

以上是对 Access 端口和 Trunk 端口的工作机制的描述。在实际的 VLAN 技术实现中，还常常会定义并配置另外一种类型的端口，称为 Hybrid 端口，既可以将交换机上与终端计算机相连的端口配置为 Hybrid 端口，也可以将交换机上与其他交换机相连的端口配置为 Hybrid 端口。

3. Hybrid 端口

Hybrid 端口除了需要配置 PVID，还需要配置两个 VLAN ID 列表，一个是 Untagged VLAN ID 列表，另一个是 Tagged VLAN ID 列表。这两个 VLAN ID 列表中的所有 VLAN 的帧都是允许通过这个 Hybrid 端口的。

当 Hybrid 端口从链路（线路）上收到一个 Untagged 帧后，交换机会在这个帧中添加上 VID 为 PVID 的 Tag，然后查看 PVID 是否在 Untagged VLAN ID 列表或 Tagged VLAN ID 列表中。如果在，则对得到的 Tagged 帧进行转发操作；如果不在，则直接丢弃得到的 Tagged 帧。

当 Hybrid 端口从链路（线路）上收到一个 Tagged 帧后，交换机会查看这个帧的 Tag 中的 VID 是否在 Untagged VLAN ID 列表或 Tagged VLAN ID 列表中。如果在，则对该 Tagged 帧进行转发操作；如果不在，则直接丢弃得到的 Tagged 帧。

当一个 Tagged 帧从本交换机的其他端口到达一个 Hybrid 端口后，如果这个帧的 Tag 中的 VID 既不在 Untagged VLAN ID 列表中，也不在 Tagged VLAN ID 列表中，则该 Tagged 帧会被直接丢弃。

当一个 Tagged 帧从本交换机的其他端口到达一个 Hybrid 端口后，如果这个帧的 Tag 中的 VID 在 Untagged VLAN ID 列表中，则交换机会对这个 Tagged 帧的 Tag 进行剥离，然后将得到的 Untagged 帧从链路（线路）上发送出去。

当一个 Tagged 帧从本交换机的其他端口到达一个 Hybrid 端口后，如果这个帧的 Tag 中的 VID 在 Tagged VLAN ID 列表中，则交换机不会对这个 Tagged 帧的 Tag 进行剥离，而是直接将它从链路（线路）上发送出去。

Hybrid 端口的工作机制比 Trunk 端口和 Access 端口更为丰富和灵活；Trunk 端口和 Access 端口可以看成是 Hybrid 端口的特例。当 Hybrid 端口配置中的 Untagged VLAN ID 列表中有且只有 PVID 时，Hybrid 端口就等效于一个 Trunk 端口；当 Hybrid 端口配置中的 Untagged VLAN ID 列表中有且只有 PVID，并且 Tagged VLAN ID 列表为空时，Hybrid 端口就等效于一个 Access 端口。

4.1.4 VLAN的划分方式

VLAN组建1

要使用 VLAN 技术，首先就需要创建所需的若干个 VLAN，然后再把计算机或者其他设备接入到这些 VLAN 当中，也就实现了我们通常所说的 VLAN 划分。VLAN 划分的主要目的就是限制和缩小广播域，划分 VLAN 成功之后，即可实现不同 VLAN 内用户之间的二层隔离。划分 VLAN 的常用方式一般包括：基于端口号、基于 MAC 地址、基于子网、基于协议和基于策略。

在 5 种 VLAN 划分方式中又可归总为"静态 VLAN 划分"和"动态 VLAN 划分"两大类。所谓"静态 VLAN 划分"方式就是指连接用户的交换机端口被固定地划分到一个特定的 VLAN 中。所支持的 VLAN 划分方式只有"基于端口号"方式。而"动态 VLAN 划分"方式中连接用户计算机的端口不是固定地划分到某一特定 VLAN 中，而是根据用户主机的 MAC 地址、IP 地址、网络层协议或者 MAC 地址+IP 地址或+交换机端口的组合策略来灵活地加入到不同的 VLAN 中。除了"基于端口号划分"方式外的其他 4 种 VLAN 划分方式都属于这种类型。但无论是静态 VLAN 划分方式，还是动态 VLAN 划分方式，所划分的 VLAN 均属于静态 VLAN［注：通过 GVRP（GARP VLAN 注册协议）协议动态注册的 VLAN 属于动态 VLAN，不过，这个对于一般应用而言略微"高级"，在此不做介绍］。

1. 基于端口号划分 VLAN

基于端口号划分 VLAN 的方式是最常用的，一般也认为是最简单的划分方式。其划分思路就是把交换机的端口指定到具体的某个 VLAN，这样连接到交换机端口的用户计算机也就自然而然地接入到了指定的 VLAN。这种划分方式和用户计算机的配置无关，只和交换机端口有关，可以认为是一种交换机端口和 VLAN 之间的映射关系，如图 4-1-2 所示。

图 4-1-2 中局域网交换机的 1、2、5、6、8 组成 VLAN 11，端口 3、4、7 组成 VLAN 22。当局域网交换机的端口连上主机后，连接端口 1、2、5、6、8 上的主机就自动加入到了 VLAN 11，相应的端口 3、4、7 上的主机则自动加入到了 VLAN 22。

事实上，因为交换机端口被划分到了具体的 VLAN，比如 VLAN n，如果该端口下面连接了一组计算机，则这些计算机全部将成为该 VLAN n 的成员。如果此时将其中的某一台计算机移至另外一个属于 VLAN m 的端口，则该计算机马上就变成了 VLAN m 的成员。

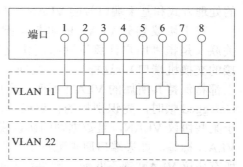

图4-1-2 基于端口的VLAN划分

2. 基于 MAC 地址划分 VLAN

基于 MAC 地址划分 VALN 是一种动态 VLAN 划分方式。它的划分思想是把用户计算机网卡上的 MAC 地址配置与某个 VLAN 进行关联（是指"用户计算机网卡 MAC 地址"与"VLAN"之间的映射，不考虑用户计算机所连接的交换机端口），这样就可以实现无论该用户计算机连接在哪台交换机的二层以太网端口上都将保持所属的 VLAN 不变。

也可以这么理解：基于 MAC 地址划分 VLAN 可以使无论用户计算机连接在哪台交换机，也无论是连接在哪个交换机端口上，对应交换机端口都将成为该用户计算机网卡 MAC 地址所映射的 VLAN 的成员，而不需要在用户计算机改变所连接的端口时重新划分 VLAN。这样就可以进一步提高终端用户的安全性（不会轻易被非法改变所属 VLAN 配置）和接入的灵活性（用户计算机可以在网络中根据实际需要随意移动）。

需要注意的是，基于 MAC 地址划分 VLAN 方式只能在 Hybrid 交换机端口上进行，不能对其他类型端口上连接的用户计算机采用这种 VLAN 划分方式。

3. 基于子网划分 VLAN

基于子网划分 VALN 是基于数据帧中上层（网络层）IP 地址或所属 IP 网段进行的 VLAN 划分，与"基于协议划分 VLAN"统称为"基于网络层划分 VLAN"，也属于动态 VLAN 划分方式，既可减少手工配置 VLAN 的工作量，又可保证用户自由地增加、移动和修改。基于子网划分 VLAN 适用于对安全性需求不高，对移动性和简易管理需求较高的场景中。

基于子网划分 VLAN 的思想是把用户计算机网卡上的 IP 地址配置与某个 VLAN 进行关联（是指"用户计算机网卡 IP 地址"与"VLAN"之间的映射，不考虑用户计算机所连接的交换机端口），这样与基于 MAC 地址划分 VLAN 一样，也可以实现无论该用户计算机连接在哪台交换机的二层以太网端口上都将保持所属的 VLAN 不变。

和基于 MAC 地址划分 VLAN 一样，基于 IP 子网划分 VLAN 也只处理 Untagged 数据帧，所以也只能在 Hybrid 类型端口上进行划分，对于 Tagged 数据帧处理方式和基于端口划分 VLAN 一样。

4. 基于协议划分 VLAN

基于协议划分 VLAN 是指基于数据帧的上层（网络层）协议类型进行的 VLAN 划分。与前面介绍的基于 MAC 地址划分 VLAN 和基于子网划分 VLAN 一样，基于协议划分 VLAN 也只处理 Untagged 数据帧，且也只能在 Hybrid 端口上进行配置，对于 Tagged 数据帧的处理方式和基于端口号的 VLAN 一样。

基于协议划分 VLAN 的思想是把用户计算机上运行的网络层协议与某个 VLAN 进行关联（是指"用户计算机网络层协议"与"VLAN"之间的映射，不考虑用户计算机所连接的交换机端口），这样也可以实现无论该用户计算机连接在哪台交换机的二层以太网端口上都将保持其所属的 VLAN 不变。启用基于协议划分 VLAN 功能后，当交换机端口接收到 Untagged 帧时，先识别帧的协议模板，然后确定数据帧所属的 VLAN。如果端口配置了属于某些协议 VLAN，且数据帧的协议模板匹配其中某个协议 VLAN，则给数据帧打上该协议 VLAN 标签。如果端口原来配置了属于某些协议 VLAN，但某次到达的数据帧的协议模板和所有协议 VLAN 都不匹配，则给数据帧打上端口 PVID 的 VLAN 标签。

5. 基于策略划分 VLAN

基于策略划分 VLAN 也可称为 Policy VLAN，其根据一定的策略进行 VLAN 划分，可实现用户终端的即插即用功能，同时可为终端用户提供安全的数据隔离。这里的策略主要包括"基于 MAC 地址 +IP 地址"组合策略和"基于 MAC 地址 +IP 地址 + 端口"组合策略两种。

以上 5 种划分 VLAN 方式的划分方法说明、主要优缺点、应用场景及华为 S 系列交换机产品的支持情况如下。

4.1.5　VLAN 划分方式比较

各种划分方式各有优点，在特定的应用场合下合理使用 VLAN 划分方式，可以更好地发挥 VLAN 的性能。我们从划分方法、优缺点和应用场景等方面来比较 5 种 VLAN 划分方式的异同。

1. 基于端口号划分

（1）划分方法。根据用户所连的二层端口（不能是三层端口）进行划分，给交换机的每个二层端口配置不同的 PVID（Port Default VLAN ID，端口默认 VLAN ID），即一个端口默认属于的 VLAN。

当一个数据帧进入交换机端口时，如果没有带 VLAN 标签，则该数据帧就会被打上端口的 PVID；如果进入的帧已经带有 VLAN 标签，那么交换机不会再增加 VLAN 标签，即使端口已经配置了 PVID。

对 VLAN 帧的收、发处理由二层端口类型决定。

（2）优缺点。

优点：配置过程简单，是最常用的 VLAN 划分方式。

缺点：配置不够灵活，当 VLAN 中的成员所连接的端口发生变化时需要重新配置 VLAN。这对于拥有众多移动用户的网络来说，网络管理者将会花费更多的时间进行维护。

（3）应用场景。适用于规模大、安全需求不高的场景中，基本所有交换机都支持这种划分方式。

2. 基于 MAC 地址划分

（1）划分方法。根据用户主机网卡 MAC 地址进行划分。网络管理员需事先配置 MAC 地址和 VLAN ID 映射关系表，如果交换机收到的是 Untagged（不带 VLAN 标签）帧，则依据该映射表在帧中添加对应的 VLAN ID。

（2）优缺点。

优点：用户在变换物理位置时，不需要重新划分 VLAN，提高了终端用户的安全性和接入的灵活性。

缺点：网络管理者需要事先将归属到指定 VLAN 的终端设备 MAC 地址配置到交换机上。这对拥有大量终端的网络来说，初始配置时，配置工作量较大。

（3）应用场景。适用于安全和移动性需求较高的场景中，同样的，基本所有交换机也都支持这种划分方式。

3. 基于子网划分

（1）划分方法。根据用户主机网卡 IP 地址所在 IP 网段进行划分。网络管理员需要事先配置 IP 地址和 VLAN ID 映射关系表，如果交换机收到的是 Untagged 帧，则依据该映射表在帧中添加对应的 VLAN ID。

（2）优缺点。

优点：基于子网划分 VLAN 和基于协议划分 VLAN 统称为基于网络层划分 VLAN。基于网络层划分 VLAN，不但大大减少了人工配置 VLAN 的工作量，同时保证了用户自由地增加、移动和修改。

缺点：交换机需要解析源 IP 地址并进行相应转换，导致交换机响应速度慢。

（3）应用场景。适用于对安全需求不高，对移动性和简易管理需求较高的场景中。大多数交换机都支持这种划分方式（华为 S1700、S2700 系列除外）。

4. 基于协议划分

（1）划分方法。根据用户主机运行的网络层协议类型进行划分。需要事先配置以太网帧中的"协议"字段和"VID"字段的映射关系表，如果交换机收到的是 Untagged 帧，则依据该映射表在帧中添加对应的 VLAN ID。

（2）优缺点。

优点：基于子网划分 VLAN 和基于协议划分 VLAN 统称为基于网络层划分 VLAN。基于网络层划分 VLAN，不但大大减少了人工配置 VLAN 的工作量，同时保证了用户自由地增加、移动和修改。

缺点：交换机需要分析各种协议的地址格式并进行相应转换，导致交换机响应速度慢。

（3）应用场景。目前支持 Apple Talk、IPv4、IPv6、IPX 等网络层协议划分 VLAN。大多数交换机都支持这种划分方式（华为 S1700、S2700 系列除外）。

5. 基于策略划分 VLAN

（1）划分方法。根据用户安全策略进行划分，主要包括基于 MAC 地址+IP 地址组合策略和基于 MAC 地址+IP 地址+端口组合策略两种。

只有符合条件的终端才能加入指定 VLAN。符合策略的终端加入指定 VLAN 后，严禁修改 IP 地址或 MAC 地址，否则会导致终端从指定 VLAN 中退出。

（2）优缺点。

优点：安全性非常高，可禁止用户改变 IP 地址或 MAC 地址。相较于其他 VLAN 划分方式，基于策略划分 VLAN 是优先级最高的 VLAN 划分方式。

缺点：针对每一条策略都需要手工配置，在 VLAN 较多时工作量很大。

（3）应用场景。适用于规模小，且对安全和移动性需求非常高的场景中。大多数交换机都支持这种划分方式（华为 S1700、S2700 系列除外）。

需要特别指出的是，如果一台交换机上同时配置了以上多种方式划分的 VLAN，则对于具体的用户主机来说将按以下从高到低的优先级顺序来划分 VLAN：基于匹配策略划分 VLAN→基于 MAC 地址划分 VLAN 和基于子网划分 VLAN→基于协议划分 VLAN→基于端口号划分 VLAN。

从以上顺序可以看出，基于 MAC 地址划分 VLAN 和基于子网划分 VLAN 拥有相同的优先级，默认情况下优先基于 MAC 地址划分 VLAN。但是可以通过命令改变基于 MAC 地址划分 VLAN 和基于子网划分 VLAN 的优先级（华为 S5700LI 和 S5700-LI 不支持），从而使同时满足这两种划分方式的用户主机决定优先采用的 VLAN 划分方式。另外，虽然基于端口号划分 VLAN 的优先级最低，但却是最常用的 VLAN 划分方式；基于匹配策略划分 VLAN 的优先级最高，但却是最不常用的 VLAN 划分方式，因为配置复杂。

4.1.6 VLAN 的优势

（1）限制广播数据包在一个逻辑广播域内，提高了带宽利用率。一个 VLAN 形成一个小的广播域，同一个 VLAN 成员都在其所属的 VLAN 所确定的广播域内，那么，当一个数据包在"MAC 地址 - 端口"映射表中查找不到时，交换机只会将此数据包发送到所有属于该 VLAN 的其他端口，而不是所有的交换机的端口，这样在一定程度上节省了带宽。

（2）增强了通信的安全性。同一逻辑子网内的数据包不会发送到另一个 VLAN，这样其他 VLAN 的用户将不会收到不属于本 VLAN 的数据包，这样就确保了该 VLAN 的信息不会被其他 VLAN 的用户窃听，从而实现了信息的保密要求。

VLAN组建2

（3）VLAN 组网方案灵活，配置管理简单，降低了管理维护成本。

4.2 使用华为交换机实现基于端口号的VLAN组建

一般来说，基于端口号划分 VLAN 的步骤主要包含三个内容。

（1）根据需求创建所需要的 VLAN，比如 VLAN2，VLNA3，VLAN4 等。

（2）配置端口类型。根据需求，决定配置的端口类型是 Access、Trunk 还是 Hybrid。需要注意的是，在华为交换机下，二层以太网端口的默认类型是 Hybrid，并且以不带标签的方式加入 VLAN 1。

（3）把端口加入 VLAN 中。把指定的端口加入到之前划分好的 VLAN，然后再将计算机连接到指定的端口（当然，也可以先连接计算机），这样计算机就成为了划分好的 VLAN 的成员。

4.2.1 配置步骤

步骤 1：创建并进入 VLAN 视图

```
<Huawei>system-view              // 进入系统视图
[Huawei]vlan n                   // 创建 vlan 并进入 VLAN 视图
[Huawei]vlan batch x y           // 创建 vlan x 到 vlan y 的多个 vlan
```

这里 n 取值范围为 1～4094，y 显然必须大于 x。可以用 undo vlan n 命令删除指定的 VLAN，当然也可以用 undo vlan batch x y 删除指定的一组 VLAN。需要注意的是，VLAN 1 是系统自带的，不需要创建，亦不能删除。

步骤 2：配置端口类型

```
[Huawei]interface Ethernet 0/0/n       // 进入指定的端口
[Huawei-Ethernet0/0/n]port link-type   access|hybrid|Trunk
                                 // 指定端口 n 的类型为 Access 或 Hybrid 或 Trunk
```

这里 n 的取值显然和交换机的端口数是一致的，一般有 Ethernet 和 GigabitEthernet 两种端口类型。默认情况下，端口类型为 Hybrid，可以用 undo port link-type 命令恢复端口为默认的类型。

步骤 3：将指定端口加入 VLAN

```
[Huawei]vlan x
[Huawei-vlanx]port e 0/0/n              // 将端口 n 添加到 vlan x
```

对于 Access 端口，配置其 PVID 的命令是 port default vlan vlan-id；对于 Trunk 端口，命令 port trunk allow-pass vlan vlan-id1 [to vlan-id2] 可以用来配置端口所允许通过的 VLAN。

为了对配置好的 VLAN 进行确认，我们可以使用 display port vlan 命令来查看交换机当前各端口的类型及加入的 VLAN。

4.2.2 配置示例

根据图 4-2-1 所示的拓扑结构，搭建实验环境。但两个交换机之间先只连一根线，例如，先连通 E0/19 和 E0/13，而不连通 E0/18 和 E0/12。

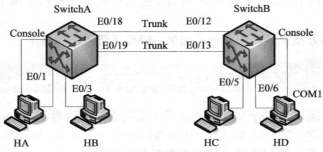

图4-2-1　基于端口的VLAN组建拓扑结构图

各主机的 IP 地址配置情况如表 4-2-1 所示。

表4-2-1　主机IP地址表

主　　机	端　　口	IP地址
HA	E 0/1	192.168.0.1
HB	E 0/3	192.168.0.2
HC	E 0/5	192.168.0.3
HD	E 0/6	192.168.0.4

在各主机上用 ping 命令测试各主机之间的通信情况，此时应该全能 ping 通，因为各主机处于同一个网段中，且还没有进行 VLAN 划分。

步骤 1：修改交换机名

我们首先来配置 SwitchA，开机状态下，华为交换机的提示符为"Quidway"，因此，我们首先设置交换机的提示符为 SwitchA。

```
<Quidway>system-view
Enter system view, return to user view with Ctrl+Z.
[Quidway]sysname switchA
[switchA]
```

同样的，我们也对 SwitchB 进行配置，更改提示符为 SwitchB。

```
<Quidway>system-view
Enter system view , return user view with Ctrl+Z.
[Quidway]sysname switch
[switchB]
```

步骤 2：创建 VLAN，并添加相关端口

对于 SwitchA，我们创建 VLAN2 和 VLAN3，并把 E0/1 加入到 VLAN2，把 E0/3 加入到 VLAN3。

```
[switchA]vlan 2
[switchA-vlan2]port e 0/1
[switchA-vlan2]vlan 3
[switchA-vlan3]port e 0/3
[switchA-vlan3]
```

对于 SwitchB，我们也创建 VLAN2 和 VLAN3，并把 E0/5 加入到 VLAN2，把 E0/6 加入到 VLAN3。

```
[switchB]vlan 2
[switchB-vlan2]port e 0/5
[switchB-vlan2]vlan 3
[switchB-vlan3]port e 0/6
[switchB-vlan3]
```

步骤 3：配置交换机直接连接的端口类型

对于 SwitchA，我们配置 E0/19 的端口类型为 Trunk，并设定 Trunk 端口允许通过 VLAN2 和 VLAN3 的数据。

```
[switchA]interface e 0/19
[switchA-Ethernet0/19]port link-type trunk
[switchA-Ethernet0/19]port trunk permit vlan 2 to 3
Please wait...Done.
[switchA-Ethernet0/19]
```

对于 SwitchB，我们配置 E0/19 的端口类型为 Trunk，并设定 Trunk 端口允许通过 VLAN2 和 VLAN3 的数据。

```
[switchB]interface e 0/13
[switchB-Ethernet0/13]port link-type trunk
[switchB-Ethernet0/13]port trunk permit vlan 2 to 3
Please wait...Done.
[switchB-Ethernet0/13]
```

至此，交换机配置完成。

此时在各主机上用 ping 命令测试各主机之间的通信情况，会发现 HA 和 HC（同属于 VLAN2）之间能 ping 通，HB 和 HD（同属于 VLAN3）之间也能 ping 通。而不同 VLAN 上的主机之间不能 ping 通。

这样，我们就在华为交换机上完成了基于端口号的 VLAN 划分。

4.3 使用华为交换机实现基于MAC地址的VLAN组建

基于 MAC 地址划分 VLAN 只处理 Untagged 数据帧，这里 VLAN 指的是单层 VLAN 标签（QinQ 可以实现双层 VLAN 标签），只有收到的数据帧中原来没有 VLAN 标签才可以根据交换机上所配置的 MAC 地址与 VLAN ID 映射关系，在数据帧中添加对应的 VLAN 标签。另外，基于 MAC 地址划分 VLAN 仅可在 Hybrid 端口上进行。这样一来就可使得基于 MAC 地址划分 VLAN 主要针对终端用户设备，而非针对其他网络设备，因为在其他网络设备间连接的端口上发送的数据帧通常都是带有 VLAN 标签的，即使是 Hybrid 类型端口。

当交换机 Hybrid 端口收到的数据帧为 Untagged 数据帧时，端口会以数据帧的源 MAC 地址为根据去匹配 MAC-VLAN 映射表项。如果匹配成功，则在对应的数据帧中添加所匹配到的 VLAN ID 标签，然后按照对应的 VLAN ID 和优先级进行转发；如果匹配失败，则按其他匹配原则（如其他 VLAN 划分规则）进行匹配。当交换机端口收到的是 Tagged 数据帧（仅在设备间连接的端口上才有可能），其处理方式和基于端口号划分 VLAN 一样，根据 Hybrid 类型端口的数据收、发规则进行。

基于 MAC 地址划分 VLAN 的配置思路如下。

（1）创建用于与用户主机 MAC 地址关联的 VLAN。

（2）在以上创建的 VLAN 视图下关联用户 MAC 地址，建立 MAC 地址与 VLAN 的映射表，以确定哪些用户 MAC 地址可划分到以上创建的 VLAN 中。

（3）配置各用户连接的交换机二层以太网端口类型为 Hybrid，并允许前面创建的基于 MAC 地址划分的 VLAN 以不带 VLAN 标签方式通过当前端口。因为华为交换机的所有二层以太网端口默认都是 Hybrid 类型，所以默认情况下，端口类型是不用配置的。

（4）（可选）配置 VLAN 划分方式的优先级，确保优先基于 MAC 地址划分 VLAN。默认情况下优先基于 MAC 地址划分 VLAN，但是可通过配置改变优先划分的方式。

（5）在 Hybrid 交换机端口上（注意，**不一定要在连接用户计算机的 Hybrid 端口上配置**）使能基于 MAC 地址划分 VLAN 功能，完成基于 MAC 地址划分 VLAN。

4.3.1 配置步骤

基于 MAC 地址划分 VLAN 的配置步骤，具体如下。

步骤 1：创建并进入 VLAN 视图

```
<Huawei>system-view              // 进入系统视图
[Huawei]vlan vlan-id             // 创建vlan并进入vlan视图，如：[HUAWEI]vlan 2
```

如果 VLAN 已经创建，则直接进入 VLAN 视图。

步骤 2：配置 MAC 地址与 VLAN 映射表项

```
[Huawei-vlani]mac-vlan mac-address [ mac-address-mask | mac-address-mask-
length ] [ priority ]     //创建用户计算机网卡MAC地址与VLAN的映射表项
```

命令中的参数说明如下。

（1）mac-address：指定要与 VLAN 关联的用户计算机 MAC 地址，格式为 H-H-H，其中 H 为 4 位的十六进制数，可以输入 1～4 位，如 00e0、fc01，但这里的 MAC 地址不可设置为全 F、全 0 或组播 MAC 地址。

（2）mac-address-mask：二选一可选参数，指定以上 MAC 地址的掩码，格式为 H-H-H，其中 H 为 1 至 4 位的十六进制数。MAC 地址掩码是用来确定在创建 MAC 地址与 VLAN 映射表项时对 MAC 地址匹配的比特位，只有值为 1 的比特位才进行匹配。如果要精确匹配一个 MAC 地址，则 MAC 地址掩码为 FFFF-FFFF-FFFF，但如果想要为一批具有某些相同特点的 MAC 地址创建与 VLAN 的映射表项，则其掩码不能是 FFFF-FFFF-FFFF，可以是像 FFFF-FFFF-0000 这样的，这样只要前 32 位是一样的 MAC 地址都要创建与 VLAN 的映射表项。**需要注意的是，华为 S7700、S9300 和 S9700 系列不支持该可选参数。**

（3）mac-address-mask-length：二选一可选参数，指定 MAC 地址掩码长度，整数形式，取值范围是 1～48。**但华为 S7700、S9300 和 S9700 系列不支持该可选参数。**

（4）priority：可选参数，指定以上 MAC 地址所对应的 VLAN 的 802.1p 优先级。取值范围是 0～7，值越大优先级越高，默认值是 0。在配置过程中，可以指定 MAC 地址对应的 VLAN 的 802.1p 优先级，用于当交换机阻塞时，优先发送优先级高的数据包。**华为 S2700 系列不支持该可选参数。**

默认情况下，MAC 地址与 VLAN 没有关联，可用 undo mac-vlan mac-address{all | mac-address [mac-address-mask | mac-address-mask-length]} 命令取消指定 MAC 地址与 VLAN 关联。

如果有多个 MAC 地址与 VLAN 映射表项，则重复本步骤。但要注意，**如果映射的 VLAN 不一样，则一定要在对应的 VLAN 视图下配置映射。**

步骤 3：配置 Hybrid 端口属性并启用基于 MAC 地址划分 VLAN 功能

（1）输入要采用基于 MAC 地址划分 VLAN 的交换机端口的接口类型和接口编号。

```
[HUAWEI]interface interface-type interface-number
```

例如，"[HUAWEI]interface gigabitethernet 0/0/1"，接口类型和接口编号之间可以输入空格也可以不输入空格。需要注意的是，这里的端口可以是 Eth-Trunk 口，且包括但不限于连接用户计算机的端口。

（2）设置端口类型为 Hybrid。

```
[HUAWEI-GigabitEthernet0/0/1]port link-type hybrid
```

实际上，因为 Hybrid 类型是华为交换机二层以太网端口的默认类型，故多数情况不需要配置。

在改变端口类型前，需要删除源端口类型下 VLAN 配置，即恢复接口只加入 VLAN1 的默认配置。**但本命令不可用于已经加入 Eth-Trunk 的物理接口，且在同一接口视图下多次使用本命令配置链路类型后，按最后一次配置生效。**

默认情况下，接口的链路类型为 Hybrid，可用 **undo port link-type** 命令恢复端口的链路类型为默认的 Hybrid 类型。

(3) 配置 Hybrid 类型端口以 Untagged 方式加入指定的 VLAN 中。

```
[HUAWEI-GigabitEthernet0/0/1] port hybrid Untagged vlan{{vlan-id1[ to vlan-id2 ]}&<1-10> | all }
```

例如，"[HUAWEI-GigabitEthernet0/0/1] port hybrid Untagged vlan 2 to 10"，即指定这些 VLAN 帧将以 Untagged 方式（去掉帧中原来的 VLAN 标签）通过接口向外（即向对端设备发送，不是向本地交换机内部发送）发送出去。

(4) 指定优先基于 MAC 地址划分 VLAN。

```
[HUAWEI-GigabitEthernet0/0/1] vlan precedence mac-vlan
```

如果没有特别情况的话，这个步骤其实也可不用配置，因为默认情况下也是优先基于 MAC 地址划分 VLAN 的。当然，也可用 undo vlan precedence 命令恢复该配置为默认的基于 MAC 地址划分 VLAN。

(5) 在 Hybrid 端口上开通基于 MAC 地址划分 VLAN 功能。

```
[HUAWEI-GigabitEthernet0/0/1 mac-vlan enable
```

通常情况下，我们都是在网络设备之间连接的 Hybrid 端口上集中配置的，而不是为每个连接用户计算机的 Hybrid 端口上配置。当端口收到 Untagged 数据帧时会以数据帧的源 MAC 地址去匹配 MAC-VLAN 表项。如果匹配成功，则按照匹配到的 VLAN ID 进行转发；如果匹配失败，则按照优先级选择其他匹配原则继续进行匹配。而当收到 Tagged 数据帧时，则按照基于端口号划分 VLAN 进行转发。

默认情况下，未使能基于 MAC 地址划分 VLAN 功能，可用 undo mac-vlan enable 命令取消该端口的 MAC VLAN 功能。

对其他需要采用基于 MAC 地址划分 VLAN 的 Hybrid 端口重复步骤 3。

特别需要注意的是，如果某 VLAN 配置为 MAC 地址 VLAN，要删除该 VLAN，必须先使用 **undo mac-vlan mac-address**{ all | mac-address [mac-address-mask | mac-address-mask-length]} 命令删除所有 MAC 地址与 VLAN 的关联。另外，在华为 S5700EI 上多次使用 **mac-vlan mac-address** 命令关联 VLAN 和 MAC 地址时，如果指定的 mac-address 相同，则指定了 MAC 地址掩码的配置优先生效。当一个 MAC 地址关联了 MAC VLAN 后，则不可以再用于配置其他 MAC VLAN，以避免一个计算机用户加入多个 VLAN 中；多次使用 **mac-vlan mac-address** 命令把当前 VLAN 与不同 MAC 地址进行关联时，配置结果按多次累加生效，也就相当于创建了多个 MAC 地址与 VLAN 映射表项。但 MAC-VLAN 与 MUX-VLAN 冲突，不允许在同一接口上同时配置这两种 VLAN，且 MAC-VLAN 对接收到的 VLAN ID 为 0 的数据帧不生效。

4.3.2 配置示例

根据图 4-3-1 所示的拓扑结构，搭建实验环境。

现要求在 SwitchA 的设备中，只有 PC1、PC2 和 PC3 可以通过 SwitchA、SwitchB 访问网络，其他 PC 不能访问。

第4章 VLAN组建

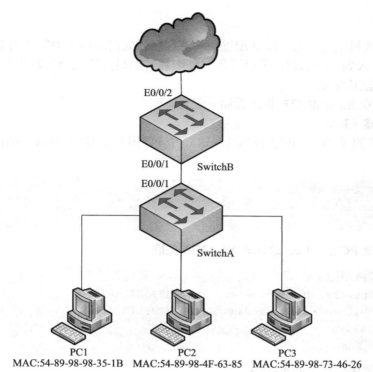

PC1
MAC:54-89-98-98-35-1B

PC2
MAC:54-89-98-4F-63-85

PC3
MAC:54-89-98-73-46-26

图4-3-1 基于MAC的VLAN组建拓扑结构图

1. 配置思路

根据以上要求，可以针对以上三台 PC 配置基于 MAC 地址划分的 VLAN10，将它们的 MAC 地址与 VLAN 绑定，从而可以防止非法 PC 访问网络。

面对这样一个基于 MAC 地址划分 VLAN 的示例，大家最容易想到的是直接到 SwitchA 交换机上进行配置，但通常不是这样配置的，还有一种更为简便的方法，那就是直接在 SwitchB 上启用基于 MAC 地址划分 VLAN。理由如下：

（1）因为华为交换机上所有二层以太网端口默认都是 Hybrid 类型的，并且发送数据帧时都是不带 VLAN 标签的，故其实完全可以让 SwitchA 全部采用默认配置（当然如果该交换机的默认配置有改变，需要重新恢复其默认配置），这样到达 SwitchB 交换机的数据帧都是不带 VLAN 标签的。

（2）然后通过在 SwitchB 交换机与 SwitchA 交换机连接的 E0/0/1 端口上配置不带标签发送特性的 Hybrid 类型端口，允许来自 VLAN10 的数据帧通过，并且启用基于 MAC 地址划分 VLAN 功能，就可使得连接在 SwitchA 上的 PC1、PC2 和 PC3 发送的数据帧在到达 SwitchB 后自动打上对应的 VLAN10 标签。

（3）最后将 SwitchB 交换机的 E0/0/2 端口配置为带标签的 Hybrid 类型端口，并且允许 VLAN10 的数据帧通过即可。

2. 配置步骤

SwitchA 交换机上全部采用默认配置（所有二层以太网端口类型默认为 Hybrid，并且以 Untagged 方式加入到 VLAN1），所以无须另外配置（如果交换机上的默认配置发生了改变，则需要先恢复到默认配置）。

现在只需要在 SwitchB 交换机上做如下配置。

步骤1：创建 VLAN

这里要创建的是 PC1、PC2 和 PC3，这三个 PC 用户需通过 MAC-VALN 才能加入的 VLAN10。

```
<Huawei>system-view
[Huawei]vlan 10
[Huawei-vlan10]
```

步骤2：创建 PC 的 MAC 地址与 VLAN10 关联

```
[Huawei-vlan10]mac-vlan mac-address 5489-9898-351b
[Huawei-vlan10]mac-vlan mac-address 5489-984f-6385
[Huawei-vlan10]mac-vlan mac-address 5489-9873-4626
[Huawei-vlan10]q
[Huawei]
```

步骤3：配置接口加入的 VLAN

```
[Huawei]interface e 0/0/1
[Huawei-Ethernet0/0/1]port hybrid untagged vlan 10    // 指定运行 VLAN10 的数据帧通过，且发送时不带VLAN标签
[Huawei-Ethernet0/0/1]interface e 0/0/2
[Huawei-Ethernet0/0/2]port hybrid tagged vlan 10    // 指定运行 VLAN10 的数据帧通过，且发送时必须带有VLAN标签
[Huawei-Ethernet0/0/2]q
[Huawei]
```

步骤4：在连接 SwitchA 的 E0/0/1 端口上开启基于 MAC 地址划分 VLAN 功能

```
[Huawei]interface e 0/0/1
[Huawei-Ethernet0/0/1]mac-vlan enable
```

通过以上配置就可以实现 PC1、PC2 和 PC3 成功访问网络，并且连接在 SwitchA 端口上的计算机换成其他的 PC 时不能访问，因为在 SwitchB 交换机上并没有配置对应的 MAC 地址与 VLAN 映射表项，提高了网络安全性能。

4.4　使用eNSP实现基于子网划分的VLAN组建

基于子网划分 VLAN 的基本原理与基于 MAC 地址划分 VLAN 的原理类似，只是原来的 MAC 地址改成了 IP 地址，即当设备端口接收到 Untagged 数据帧时，设备根据数据帧的源 IP 地址或指定网段来确定数据帧所属的 VLAN，并在数据帧中添加对应的 VLAN ID 标签，

然后将数据帧自动划分到指定 VLAN 中传输。

4.4.1 配置内容

基于子网划分 VLAN 的配置思路与基于 MAC 地址划分 VLAN 的配置思路基本一样，只是把匹配的 MAC 地址换成 IP 地址。具体如下：

（1）创建用于与用户主机 MAC 地址关联的 VLAN。

（2）在以上创建的 VLAN 视图下关联用户 IP 地址，建立 IP 地址与 VLAN 的映射表，以确定哪些用户 IP 地址可划分到以上创建的 VLAN 中。

（3）配置各用户连接的交换机二层以太网端口类型为 Hybrid，并允许前面创建的基于地址划分的 VLAN 以不带 VLAN 标签方式通过当前端口。因为华为交换机的所有二层以太网端口默认都是 Hybrid 类型的，所以默认情况下，端口类型是不用配置的。

（4）（可选）配置 VLAN 划分方式的优先级，确保优先基于地址划分 VLAN，默认情况下优先基于 MAC 地址划分 VLAN，但是可通过配置改变优先划分的方式。

（5）在 Hybrid 交换机端口上（注意，不一定要在连接用户计算机的 Hybrid 端口上）使能基于 IP 地址划分 VLAN 功能，完成基于 IP 地址划分 VLAN。

4.4.2 配置步骤

基于地址划分 VLAN 的配置步骤与基于 MAC 地址划分 VLAN 的配置步骤基本一样，只是有些命令上的差异而已，具体如下。

步骤 1：创建并进入 VLAN 视图

```
<Huawei>system-view                    //进入系统视图
[Huawei]vlan vlan-id                   //创建 vlan 并进入 vlan 视图，如[HUAWEI]vlan 2
```

如果 VLAN 已经创建，则直接进入 VLAN 视图。

步骤 2：配置 IP 地址与 VLAN 映射表项

```
[HUAWEI-vlan i] ip-subnet-vlan [ ip-subnet-index ] ip ip-address{mask |
mask-length} [ priority priority ]    //将创建的 VLAN 与用户计算机的 IP 地址进行
关联，建立映射表项
```

例如，[HUAWEI-vlan2] ip-subnet-vlan ip 192.168.0.10 24

命令中的参数说明如下。

（1）ip-subnet-index：可选参数，指定 IP 子网索引值，取值范围为 1～12 的整数。子网索引可由用户指定，也可由系统根据 IP 子网划分 VLAN 的顺序自动产生。

（2）ip-address：指定基于子网划分 VLAN 依据的源 IP 地址或网络地址，为点分十进制格式。

（3）mask：二选一参数，指定以上 IP 地址的子网掩码，为点分十进制格式。

（4）mask-length：二选一可选参数，指定以上 IP 地址的子网掩码前缀长度，取值范围为 1～32 的整数。

（5）**priority** priority：可选参数，指定以上 IP 地址或网段所对应的 VLAN 的 802.1p 优先级。取值范围是 0～7，值越大优先级越高。默认值是 0。配置过程中，可以指定 IP 地址或网段对应 VLAN 的 802.1p 优先级，用于当交换机阻塞时，优先发送优先级高的数据包。

默认情况下，没有配置基于子网划分 VLAN，可用 undo ip-subnet-vlan {ip-subnet-vlan [to ip-subnet-end] | all} 命令删除基于子网划分的指定 VLAN。

如果有多个 IP 地址与 VLAN 映射表项，则重复步骤 2。但要注意，**如果映射的 VLAN 不一样，则一定要在对应的 VLAN 视图下配置映射。**

步骤 3：配置 Hybrid 端口属性并启用基于 IP 地址划分 VLAN 功能

```
[HUAWEI-vlan i] ip-subnet-vlan [ ip-subnet-index ] ip ip-address{mask | mask-length} [ priority priority ]    //将创建的VLAN与用户计算机的IP地址进行关联，建立映射表项
```

（1）输入要采用基于地址划分 VLAN 的交换机端口的接口类型和接口编号。

```
[HUAWEI]interface interface-type interface-number
```

例如，"[HUAWEI]interface gigabitethernet 0/0/1"，**可以是 Eth-Trunk 口，且包括但不限于连接用户计算机的端口。**

（2）设置端口类型为 Hybrid。

```
[HUAWEI-GigabitEthernet0/0/1]port link-type hybrid
```

（3）配置以上 Hybrid 类型端口以 Untagged 方式加入指定的 VLAN 中。

```
[HUAWEI-GigabitEthernet0/0/1]port hybrid Untagged vlan{{vlan-id1[ to vlan-id2 ]}&<1-10> | all }
```

例如，"[HUAWEI-GigabitEthernet0/0/1] port hybrid Untagged vlan 2 to 10"，即指定这些 VLAN 帧将以 Untagged 方式（去掉帧中原来的 VLAN 标签）通过接口向外（即向对端设备发送，不是向本地交换机内部发送）发送出去。

（4）指定优先基于地址划分 VLAN。

```
[HUAWEI-GigabitEthernet0/0/1] vlan precedence ip-subnet-vlan
```

默认情况下优先基于 MAC 地址划分 VLAN，可用 undo vlan precedence 命令恢复该配置为默认的基于 MAC 地址划分 VLAN。

（5）在以上 Hybrid 端口上开启基于地址划分 VLAN 功能。

```
[HUAWEI-GigabitEthernet0/0/1] ip-subnet-vlan enable
```

这样，当端口收到 Untagged 数据帧时会以数据帧的源 IP 地址去匹配 IP-VLAN 表项。如果匹配成功，则按照优先级选择其他匹配原则继续进行匹配。而当收到 Tagged 数据帧时，则按照基于端口号划分 VLAN 进行转发。

默认情况下，未使能基于 IP 地址划分 VLAN 功能，可用 undo mac-vlan enable 命令取消该端口的 MAC VLAN 功能。

对其他需要采用基于地址划分 VLAN 的 Hybrid 端口重复步骤 3。

4.4.3 配置示例

根据图 4-4-1 所示的拓扑结构，搭建实验环境。

第4章 VLAN组建

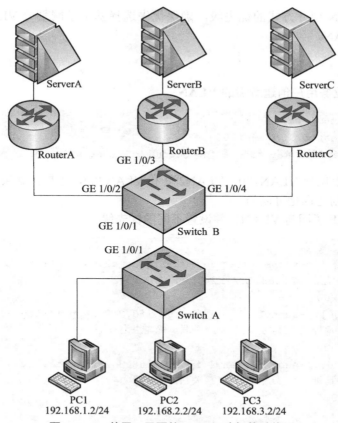

图4-4-1 基于IP子网的VLAN组建拓扑结构图

假设某公司拥有多种业务,分别使用 Server A、Server B 和 Server C,而且使用每种业务的用户 IP 地址网段各不相同。为了方便管理,现需要将同一种类型业务划分到同一 VLAN 中,不同类型的业务划分到不同 VLAN 中,分别为 VLAN100、VLAN200 和 VLAN300。当 SwitchB 接收搭配这些业务数据帧时,根据帧中封装的源 IP 地址网段的不同自动为这些帧添加对应的 VLAN ID 标签,最终实现通过不同的 VLAN ID 分流到不同的远端服务器上以实现业务相通。

1. 配置思路

本示例其实与基于 MAC 地址划分 VLAN 的配置示例差不多,主要不同有两点:一是这是基于子网进行的 VLAN 划分,二是从 SwitchB 上出去的数据帧要流向不同的服务器,这就需要在不同服务器所连接的交换机端口上配置仅允许某一个 VLAN 的数据帧通过。

同样,本示例也可以仅在 SwitchB 上配置,使 SwitchA 上的配置全部保持默认配置即可,具体如下。

(1)创建 VLAN,确定每种业务所属的 VLAN。

(2)关联 IP 子网和 VLAN,实现根据数据帧中的源 IP 地址或指定网段确定 VLAN。

(3)以正确的类型把各端口加入对应的 VLAN,实现基于子网的 VLAN 通过当前端口。

（4）配置 VLAN 划分方式的优先级，确保优先选择基于子网划分 VLAN，然后使能基于 IP 子网划分 VLAN。

2. 配置步骤

步骤 1：为各业务用户创建所需的 VLAN

```
<Huawei>system-view
[Huawei]vlan batch 100 200 300
Info: This operation may take a few seconds. Please wait for a moment...done.
```

即在 SwitchB 上创建 VLAN100、VLAN200 和 VLAN300，当然，如果记不住 batch 命令的话，一个一个地创建也是可以的。

步骤 2：关联 IP 子网与 VLAN，并设置不同的优先级

```
[Huawei]vlan 100
[Huawei-vlan100]ip-subnet-vlan 1 ip 192.168.1.2 24 priority 2   //在SwitchB
上配置Vlan100和IP地址192.168.1.2 /24关联，优先级为2
[Huawei]vlan 200
[Huawei-vlan200]ip-subnet-vlan 1 ip 192.168.2.2 24 priority 3   //在SwitchB
上配置Vlan200和IP地址192.168.2.2 /24关联，优先级为3
[Huawei]vlan 300
[Huawei-vlan300]ip-subnet-vlan 1 ip 192.168.3.2 24 priority 4   //在SwitchB
上配置Vlan300和IP地址192.168.3.2 /24关联，优先级为4
[Huawei-vlan300]q
[Huawei]
```

其实优先级是可选配置，这里只是为了尽可能地使用更多的参数。

步骤 3：配置各端口类型及允许加入的 VLAN

注意，在启用基于 IP 子网划分 VLAN 的 GE1/0/1 端口上要采用 Untagged 方式的 Hybrid 类型端口，并且要允许所有业务的 VLAN 数据帧通过；其他连接各数据服务器的端口可以是 Trunk 端口，也可以是 Tagged 方式的 Hybrid 类型端口，并且仅允许对应的 VLAN 数据帧通过。下面以 Trunk 类型端口为例进行配置。

```
[Huawei]interface GigabitEthernet1/0/1
[Huawei-GigabitEthernet1/0/1]port link-type hybrid
[Huawei-GigabitEthernet1/0/1]port hybrid untagged vlan 100 200 300
[Huawei-GigabitEthernet1/0/1]q
[Huawei]interface GigabitEthernet 1/0/2
[Huawei-GigabitEthernet1/0/2]port link-type trunk
[Huawei-GigabitEthernet1/0/2]port trunk allow-pass vlan 100
[Huawei]interface GigabitEthernet 1/0/3
[Huawei-GigabitEthernet1/0/3]port link-type trunk
[Huawei-GigabitEthernet1/0/3]port trunk allow-pass vlan 200
[Huawei-GigabitEthernet1/0/3]q
[Huawei]interface GigabitEthernet 1/0/4
[Huawei-GigabitEthernet1/0/4]port link-type trunk
```

```
[Huawei-GigabitEthernet1/0/4]port trunk allow-pass vlan 300
[Huawei-GigabitEthernet1/0/4]q
```

步骤 4：在 **SwitchB** 上配置接口 **GE0/0/1** 优先采用基于子网进行 **VLAN** 划分，并开启基于子网划分 **VLAN** 功能

```
[Huawei]interface GigabitEthernet 1/0/1
[Huawei-GigabitEthernet1/0/1]vlan precedence ip-subnet-vlan
[Huawei-GigabitEthernet1/0/1]ip-subnet-vlan enable
[Huawei-GigabitEthernet1/0/1]quit
[Huawei]
```

步骤 5：验证配置结果

在 SwitchB 上执行 display ip-subnet-vlan vlan all 命令查看基于 IP 子网划分的 VLAN 信息。

```
[Huawei]display ip-subnet-vlan vlan all
--------------------------------------------------------------
  Vlan    Index    IpAddress           SubnetMask         Priority
--------------------------------------------------------------
  100     1        192.168.1.2         255.255.255.0      2
  200     1        192.168.2.2         255.255.255.0      3
  300     1        192.168.3.2         255.255.255.0      4

--------------------------------------------------------------
  ip-subnet-vlan count: 3              total count: 3
[Huawei]
```

从中可以看出，已按配置正确进行了 VLAN 划分。

4.5 使用eNSP实现基于协议的VLAN组建

基于协议划分 VLAN 与基于子网划分 VLAN 都属于基于网络层进行的 VLAN 划分，不同的是基于子网划分 VLAN 仅根据网络层中特定的 IPv4 协议中的 IPv4 地址或子网进行 VLAN 划分，而基于协议划分 VLAN 是根据不同网络层协议（包括 IPv4、IPX、AppleTalk 等协议）进行的 VLAN 划分，不是根据具体类型的网络层地址进行 VLAN 划分。

4.5.1 配置内容

因为基于协议划分 VLAN 是根据不同的网络层协议进行的，所以需要事先创建不同网络层协议与 VLAN 的映射表项，同时还要在交换机 Hybrid 端口上配置与对应的协议 VLAN 进行关联，以限定交换机端口仅可以加入特定的协议 VLAN 中，具体如下。

（1）创建各网络层协议所需关联的 VLAN。

（2）在创建的 VLAN 视图下关联用户所用的网络层协议类型，建立网络层协议与 VLAN 的映射表，以确定哪些用户可划分到以上创建的 VLAN 中。

（3）配置各用户连接的交换机二层以太网端口类型为 Hybrid，并允许前面创建的基于协议划分的 VLAN 以不带 VLAN 标签方式通过当前端口（通常情况下，我们使用较多的华为

交换机的所有二层以太网端口默认都是 Hybrid 类型的，所以默认情况下，端口类型是不用配置的)。

(4) 配置交换机 Hybrid 端口与对应的协议 VLAN 进行关联。这样，当有关联的协议数据帧进入所关联的端口时，系统自动为该协议数据帧分配已经划分好的 VLAN ID。

4.5.2 配置步骤

基于协议划分 VLAN 的具体配置步骤如下。
步骤 1：创建并进入 VLAN 视图

```
<Huawei>system-view                // 进入系统视图
[Huawei]vlan vlan-id               // 创建 vlan 并进入 vlan 视图，如：[HUAWEI]vlan 2
```

如果 VLAN 已经创建，则直接进入 VLAN 视图。
步骤 2：配置网络层协议与 VLAN 映射表

```
[HUAWEI-vlan2] protocol-vlan [protocol-index] {at | ipv4 | ipv6 | ipx{eth
ernetii | llc | raw | snap} | mode{ethernetii-etype etype-id1 | llc dsap
dsap-id ssap ssap-id | snap-etype etype-id2}}
```

例如，"[HUAWEI-vlan2] protocol-vlan ipv4"，将创建的 VLAN 与特定的网络层协议进行关联。命令中的参数说明如下。

(1) protocol-index：可选参数，指定协议的索引值。如果不手工配置协议索引值，则系统会根据协议与 VLAN 关联的先后顺序自动产生编号（以华为交换机为例，除 S5700SI 的取值范围为 0～11 的整数，其他支持基于协议划分 VLAN 功能的华为交换机的取值范围均为 0～15 的整数)。

(2) at：多选一选项，指定基于 AppleTalk 协议划分 VLAN。

(3) ipv4：多选一选项，指定基于 IPv4 协议划分 VLAN。

(4) ipv6：多选一选项，指定基于 IPv6 协议划分 VLAN。

(5) ipx：多选一选项，指定基于 IPX 协议划分 VLAN。

(6) ethernetii：多选一选项，指定 IPX 协议的以太网数据帧的封装格式为 Ethernet II 标准格式。

(7) llc：多选一选项，指定 IPX 协议的以太网数据帧的封装格式为 802.3/802.2 LLC 标准格式。

(8) raw：多选一选项，指定 IPX 协议的以太网数据帧的封装格式为 Ethernet 802.3 raw 标准格式。

(9) snap：多选一选项，指定 IPX 协议的以太网数据帧的封装格式为 Ethernet 802.3 SAP 标准格式。

(10) ethernetii-etype etype-id1：多选一参数，指定匹配 Ethernet II 封装格式的协议类型值，取值范围是 600～fff（除 800、809b、8137、86dd 以外的值)。

(11) llc dsap dsap-id ssap ssap-id：多选一参数，指定匹配 802.3/802.2 LLC 封装格式的目的服务访问点（DSAP）和源服务访问点（SSAP)，取值范围均为 0～ff。

(12) snap-etype etype-id2：多选一参数，指定匹配 Ethernet 8023 SAP 封装格式的协议类型值，取值范围是 600～fff（除 800、809b、8137、86dd 以外的值)。

默认情况下没有建立任何网络层协议与 VLAN 关联的，可用 undo protocol-vlan{all | protocol-index1 [to protocol-index2]} 命令删除基于协议划分的指定 VLAN。二选一选项 all 用来指定删除所有基于协议划分的 VLAN，二选一参数 protocol-index1 [to protocol-index2] 用来指定要删除 VLAN 所对应的起始和终止协议索引值，取值范围是 0～15 的整数。

如果有多个网络层协议与 VLAN 映射表项，则重复步骤 2。但要注意，如果映射的 VLAN 不一样，则一定要在对应的 VLAN 视图下配置映射。

步骤 3：配置 Hybrid 端口属性并与指定协议 VLAN 进行关联

（1）输入要采用基于协议划分 VLAN 的交换机端口的接口类型和接口编号。

```
<Huawei>system-view                              // 进入系统视图
[Huawei] interface interface-type interface-number        // 进入端口视图，
如：[HUAWEI]interface gigabitethernet 0/0/1
```

这里的端口可以是 Eth-Trunk 口，且包括但不限于连接用户计算机的端口。接口类型和接口编号之间可以输入空格也可以不输入空格。

（2）配置以上二层以太网端口类型为 Hybrid 类型。

```
[HUAWEI-GigabitEthernet0/0/1] port link-type hybrid
```

（3）配置以上 Hybrid 类型端口以 Untagged 方式加入指定的 VLAN 中。

```
[HUAWEI-GigabitEthernet0/0/1] port hybrid Untagged vlan{{vlan-id1[ to vlan-id2 ]}&<1-10> | all }
```

例如，"[HUAWEI-GigabitEthernet0/0/1] port hybrid Untagged vlan 2 to 10"，即指定这些 VLAN 帧将以 Untagged 方式（去掉帧中原来的 VLAN 标签）通过接口向外（即向对端设备发送，不是向本地交换机内部发送）发送出去。

（4）把指定索引号的协议 VLAN 与特定交换机端口进行关联。

```
[HUAWEI-GigabitEthernet0/0/1]protocol-vlan vlan vlan-id{all | protocol-index1 [ to protocol-index2 ]} [ priority priority ]
```

例如，"[HUAWEI-GigabitEthernet0/0/1] protocol-vlan vlan 2 0"，目的在于限定交换机端口可以加入的协议 VLAN，主要应用在根据不同协议类型采用不同传输路径的网络中。

命令中的参数和选项说明如下。

（1）vlan-id：指定以上 Hybrid 端口要关联的协议 VLAN。

（2）all：二选一选项，指定要与所有协议索引值对应的，并由参数 vlan-id 指定的协议 VLAN 关联。

（3）protocol-index1 [to protocol-index2]：二选一参数，指定仅与指定协议索引起始值和终止值范围内，由参数 vlan-id 指定的协议 VLAN 关联，取值范围均为 0～15 的整数。如果不手工配置协议索引值，则系统会根据协议与 VLAN 关联的先后顺序自动产生编号。

（4）priority priority：可选参数，指定所关联的以上协议 VLAN 的 802.1p 优先级。

可用 undo protocol-vlan {all | vlan vlan-id{all | protocol-index1 [to protocol-index2] }} 命令取消以上端口与指定协议 VLAN 的关联。

对其他需要采用基于协议划分 VLAN 的 Hybrid 端口重复步骤 3。

4.5.3 配置示例

根据图 4-5-1 所示的拓扑结构，搭建实验环境。

现假设该公司拥有多种业务，放置于 Server A、Server B 等，而且每种业务所采用的协议各不相同。为了便于管理，减少人工配置 VLAN 的工作量，现需要将同一种类型业务划分到同一 VLAN 中，不同类型的业务划分到不同 VLAN 中。本示例中，VLAN10 中的用户采用 IPv4 协议与远端用户通信，而 VLAN20 中的用户采用 IPv6 协议与远端服务器通信，现要通过不同的 VLAN ID 分流到不同的远端服务器上以实现业务相通。

VLAN组建3

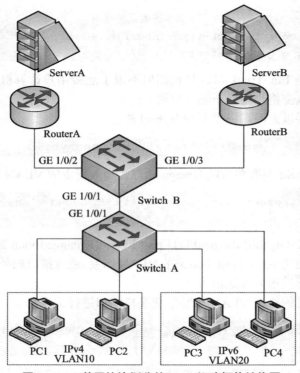

图4-5-1　基于协议划分的VLAN组建拓扑结构图

1. 配置思路

本实验中需要创建两个协议 VLAN：VLAN10 和 VLAN20，分别对应于 IPv4 和 IPv6，所以事先要创建这两个 VLAN，然后分别于对应的协议进行关联。除此之外，还要在对应的 Hybrid 端口上允许对应的协议 VLAN 通过，并与指定的协议 VLAN 进行关联。

与前面介绍的基于 MAC 地址划分 VLAN 和基于子网划分 VLAN 的配置一样，本示例也仅需在 SwitchB 上配置，而保持 SwitchA 上全部为默认配置，具体如下。

（1）创建 VLAN，确定每种业务所属的协议 VLAN。

（2）关联协议和 VLAN，实现根据端口接收到的数据帧所述的网络层协议类型给数据帧分配不同的 VLAN ID。

（3）配置端口加入 VLAN，并允许基于协议的 VLAN 通过当前端口。

（4）关联接口和对应的协议 VLAN，使有关联的协议进入关联的接口时系统自动为该协议分配已经划分好的 VLAN ID。

2. 配置步骤

在 SwitchB 上的具体配置步骤如下。

步骤 1：创建所需的协议 VLAN10 和 VLAN20

```
<HUAWEI>system-view
[HUAWEI]vlan batch 10 20
```

步骤 2：配置网络层协议与以上协议 VLAN 的关联

```
[Huawei]vlan 10
[Huawei-vlan10]protocol-vlan ipv4
[Huawei-vlan10]q
[Huawei]vlan 20
[Huawei-vlan20]protocol-vlan ipv6
[Huawei-vlan20]q
[Huawei]
```

步骤 3：配置端口类型及允许通过的协议 VLAN

```
[Huawei]interface GigabitEthernet 1/0/1
[Huawei-GigabitEthernet1/0/1]port link-type hybrid
[Huawei-GigabitEthernet1/0/1]port hybrid untagged vlan 10 20
[Huawei-GigabitEthernet1/0/1]quit       //配置GE1/0/1端口为Hybrid类型，并同
时允许VLAN10和VLAN20通过
[Huawei]interface GigabitEthernet 1/0/2
[Huawei-GigabitEthernet1/0/2]port link-type trunk
[Huawei-GigabitEthernet1/0/2]port trunk allow-pass vlan 10
[Huawei-GigabitEthernet0/0/2]quit       //配置GE1/0/2端口为Trunk类型，仅允许
VLAN10通过
[Huawei]interface GigabitEthernet 1/0/3
[Huawei-GigabitEthernet1/0/3]port link-type trunk
[Huawei-GigabitEthernet1/0/3]port trunk allow-pass vlan 20
[Huawei-GigabitEthernet0/0/3]quit       //配置GE1/0/3端口为Trunk类型，仅允许
VLAN20通过
```

注意，与 SwitchA 连接的 GE1/0/1 端口要允许所有的协议 VLAN 通过，并且其类型必须是 Hybrid 类型；连接各业务服务器的交换机端口可以是带 VLAN 标签的 Hybrid 或 Trunk 端口类型，但仅允许对应的协议 VLAN 通过。

步骤 4：配置 GE1/0/1 端口关联所需的协议 VLAN，并为它们指定不同的优先级

```
[Huawei]interface GigabitEthernet 1/0/1
[Huawei-GigabitEthernet1/0/1]protocol-vlan vlan 10 all priority 5
//配置GE1/0/1端口与VLAN10关联，优先级5
[Huawei-GigabitEthernet1/0/1]protocol-vlan vlan 20 all priority 6
//配置GE1/0/1端口与VLAN20关联，优先级6
[Huawei-GigabitEthernet1/0/1]quit
```

执行完以上 4 个步骤之后，我们就可以通过执行 display protocol-vlan interface all 命令查看端口关联协议 VLAN 的配置信息了。

```
[Huawei]display protocol-vlan interface all
--------------------------------------------------------------
 Interface            VLAN    Index    Protocol Type    Priority
--------------------------------------------------------------
 GigabitEthernet1/0/1  10      0        IPv4             5
 GigabitEthernet1/0/1  20      0        IPv6             6
[Huawei]
```

从中可以看出，对应协议 VLAN 已经成功配置。

4.6 使用eNSP实现基于策略的VLAN组建

基于策略划分 VLAN 是指在交换机上绑定终端的 MAC 地址、IP 地址或交换机端口，并与 VLAN 关联，以证实只有符合条件的终端才能加入指定 VLAN。符合策略的终端才可以加入指定的 VLAN，相当于采用了 IP 地址与 MAC 地址双重绑定，甚至再加上与所连接的交换机端口的三重绑定，一旦配置就可以禁止用户修改 IP 地址或 MAC 地址，甚至禁止改变所连接的交换机端口，否则会导致终端从指定 VLAN 中退出，可能访问不了指定的网络资源。

与基于 MAC 地址、基于子网、基于协议划分 VLAN 一样，基于策略划分的 VLAN 也只处理 Untagged 数据帧（所以也只能在 Hybrid 端口上进行配置），对于 Tagged 数据帧处理方式和基于端口划分 VLAN 一样。当设备端口接收到 Untagged 数据帧时，设备根据用户数据帧中的"源 MAC 地址"和"源 IP 地址"字段值与交换机上配置的"MAC 地址和 IP 地址"，或者"MAC 地址和 IP 地址 + 交换机端口"组合策略来确定数据帧所属的 VLAN，然后将数据帧自动划分到指定 VLAN 中传输。

4.6.1 配置内容

基于策略划分 VLAN 的基本配置比较简单，具体如下。

（1）创建各策略所需关联的 VLAN。

（2）在以上创建的 VLAN 视图下关联不同的策略，建立特定策略与 VLAN 的映射表，以确定哪些用户可划分到以上创建的 VLAN 中。

（3）配置各用户连接的交换机二层以太网端口类型为 Hybrid，并允许前面创建的基于策略划分的 VLAN 以不带 VLAN 标签方式通过当前端口。因为华为交换机的所有二层以太网端口默认的类型都是 Hybrid 类型，所以默认情况下，端口类型是不用配置的。

4.6.2 配置步骤

基于策略划分 VLAN 的具体配置步骤如下所示。
步骤 1：创建并进入 VLAN 视图

```
<Huawei>system-view              // 进入系统视图
[Huawei]vlan vlan-id             // 创建vlan并进入vlan视图，如：[HUAWEI]vlan 2
```

如果 VLAN 已经创建，则直接进入 VLAN 视图。

步骤 2：配置策略与 VLAN 映射表项

```
[HUAWEI-vlan2] policy-vlan mac-address mac-address ip ip-address [ interface
interface-type interface-number ] [ priority priority ]
```

例如，"[HUAWEI-vlan2] policy-vlan mac-address 1-1-1 ip 10.10.10.1 priority 7"，将创建的 VLAN 与特定的策略进行关联。命令中的参数说明如下。

（1）mac-address mac-address：指定策略 VLAN 依据的源 MAC 地址，格式为 H-H-H。其中 H 为 4 位十六进制数，可以输入 1～4 位，如 00e0、fc01。当输入不足 4 位时，表示前面的几位为 0，如输入 e0，等同于 00e0。MAC 地址不可设置为 0000-0000-0000、FFFF-FFFF-FFFF 和组播地址。

（2）ip ip-address：指定策略 VLAN 依据的源 IP 地址，格式为点分十进制格式。

（3）interface interface-type interface-number：可选参数，指定应用 MAC 地址和 IP 地址组合策略的交换机端口（注意：它可以是 Eth-Trunk 口）。如果指定该参数，MAC 地址和 IP 地址组合策略只应用到指定 VLAN 中指定的端口上，否则 MAC 地址和 IP 地址组合策略将应用到指定 VLAN 中所有的端口上。

（4）priority priority：可选参数，指定以上策略所对应的 VLAN 的 802.1p 优先级。取值范围是 0～7，值越大优先级越高，默认值是 0。配置过程中，可以指定 IP 地址或网段对应 VLAN 的 802.1q 优先级，用于当交换机阻塞时，优先发送优先级高的数据包。

默认情况下，没有配置基于策略划分 VLAN，可用 undo policy-vlan {all | mac-address mac-address ip ip-address [interface interface-type interface-number]} 命令删除基于策略划分的指定 VLAN。二选一选项 all 用来指定删除所有基于策略划分的 VLAN。如果要删除被设置为策略 VLAN 的 VLAN，需要先执行以上 undo policy-vlan 命令删除 policy VLAN 后，才能够删除该 VLAN。

如果有多个策略与 VLAN 映射表项，则重复步骤 2。但要注意，如果映射的 VLAN 不一样，则一定要在对应的 VLAN 视图下配置映射。

步骤 3：配置 Hybrid 端口属性并允许对应的策略 VLAN 通过

（1）输入要采用基于策略划分 VLAN 的交换机端口的接口类型和接口编号。

```
<Huawei>system-view                    //进入系统视图
 [Huawei] interface interface-type interface-number        //进入端口视图，
如：[HUAWEI]interface gigabitethernet 0/0/1
```

这里的端口可以是 Eth-Trunk 口，接口类型和接口编号之间可以输入空格也可以不输入空格。

（2）配置以上二层以太网端口类型为 Hybrid 类型。

```
[HUAWEI-GigabitEthernet0/0/1] port link-type hybrid
```

（3）配置以上 Hybrid 类型端口以 Untagged 方式加入指定的 VLAN 中。

```
[HUAWEI-GigabitEthernet0/0/1] port hybrid Untagged vlan{{vlan-id1[ to
vlan-id2 ]}&<1-10> | all }
```

例如,"[HUAWEI-GigabitEthernet0/0/1] port hybrid Untagged vlan 2 to 10",即指定这些 VLAN 帧将以 Untagged 方式(去掉帧中原来的 VLAN 标签)通过接口向外(即向对端设备发送,不是向本地交换机内部发送)发送出去。

对其他需要采用基于策略划分 VLAN 的 Hybrid 端口重复步骤 3。

4.6.3 配置示例

根据图 4-6-1 所示的拓扑结构,搭建实验环境。

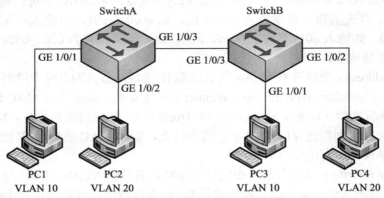

图4-6-1 基于协议划分的VLAN组建拓扑结构图

现要把 PC1(MAC 地址为 5489-9897-7311,IP 地址为 1.1.1.1)绑定在 SwitchA 的 GE 1/0/1 端口上,把 PC3(MAC 地址为 5489-98C2-1F81,IP 地址为 3.3.3.3)绑定在 SwitchB 的 GE 1/0/1 端口上,并把它们划分到 VLAN10 中;把 PC2(MAC 地址为 5489-9886-41EF,IP 地址为 2.2.2.2)绑定在 SwitchA 的 GE 1/0/2 端口上,把 PC4(MAC 地址为 5489-98E5-4D1F,IP 地址为 4.4.4.4)绑定在 SwitchB 的 GE 1/0/2 端口上,并把它们划分到 VLAN20 中。

1. 配置思路

基于策略划分 VLAN 的配置很简单,参照 4.6.2 小节中介绍的具体配置步骤可以得出本示例的以下 3 方面的基本配置任务。

(1)创建所需的策略 VLAN。

(2)在对应的 VLAN 视图下配置基于用户计算机的 MAC 地址、IP 地址的组合策略和应用策略的交换机端口。

(3)配置应用组合策略的 Hybrid 类型交换机端口允许所加入的 VLAN 通过。

2. 配置步骤

通过以上配置思路分析后,下面的具体配置就比较简单了。

SwitchA 上的配置如下。

(1)创建所需的策略协议 VLAN10 和 VLAN20。

```
<Huawei>sys
Enter system view, return user view with Ctrl+Z.
[Huawei]sysname SwitchA
[SwitchA]vlan batch 10 20
```

```
  Info: This operation may take a few seconds. Please wait for a
moment...done.
  [SwitchA]
```

（2）配置 MAC 地址、IP 地址和交换机端口组合策略与以上策略 VLAN 的关联，并为两个协议 VLAN 设置不同的 802.1q 的优先级值。

```
  [SwitchA]vlan 10
  [SwitchA-vlan10]policy-vlan mac-address 5489-9897-7311 IP 1.1.1.1
interface GigabitEthernet 1/0/1 priority 7
  [SwitchA-vlan10]quit
  [SwitchA]vlan 20
  [SwitchA-vlan20]policy-vlan mac-address 5489-98C2-1F81 ip 2.2.2.2
interface GigabitEthernet 1/0/2 priority 5
  [SwitchA-vlan20]quit
  [SwitchA]
```

（3）配置交换机端口类型并允许对应的策略 VLAN 通过。

```
  [SwitchA]interface GigabitEthernet 1/0/3
  [SwitchA-GigabitEthernet1/0/3]port link-type hybrid
  [SwitchA-GigabitEthernet1/0/3]port hybrid untagged vlan 10 20
  [SwitchA-GigabitEthernet1/0/3]quit
  [SwitchA] interface GigabitEthernet 1/0/2
  [SwitchA-GigabitEthernet1/0/2]port link-type trunk
  [SwitchA-GigabitEthernet1/0/2]port trunk allow-pass vlan 20
  [SwitchA-GigabitEthernet1/0/2]quit
  [SwitchA]interface GigabitEthernet 1/0/1
  [SwitchA-GigabitEthernet1/0/1]port link-type trunk
  [SwitchA-GigabitEthernet1/0/1]port trunk allow-pass vlan 10
  [SwitchA-GigabitEthernet1/0/1]quit
  [SwitchA]
```

（4）完成 SwitchB 上的配置。

```
  <Huawei>sys
  Enter system view, return user view with Ctrl+Z.
  [Huawei]sysname SwitchB
  [SwitchB]vlan batch 10 20
  Info: This operation may take a few seconds. Please wait for a
moment...done.
  [SwitchB]vlan 10
  [SwitchB-vlan10]policy-vlan mac-address 5489-9886-41EF IP 3.3.3.3
interface GigabitEthernet 1/0/1 priority 7
  [SwitchB-vlan10]quit
  [SwitchB]vlan 20
  [SwitchB-vlan20]policy-vlan mac-address 5489-98E5-4D1F ip 4.4.4.4
interface GigabitEthernet 1/0/2 priority 5
```

```
[SwitchB-vlan20]quit
[SwitchB]interface GigabitEthernet 1/0/3
[SwitchB-GigabitEthernet1/0/3]port link-type hybrid
[SwitchB-GigabitEthernet1/0/3]port hybrid untagged vlan 10 20
[SwitchB-GigabitEthernet1/0/3]quit
[SwitchB] interface GigabitEthernet 1/0/2
[SwitchB-GigabitEthernet1/0/2]port link-type trunk
[SwitchB-GigabitEthernet1/0/2]port trunk allow-pass vlan 20
[SwitchB-GigabitEthernet1/0/2]quit
[SwitchB]interface GigabitEthernet 1/0/1
[SwitchB-GigabitEthernet1/0/1]port link-type trunk
[SwitchB-GigabitEthernet1/0/1]port trunk allow-pass vlan 10
[SwitchB-GigabitEthernet1/0/1]quit
[SwitchB]
```

事实上，SwitchB 上的配置与 SwitchA 上的配置基本类似。

通过以上配置 MAC 地址为 5489-9897-7311，IP 地址为 1.1.1.1 的用户被自动划分到 VLAN10 中，并且只能接在 SwitchA 的 GE 1/0/1 端口上；MAC 地址为 5489-9886-41EF，IP 地址为 3.3.3.3 的用户也被自动划分到 VLAN10 中，并且只能接在 SwitchB 的 GE 1/0/1 端口上，否则将退出 VLAN10。而 MAC 地址为 5489-98C2-1F81，IP 地址为 2.2.2.2 的用户被自动划分到 VLAN20 中，并且只能接在 SwitchA 的 GE 1/0/2 端口上；MAC 地址为 5489-98E5-4D1F，IP 地址为 4.4.4.4 的用户也被自动划分到 VLAN20 中，并且只能接在 SwitchB 的 GE 1/0/2 端口上，否则将退出 VLAN20。

4.7 实验注意问题

很多人对交换机设备并不熟悉，因此在实验过程中，要注意以下几方面的问题：一是要提前掌握一些常见的 VLAN 管理命令，包括一系列用来查看 VLAN 信息的 display 命令，清除 VLAN 统计信息的 reset 命令等；二是熟悉和了解一些常见的 VLAN 方面的故障分析与排除方法。

4.7.1 常见VLAN管理命令

在完成各种方式的 VLAN 划分后，可通过在任意视图下执行以下 display 命令查看对应的 VLAN 配置信息，验证配置是否成功。还可以通过以下 reset 用户视图命令清楚指定 VLAN 中的统计信息。

（1）display vlan：查看所有 VLAN 或指定 VLAN 的显示信息。

（2）display mac-vlan { mac-address { all | mac-address } | vlan vlan-id }：查看基于 MAC 地址划分 VLAN 的相关信息。

（3）display ip-subnet-vlan vlan { all | vlan-id1 [to vlan-id2] }：查看 VLAN 上所配置的 IP 子网信息。

（4）display protocol-vlan vlan { all | vlan-id1 [to vlan-id2] }：查看 VLAN 上所配置的协议及协议索引信息。

（5）display protocol-vlan interface { all | interface-type interface-number }：查看接口关联基于协议划分 VLAN 的配置信息。

（6）display policy-vlan { all | vlan vlan-id }：查看策略 VLAN 的配置信息。

（7）reset vlan vlan-id statistics：清楚指定 VLAN 的报文统计信息。

4.7.2 典型故障分析与排除

在 VLAN 的配置与使用中，经常会遇到以下两种 VLAN 方面的故障：一是 VLAN 内主机不能互通，二是 VLANIF 接口 Down。下面分别介绍它们的故障原因及排除方法。

1. VLAN 内主机不能互通

我们知道，VLAN 是用来隔离用户的二层通信的，在不同的 VLAN 中不能直接通信，但在同一 VLAN 内部的用户主机是可以直接通信的。但是有时会出现即使是同一 VLAN 内的用户主机也不能直接通信。

我们先分析一下造成同一 VLAN 内用户主机不能互通的原因有哪些。网络通信只涉及 OSI／RM 体系结构中的最低三层，我们一层层来分析。

（1）物理层是一切网络通信的基础，在该层最有可能导致不能通信的原因是用户所连接的交换机端口没有启用，造成通信线路不通。

（2）再从数据链路层来分析。同一 VLAN 是直接通过数据链路层的 MAC 地址进行寻址的，如果交换机错误地学习了某用户的 MAC 地址，则可能造成不能正确通信。或者用户主机上配置了错误的 ARP 静态表项，导致对应用户主机不能正确地与网络连接。

（3）然后从网络层来分析。尽管在 VLAN 内部是通过数据链路层 MAC 地址进行寻址的，但来自网络应用的用户数据在经过网络层时封装了源和目的主机的 IP 地址，如果源和目的用户主机的 IP 地址不在同一网段，则数据包在到达网络层后直接发到网关，如果网关不通则两用户自然不能彼此通信了。

（4）最后确认是否配置了这些用户的隔离（即 MUX VLAN 功能）。

根据以上分析，可以采用由简到繁的步骤依次排除同一 VLAN 内用户不能互通的故障。

（1）检查 VLAN 内需要互通的用户所连接交换机端口的状态是否为 Up。可在任意视图下执行 display interface interface-type interface-number 命令来查看。如果接口的状态为 Down，请先排除故障；如果成员的状态是 Up，则继续下面的步骤。

（2）检查需要互通的用户主机的 IP 地址是否在同一网段，如果不是请修改为同一网段，如果故障仍然存在，则继续下面的步骤。

（3）检查设备上 MAC 地址表项是否正确。在交换机上执行 display mac-address 命令检查设备学习到的 MAC 地址、MAC 地址对应接口、所属 VLAN 是否正确，如果不正确请在系统视图下执行 undo mac-address mac-address vlan vlan-id 命令删除错误的 MAC 地址表项，并使交换机重新学习指定的 MAC 地址。

（4）执行完上述操作后，再检查设备学习到 MAC 地址、MAC 地址对应接口、所属 VLAN 是否正确：如果不正确请继续执行本步检查 VLAN 配置是否正确，如对应的 VLAN 是否创建，用户端口是否正确加入了同一个 VLAN 中等，可通过 display vlan vlan-id 命令来查看。

（5）如果通过以上排查，用户仍无法互相访问，则检查设备上是否配置了端口隔离。可在系统视图下执行 interface interface-type interface-number 命令进入故障接口视图，然后执行 display this 命令查看接口是否配置了端口隔离。如果配置了端口隔离，可使用 undo port-isolate enable 命令取消端口隔离配置。

（6）取消端口隔离后如果故障仍然存在，则检查终端设备上是否配置了错误的静态 ARP 表项，如果终端设备上配置了错误的静态 ARP 表项请修正。

2. VLANIF 接口 Down

VLANIF 接口处于 Down（关闭）状态是一个典型 VLAN 故障现象，但这种故障比较好排除，主要原因及排除方法如下。

（1）没有交换机端口加入该 VLAN 中：将对应的交换机端口加入该 VLAN 中。

（2）加入该 VLAN 的各交换机端口的物理状态全是 Down：排除加入的交换机端口 Down 状态的原因。一个 VLAN 中，只要有一个交换机端口的物理状态是 Up 状态，则该 VLANIF 接口的状态就是 Up 状态。

（3）VLANIF 接口下没有配置 IP 地址：VLANIF 接口是三层逻辑接口，必须要配置 IP 地址才能激活。在该 VLANIF 接口视图下通过 ip address 命令为该 VLANIF 配置 IP 地址。

（4）VLANIF 接口被手动关闭：在该 VLANIF 接口视图下，执行 undo shutdown 命令开启当前 VLANIF 接口。

思考题

1. 实验 4.3 如何测试是否成功？
2. 实验 4.4 如何测试是否成功？
3. 将 10.10.10.0/24 网段与 VLAN3 进行关联，采用基于子网的方式划分 VLAN，使得源 IP 地址在该网段的报文可以分发到 VLAN3 中进行传输。应该在交换机中如何设置？
4. 配置 GE0/0/1 端口优先采用基于子网划分 VLAN 的方式，并使能基于 IP 子网划分 VLAN 的功能。应该在交换机中如何设置？
5. 把 IPv4 协议报文划分到 VLAN3 中，应该在交换机中如何设置？
6. 配置 GE0/0/1 端口关联协议 VLAN2（协议的索引值为 0），即相当于把 GE0/0/1 端口加入协议 VLAN2 中，应该在交换机中如何设置？
7. 配置基于组合策略，把 MAC 地址为 0-1-1，IP 地址为 1.1.1.1 的主机划分到 VLAN2 中，并配置该 VLAN 的 802.1p 优先级是 7，应该在交换机中如何设置？

第5章 生成树配置

生成树（Spanning Tree Protocol，STP）是生成树协议的简称，在 IEEE802.1D 文档中定义。该协议可应用于在网络中建立树形拓扑，消除网络中的环路，并且可以通过一定的方法实现路径冗余（但不是一定可以实现路径冗余的）。生成树协议适合所有厂商的网络设备，在配置和功能强度上有所差别，但是在原理和应用效果方面是一致的。

生成树

5.1 STP树的生成

STP 的基本原理是，在一个具有物理环路的交换网络中，交换机运行 STP 协议后自动生成一个没有环路的工作拓扑。该无环路工作拓扑也称为生成树（STP tree，STP 树）。

STP 的基本思想就是按照"树"的结构构造网络的拓扑结构，树的根是一个称为根桥的设备，根桥是由交换机的 BID（Bridge ID）确定的，BID 最小的设备成为二层网络中的根桥。BID 又由优先级和 MAC 地址构成,不同厂商设备的优先级的字节个数可能不同。由根桥开始，逐级形成一棵树，根桥定时发送配置 BPDU（Bridge Protocol Data Unit，网桥协议数据单元），非根桥接收配置 BPDU，刷新最佳 BPDU 并转发。

在 STP 工作过程中，根交换机的选举，根端口、指定端口的选举都非常重要。

5.1.1 选举根桥

根桥是 STP 树的根节点。要生成一颗 STP 树，首先就要确定出一个根桥，它是整个交换网络的逻辑中心（注意，是逻辑中心而不是物理中心），当网络的拓扑发生变化时，根桥可能也会发生变化。

运行 STP 协议的交换机会互相交换 STP 协议帧，这些协议帧的载荷数据就是 BPDU。虽然 BPDU 是 STP 协议帧的载荷数据，但是它并不是网络层的数据单元；BPDU 的产生者、接收者、处理者都是 STP 交换机本身，而不是计算机。BPDU 包含了和 STP 协议相关的所有信息，其中就有 BID。

STP 交换机启动后，它会认为自己是根桥，并在发送给别的交换机的 BPDU 中宣告自己是根桥。当交换机收到其他设备发送过来的 BPDU 时，就会比较 BPDU 中的 BID 和自己的 BID。交换机不断交互 BID，同时对 BID 进行比较，最终选举出一台 BID 最小的交换机作为根桥。

5.1.2 选举根端口

根桥确定之后,其他没有成为根桥的交换机就都被称为非根桥。一台非根桥设备上可能会有多个端口与网络相连,为了保证从某台非根桥设备到根桥设备的工作路径是最优且唯一的,就必须从该非根桥设备的端口中确定出一个被称为"根端口"的端口,由根端口来作为非根桥设备与根桥设备之间进行报文交互的端口。注意,一台非根桥设备上最多只能有一个根端口。

STP 协议把根路径开销作为根端口确定的一个重要依据。我们把某个交换机端口到根桥的累计路径开销称为这个端口的根路径开销(Root Path Cost,RPC)。链路的路径开销与端口转发速率有关,端口转发速率越大,则路径开销越小。

5.1.3 确定指定端口

根端口保证了交换机与根桥之间工作路径的唯一性和最优性。为了防止工作环路的存在,网络中每个网段与根桥之间的工作路径也必须是唯一的且最优的。当一个网段有两条及两条以上的路径通往根桥时(这比较常见,例如,该网段连接了不同的交换机,或者该网段连接了同一个交换机的不同端口),与该网段相连的交换机就必须确定出一个唯一的指定端口。

指定端口也是通过比较 RPC 来确定的,RPC 较小的端口将成为指定端口。如果 RPC 相同,则需比较 BID,BID 较小的端口成为指定端口,BID 较大的端口则作为备用端口;如果 RPC 和 BID 均相同,则比较交换机的 PID(Port ID),PID 较小的作为指定端口,较大的则作为备用端口。

5.1.4 阻塞备用端口

在确定了根端口和指定端口之后,交换机上所有剩余的非根端口和非指定端口统称为备用端口。STP 会对这些备用端口进行逻辑阻塞。所谓逻辑阻塞,是指这些备用端口不能转发由终端计算机产生并发送的帧,这些帧也因此被称为用户数据帧。但是,备用端口可以接收并处理 STP 协议帧。根端口和指定端口既可以发送和接收 STP 协议帧,也可以转发用户数据帧。

实际上,根据端口能否接收和发送 STP 协议帧/用户数据帧,STP 还将端口分为了 5 种状态,即去能状态、阻塞状态、侦听状态、学习状态和转发状态。

(1)去能状态(Disabled)。去能状态的端口无法接收和发送任何帧,端口处于关闭状态(Down)。

(2)阻塞状态(Blocking)。阻塞状态的端口只能接收 STP 协议帧,不能发送 STP 协议帧,也不能转发用户数据帧。

(3)侦听状态(Listening)。侦听状态的端口可以接收并发送 STP 协议帧,但不能进行 MAC 地址学习,也不能转发用户数据帧。

(4)学习状态(Learning)。学习状态的端口可以接收并发送 STP 协议帧,也可以进行 MAC 地址学习,但不能转发用户数据帧。

(5)转发状态(Forwarding)。转发状态的端口可以接收并发送 STP 协议帧,也可以镜像 MAC 地址学习,同时能够转发用户数据帧。

STP 交换机的端口在初始启动时,会从去能状态进入到阻塞状态。如果端口被选择为根端口或指定端口，则会进入侦听状态，并持续一个转发时延的时间长度（默认为15s）。然后该端口进入学习状态，开始构建 MAC 地址映射表。最后，进入转发状态并开始数据帧的转发工作。在整个过程中，端口一旦被关闭或者发送链路故障，则会回到去能状态；同时，如果端口被判断为备用端口，则端口会立即进入阻塞状态。

5.2 STP配置

5.2.1 配置任务

生成树配置

在以太网中，通过对交换设备配置基本 STP，将网络修剪成树状，以达到消除环路的目的。由于默认情况下，交换机之间运行 STP 后，根交换机、根端口、指定端口的选择将基于交换机的 MAC 地址的大小，因此带来了不确定性，极可能由此产生隐患。因此，我们需要对交换机进行 STP 配置，使其能够实现预期结果。一般来说，STP 配置主要包含三个内容：STP 的生成、交换机优先级的改变及端口开销值的修改。配置的步骤如下。

步骤1：配置 STP 工作模式

```
<HUAWEI>system-view
[HUAWEI]stp mode stp
```

默认情况下，默认运行模式一般是 MSTP（MSTP 兼容 STP 和 RSTP），可以用 undo stp mode 命令恢复交换机的默认生成树协议工作模式。

步骤2：配置根桥和备份根桥

默认情况下，根桥和备份根桥是通过选举产生的，如果配置此项任务则相当于人工指定。有一点需要注意，在同一交换机上只能选择配置根桥或者备份根桥，不能同时配置。

```
[HUAWEI]stp root {primary|secondary}
```

如果选项为 primary，则配置当前设备为根桥；如果选项为 secondary，则配置当前设备为备份根桥。可用 undo stp root 命令取消当前交换设备为指定生成树的根桥或者备份根桥资格。

步骤3：配置交换设备优先级

在一个运行 STP 的网络中，有且仅有一个根桥，它是整棵生成树的逻辑中心。在进行根桥的选择时，一般会希望选择性能高、网络层次高的交换设备作为根桥。但是性能高、网络层次高的交换设备其优先级不一定就高，因此，需要配置优先级以保证该设备成为根桥。同时，对于网络中部分性能低、网络层次低的交换设备，不适合作为根桥设备，一般会配置其较低的优先级以保证该设备不会成为根桥。

```
[HUAWEI]stp priority x
```

这里 x 的取值范围是 0 ~ 61440，步长为 4096，即总共可以配置 16 个优先级的取值，如 0、4096、8192、12288 等。默认情况下，交换设备的桥优先级为 32768，可以用 undo stp primary 命令恢复交换机的桥优先级为默认值。当然，如果已经使用命令 stp root primary 或者 stp root secondary 指定当前设备为根桥或者备份根桥，若要改变当前设备的优先级，则需要先执行 undo stp root 命令去使能根桥或者备份根桥功能，然后执行优先级设置命令。

步骤 4：配置端口路径开销

路径开销是一个端口量，用 stp 协议来选择链路的参考值。端口路径的开销值取值范围由路径开销计算方法决定。

```
[HUAWEI]stp pathcost-standard{dot1d-1998|dot1t|legacy}
```

命令中的选项说明如下。
（1）dot1d-1998：表示采用的是 IEEE802.1d 标准计算方法。
（2）dot1t：表示采用的是 IEEE802.1t 标准计算方法。
（3）legacy：表示采用的是华为的私有计算方法。

默认情况下，路径开销的计算方法是 IEEE 802.1t，即 dot1t 方法，可以用 udo stp pathcost-standard 命令恢复路径开销默认值计算方法。需要注意，在同一网络内，所有交换机的端口路径开销计算方法应该保持一致。

```
[HUAWEI]interface interface-type number          // 如 GigabitEthernet 1/0/0
[HUAWEI-GigabitEthernet 1/0/0]stp cost 200
```

设置当前端口的路径开销值，用于桥的根端口选择，值越大，优先级越低。

步骤 5：配置端口优先级

对处于环路中的交换设备端口，其优先级的高低会影响到是否被选举为指定端口。如果希望将环路中的某交换设备的端口阻塞从而破除环路，则可将其端口优先级设置得比默认值大。

```
[HUAWEI]interface interface-type number          // 如 GigabitEthernet 1/0/0
[HUAWEI-GigabitEthernet 1/0/0]stp port priority x
```

参数 x 的取值范围是 0 ~ 240，其步长为 16。默认情况下，端口的优先级取值是 128，可以用 undo stp port priority 命令恢复当前接口的优先级为默认值。

步骤 6：启用 STP 功能

在环路中一旦启用 STP，便立即开始生成树计算。为了保证生成树计算过程快速稳定，必须在交换机及其端口进行必要的配置后才能启用 STP。

```
[HUAWEI]bpdu enable | bpdu bridge enable
[HUAWEI]stp enable
```

通过 BPDU 报文交互来完成生成树的计算，然后启动 STP。

步骤 7：配置端口的收敛方式

当生成树的拓扑结构发生变化时，和它建立映射关系的 VLAN 的转发路径也将发生变化，此时，交换设备的 ARP 表中与这些 VLAN 相关的表项也需要更新。

```
[HUAWEI]stp converge {fast |normal}
```

命令中的参数说明如下。
（1）fast：指定采用快速方式，ARP 表将需要更新的表项直接删除。
（2）normal：指定采用普通模式，仅将 ARP 表中需要更新的表项快速老化。

默认情况下，端口的 STP 收敛方式为 normal，可以用 undo stp converge 命令恢复为默认值。

5.2.2 基于eNSP进行STP配置

使用 4 台交换机，将 S1 作为主根交换机，S2 作为 S1 的备份根交换机，交换机的 STP 配置及选举规则的拓扑结构如图 5-1-1 所示。同时对于 S4 交换机，E 0/0/1 接口应该作为根端口。对于 S2 和 S3 之间的链路，应该保证 S2 的 E 0/0/3 接口作为指定端口。同时在交换机 S3 上，存在两个接口 E 0/0/1、E 0/0/10 连接到测试 PC，测试 PC 经常上下线网络，需要将交换机 S3 与之相连的对应端口定义为边缘端口，避免测试计算机上下线对网络产生的影响。

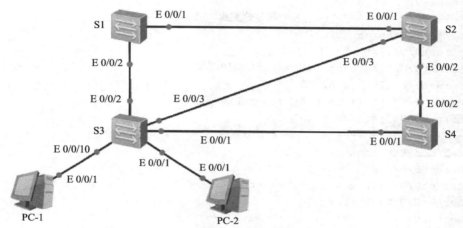

图5-1-1　交换机的STP配置及选举规则的拓扑结构图

MAC 地址设置见表 5-1-1。

表5-1-1　MAC地址

设　　备	全局MAC地址
S1（S3700）	4c1f-ccbe-793a
S2（S3700）	4c1f-ccdc-200f
S3（S3700）	4c1f-ccb2-2742
S4（S3700）	4c1f-cc25-65cd

1. 基本配置

根据图 5-1-1，在交换机上启用 STP（华为交换机默认启用 MSTP），将交换机的 STP 模式更改为普通生成树 STP。

```
[S1]stp enable
[S1]stp mode stp
-------------------------        我是分割线
[S2]stp enable
[S2]stp mode stp
-------------------------        我是分割线
[S3]stp enable
[S3]stp mode stp
```

```
------------------------       我是分割线
[S4]stp enable
[S4]stp mode stp
```

Ethernet 接口默认路径开销是 200000，我们可将其修改为 1，以便于后续实验。

```
[S1]interface Ethernet 0/0/1
[S1-Ethernet0/0/1]stp cost 1
[S1-Ethernet0/0/1]interface Ethernet 0/0/2
[S1-Ethernet0/0/2]stp cost 1
------------------------       我是分割线
[S2]interface Ethernet 0/0/1
[S2-Ethernet0/0/1]stp cost 1
[S2-Ethernet0/0/1]interface Ethernet 0/0/2
[S2-Ethernet0/0/2]stp cost 1
[S2-Ethernet0/0/2]interface Ethernet 0/0/3
[S2-Ethernet0/0/3]stp cost 1
------------------------       我是分割线
[S3]interface Ethernet 0/0/1
[S3-Ethernet0/0/1]stp cost 1
[S3-Ethernet0/0/1]interface Ethernet 0/0/2
[S3-Ethernet0/0/2]stp cost 1
[S3-Ethernet0/0/2]interface Ethernet 0/0/3
[S3-Ethernet0/0/3]stp cost 1
------------------------       我是分割线
[S4]interface Ethernet 0/0/1
[S4-Ethernet0/0/1]stp cost 1
[S4-Ethernet0/0/1]interface Ethernet 0/0/2
[S4-Ethernet0/0/2]stp cost 1
```

配置完成后，默认情况下需要等待 30s，即生成树重新计算的时间（15s Forward Delay 加上 15s Learning 状态时间），再使用 display stp 命令查看 S1 的生成树状态。

```
[S1]display stp
-------[CIST Global Info][Mode STP]-------
CIST Bridge            :32768.4c1f-ccbe-793a
......
Last TC occurred       :Ethernet0/0/2
----[Port1(Ethernet0/0/1)][DISCARDING]----
 Port Protocol         :Enabled
 Port Role             :Alternate Port
 Port Priority         :128
 Port Cost(Dot1T )     :Config=1 / Active=1
......
 BPDU Received         :53
        TCN: 0, Config: 53, RST: 0, MST: 0
----[Port2(Ethernet0/0/2)][FORWARDING]----
 Port Protocol         :Enabled
```

```
    Port Role              :Root Port
    Port Priority          :128
    Port Cost(Dot1T )      :Config=1 / Active=1
    Designated Bridge/Port :32768.4c1f-ccb2-2742 / 128.2
......
```

可以观察到 S1 的 E 0/0/1 端口的状态为去能状态，端口角色为 Alternate，即替代端口，E 0/0/2 端口为转发状态、端口角色为根端口。

还可以使用 display stp brief 命令在 S2、S3、S4 上仅查看摘要信息。

```
[S2]display stp brief
MSTID    Port                    Role    STP State      Protection
  0      Ethernet0/0/1           DESI    FORWARDING     NONE
  0      Ethernet0/0/2           ROOT    FORWARDING     NONE
  0      Ethernet0/0/3           ALTE    DISCARDING     NONE
```

在交换机 S2 上 E 0/0/3 端口角色为 Alternate 端口，且状态为去能状态，该端口将不会转发数据流量。

```
[S3]display stp brief
MSTID    Port                    Role    STP State      Protection
  0      Ethernet0/0/1           ROOT    FORWARDING     NONE
  0      Ethernet0/0/2           DESI    FORWARDING     NONE
  0      Ethernet0/0/3           DESI    FORWARDING     NONE
......
```

在交换机 S3 上所有的端口状态为转发状态，观察到 E 0/0/2 和 E 0/0/3 端口角色为指定端口，E 0/0/1 为根端口。

```
[S4]display stp brief
MSTID    Port                    Role    STP State      Protection
  0      Ethernet0/0/1           DESI    FORWARDING     NONE
  0      Ethernet0/0/2           DESI    FORWARDING     NONE
```

在交换机 S4 上所有的端口角色都为指定端口，且端口状态都为转发状态。

可以初步判断 4 台交换机中 S4 为根交换机，因为该交换机所有端口都为指定端口。通过 display stp 命令查看生成树详细信息。

```
[S4]display stp
-------[CIST Global Info][Mode STP]-------
CIST Bridge             :32768.4c1f-cc25-65cd
Config Times            :Hello 2s MaxAge 20s FwDly 15s MaxHop 20
Active Times            :Hello 2s MaxAge 20s FwDly 15s MaxHop 20
CIST Root/ERPC          :32768.4c1f-cc25-65cd / 0
CIST RegRoot/IRPC       :32768.4c1f-cc25-65cd / 0
......
```

可以观察到"CIST Root"和"CIST Bridge"相同，即目前根交换机 ID 与自身的交换机 ID 相同，说明目前 S4 为根交换机。

生成树运算的第一步就是通过比较每台交换机的 ID 选举根交换机。交换机 ID 由交换机优先级和 MAC 地址组成，首先比较交换机优先级，数值最低的为根交换机；如果优先级一样，则比较 MAC 地址，同样数值最低的选举为根交换机。

由于 4 台交换机的生成树都刚刚开始运行，交换机优先级都为默认值，即都相同，故根据每台交换机的 MAC 地址来选举，通过比较，最终确定 S4 为根交换机。

2. 配置网络中的根交换机

根交换机在网络层中的位置是非常重要的，如果选择了一台性能较差的交换机，或者是部署在接入层的交换机作为根交换机，会影响到整个网络的通信质量及数据传输。所以确定根交换机的位置极为重要。根交换机的选举依据是根交换机 ID，其值越小越优先，交换机默认的优先级为 32768，当然值是可以修改的。

现在将 S1 配置为主根交换机，S2 为备份根交换机，将 S1 的优先级改为 0，S2 的优先级改为 4096。

```
[S1]stp priority 0
------------------------          我是分割线
[S2]stp priority 4096
```

配置完成后查看 S1 和 S2 的 STP 状态信息。

```
[S1]display stp
-------[CIST Global Info][Mode STP]-------
CIST Bridge         :0    .4c1f-ccbe-793a
Config Times        :Hello 2s MaxAge 20s FwDly 15s MaxHop 20
Active Times        :Hello 2s MaxAge 20s FwDly 15s MaxHop 20
CIST Root/ERPC      :0    .4c1f-ccbe-793a / 0
CIST RegRoot/IRPC   :0    .4c1f-ccbe-793a / 0
......
------------------------          我是分割线
[S2]display stp
-------[CIST Global Info][Mode STP]-------
CIST Bridge         :4096 .4c1f-ccdc-200f
Config Times        :Hello 2s MaxAge 20s FwDly 15s MaxHop 20
Active Times        :Hello 2s MaxAge 20s FwDly 15s MaxHop 20
CIST Root/ERPC      :0    .4c1f-ccbe-793a / 1
CIST RegRoot/IRPC   :4096 .4c1f-ccdc-200f / 0
......
```

通过观察发现 S1 的优先级变为 0，为根交换机；而 S2 的优先级变为 4096，为备份根交换机。

这里还可以使用另外一种方式配置主根交换机和备份根交换机。

首先删除在 S1 上所配置的优先级，使用 stp root primary 命令配置主根交换机。

```
[S1]undo stp priority
------------------------          我是分割线
[S1]stp root primary
```

删除在 S2 上所配置的优先级，使用 stp root secondary 命令配置备份根交换机。

```
[S2]undo stp priority
[S2]stp root secondary
```

配置完成后查看 STP 的状态信息，与前一种方法所得到的一致，此时 S1 自动更改优先级为 0，而 S2 更改为 4096。

3. 根端口的选举

生成树在选举出根交换机之后，将在每台非根交换机上选举根端口。选举时首先比较该交换机上每个端口到达根交换机的根路径开销，路径开销最小的端口将成为根端口。如果路径开销相同，则比较每个端口所在链路上的上行交换机 ID，如果该交换机 ID 也相同，则比较每个端口所在链路上的上行端口 ID。每台交换机上只能拥有一个根端口。

目前 S1 为主根交换机，而 S2 为备份根交换机，查看 S4 上生成树信息。

```
[S4]display stp brief
MSTID    Port              Role    STP State    Protection
  0      Ethernet0/0/1     ALTE    DISCARDING   NONE
  0      Ethernet0/0/2     ROOT    FORWARDING   NONE
```

可以观察到，现在 S4 的 E 0/0/2 为根端口，状态为转发状态。S4 在选举根端口时，首先比较根路径开销，由于拓扑中所有链路都是相同的百兆以太网链路，S4 经过 S3 到 S1 与经过 S2 到 S1 的开销相同；接下来比较 S4 的两台上行链路的交换机 S2 和 S3 的交换机标志，S2 目前的交换机优先级为 4096，而 S3 优先级为默认的 32768，所以与 S2 连接的 E 0/0/2 接口被选为根端口。

查看 S4 的 E 0/0/2 接口开销。

```
[S4]display stp interface Ethernet 0/0/2
----[Port2(Ethernet0/0/2)][FORWARDING]----
 Port Protocol            :Enabled
 Port Role                :Root Port
 Port Priority            :128
 Port Cost(Dot1T )        :Config=1 / Active=1
 Designated Bridge/Port   :4096.4c1f-ccdc-200f / 128.2
```

可以观察到，接口路径开销采用的是 Dot1T 的计算方法，Active 是实际使用的路径开销，其值为 1。

配置 S4 的 E 0/0/2 接口的开销为 2000，即增加该接口默认的代价值。

```
[S4]interface Ethernet 0/0/2
[S4-Ethernet0/0/2]stp cost 2000
```

配置完成后再次查看 S4 的 E 0/0/2 接口开销及 STP 状态摘要信息。

```
----[Port2(Ethernet0/0/2)][DISCARDING]----
 Port Protocol            :Enabled
 Port Role                :Alternate Port
```

```
    Port Priority          :128
    Port Cost(Dot1T )      :Config=2000 / Active=2000
    Designated Bridge/Port :4096.4c1f-ccdc-200f / 128.2
  ……
[S4]display stp brief
  MSTID   Port                        Role   STP State    Protection
    0     Ethernet0/0/1               ROOT   FORWARDING   NONE
    0     Ethernet0/0/2               ALTE   DISCARDING   NONE
```

发现此时 E 0/0/1 端口角色变成了根端口，而 E 0/0/2 变成了 Alternate 端口。这是由于将 E 0/0/2 接口的开销修改为 2000 之后，在选举根端口时，其到根路径开销大于 E 0/0/1 的根路径开销。

4. 指定端口的选举

生成树协议在每台非根交换机选举出根端口之后，将在每个网段上选举指定端口，选举的比较规则和选举根端口类似。

现在网络管理员需要确保 S3 连接 S2 的 E 0/0/3 接口被选择为指定端口，可以通过修改端口开销来实现。

为了模拟该场景，将 S2 的优先级恢复为默认的 32768。

```
[S2]undo stp root
```

配置完成后，查看 S2 的 STP 状态摘要信息。

```
[S2]display stp
-------[CIST Global Info][Mode MSTP]-------
CIST Bridge           :32768.4c1f-ccdc-200f
Config Times          :Hello 2s MaxAge 20s FwDly 15s MaxHop 20
……
```

查看 S2 与 S3 的 STP 状态摘要信息。

```
[S2]display stp brief
  MSTID   Port                        Role   STP State    Protection
    0     Ethernet0/0/1               ROOT   FORWARDING   NONE
    0     Ethernet0/0/2               DESI   FORWARDING   NONE
    0     Ethernet0/0/3               DESI   FORWARDING   NONE
------------------------            我是分割线
[S3]display stp brief
  MSTID   Port                        Role   STP State    Protection
    0     Ethernet0/0/1               DESI   FORWARDING   NONE
    0     Ethernet0/0/2               ROOT   FORWARDING   NONE
    0     Ethernet0/0/3               ALTE   DISCARDING   NONE
  ……
```

通过观察发现在 S2 与 S3 间的链路上，选择了 S2 的 E 0/0/3 接口为指定端口，而 S3 的 E 0/0/3 接口为 Alternate 端口。这是由于在选举指定端口时，首先比较两个端口的根路径开销，目前都相同；接着比较上行交换机的 ID，此时 S2 和 S3 的交换机优先级相同，故比较 MAC 地址，最后通过比较 MAC 地址得出。

查看 S2 和 S3 的 E 0/0/3 接口信息。

```
[S2]display interface Ethernet 0/0/3
Ethernet0/0/3 current state : UP
……
Current system time: 2016-08-12 11:06:57-08:00
Hardware address is 4c1f-ccdc-200f
    Last 300 seconds input rate 0 bytes/sec, 0 packets/sec
……
------------------------          我是分割线
[S3]display interface Ethernet 0/0/3
Ethernet0/0/3 current state : UP
……
Current system time: 2016-08-12 11:07:49-08:00
Hardware address is 4c1f-ccb2-2742
    Last 300 seconds input rate 0 bytes/sec, 0 packets/sec
```

可以观察到，S3 上 E 0/0/3 接口的 MAC 地址大于 S2 上 E 0/0/3 接口的 MAC 地址，所以该网段上 S2 的 E 0/0/3 接口成为指定接口。

修改 S2 的 E 0/0/1 接口的开销值，将该值增大（默认为 1），即增大该端口的根路径开销，确保让 S3 的 E 0/0/3 接口成为指定端口。

```
[S2]interface Ethernet 0/0/1
[S2-Ethernet0/0/1]stp cost 2
```

配置完成后查看 S3 的 STP 状态摘要信息。

```
[S3]display stp brief
 MSTID  Port                Role   STP State    Protection
   0    Ethernet0/0/1       DESI   FORWARDING   NONE
   0    Ethernet0/0/2       ROOT   FORWARDING   NONE
   0    Ethernet0/0/3       DESI   LEARNING     NONE
……
```

现在能够确保 S3 的 E 0/0/3 接口成为指定端口，下面将 S2 的优先级调整为 4096，并查看。

```
[S2]stp priority 4096
[S2]display stp
-------[CIST Global Info][Mode STP]-------
CIST Bridge            :4096 .4c1f-ccdc-200f
Config Times           :Hello 2s MaxAge 20s FwDly 15s MaxHop 20
……
```

再次查看 S2 和 S3 的 STP 状态摘要信息。

```
[S2]display stp brief
```

```
    MSTID   Port                         Role   STP State    Protection
      0     Ethernet0/0/1                ROOT   FORWARDING   NONE
      0     Ethernet0/0/2                DESI   FORWARDING   NONE
      0     Ethernet0/0/3                ALTE   DISCARDING   NONE
   ------------------------------ 我是分割线
   [S3]display stp brief
    MSTID   Port                         Role   STP State    Protection
      0     Ethernet0/0/1                DESI   FORWARDING   NONE
      0     Ethernet0/0/2                ROOT   FORWARDING   NONE
      0     Ethernet0/0/3                DESI   FORWARDING   NONE
   ……
```

可以观察到，即使将 S2 的优先级修改得比 S3 的优先级更低，但是 S3 的 E 0/0/3 接口仍然为指定端口，而 S2 的 E 0/0/3 接口还是 Alternate 端口，再次验证了在选举指定端口时首先比较根路径开销的规则。

5.3 STP定时器配置

5.3.1 技术背景

普通生成树 STP 不能实现快速收敛，但是在 STP 中诸如 Hello Time 定时器、Max Age 定时器、Forward Delay 定时器、未收到上游的 BPDU 就重新开始生成树计算的超时时间等参数会影响其收敛速度。通过配置合适的系统参数，可以使 STP 实现最快的拓扑收敛。下面首先介绍 STP 定时器。

生成树定时器

（1）Hello Time 定时器：Hello Time 为周期发送 BPDU 来维护生成树的稳定的时间，默认为 2s。如果交换机在配置的超时时间内没有收到上游交换机发送的 BPDU，则会重新进行生成树计算。在根交换机上配置的 Hello Time 将作为整个生成树内所有交换机的 Hello Time。

（2）Max Age 定时器：Max Age 为 BPDU 的最大生存时间，默认为 20s，交换机通过比较从上游交换机收到的 BPDU 中携带的 Message Age（配置 BPDU 的生存时间，如果配置 BPDU 是根桥发出的，则 Message Age 为 0，每经过一台交换机增加 1）和 Max Age，来判断此 BPDU 是否超时。如果收到的 BPDU 超时，交换机将该 BPDU 老化，同时阻塞接收该 BPDU 的接口，并开始发出以自己为根桥的 BPDU。这种老化机制可以有效地控制生成树的半径。在根交换机上配置的 Max Age 将作为整个生成树内所有交换机的 Max Age。

（3）Forward Delay 定时器：Forward Delay 定时器的时间，默认为 15s。链路故障会引发网络重新进行生成树的计算，生成树的结构将发生相应的变化。不过重新计算得到的新配置消息无法立刻传遍整个网络，如果新选出的根端口和指定端口立刻就开始数据转发的话，可能会形成临时环路。为此，STP 采用了一种端口状态迁移机制，新选出的根端口和指定端口要经过 2 倍的 Forward Delay 后才能进入转发状态，这个延时保证了新的配置消息传遍整个网络，使所有参与 STP 计算的交换机都能正确知晓网络状态，从而防止了临时环路的产生。在华为交换机设备上，由于默认生成树模式为 MSTP，当手工更改生成树模式为 STP 时，STP 的端口状态同样只有 Discarding、Learning、Forwarding3 种。在根交换机上配置的延迟时间将作为整个生成树内所有交换机的延迟时间。

超时时间 =3×Hello Time×Timer Factor。如果交换机在配置的超时时间内没有收到上游发送的 BPDU，就认为上游交换机已经出现故障，然后会重新进行生成树拓扑的计算。但是有时交换机在较长的时间内收不到上游发送的 BPDU，这是由上游交换机的繁忙造成的，在这种情况下一般不应该重新进行生成树计算。因此，在稳定的网络中，应将超时时间配置得长一些，以减少网络资源的浪费。建议将 Timer Factor 的值设置为 5～7，以增强网络的稳定性。

根交换机的 Hello Time、Forward Delay 及 Max Age 3 个时间参数之间取值应该满足如下公式，否则网络会频繁震荡：

$$2\times(\text{Forward Delay}-1.0\text{ second})\geqslant \text{Max Age}$$
$$\text{Max Age}\geqslant 2\times(\text{Hello Time}+1.0\text{ second})$$

建议使用 stp bridge-diameter 命令配置网络直径，交换机会自动根据网络直径计算出 Hello Time、Forward Delay 及 Max Age 3 个时间参数的最优值，默认网络直径为 7。

5.3.2 实验内容

本实验模拟一个大的局域网，由 4 台交换机两两相连组成的一个环形网络。为了避免形成环路，每台交换机都运行了 STP 生成树协议，且配置 SWA 为根交换机，SWB 为备份根交换机。现在为了优化网络，在网络变化时加快 STP 的收敛速度，需要在交换机上更改 STP 定时器的设置，将所有定时器调整到最优值，完成 STP 的加速收敛。

首先构建一个如图 5-3-1 所示的拓扑结构图。我们以 S3700 为例，介绍 STP 定时器的配置过程。

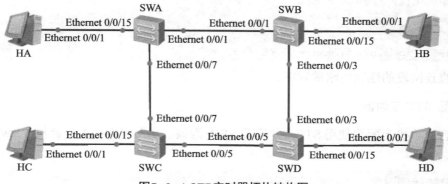

图5-3-1 STP定时器拓扑结构图

实验编址见表 5-3-1。

表5-3-1 实验编址

设　　备	接　　口	IP地址	子网掩码	网　关
HA	Ethernet 0/0/1	192.168.10.1	255.255.255.0	N/A
HB	Ethernet 0/0/1	192.168.10.2	255.255.255.0	N/A
HC	Ethernet 0/0/1	192.168.10.3	255.255.255.0	N/A
HD	Ethernet 0/0/1	192.168.10.4	255.255.255.0	N/A

本实验的 MAC 地址见表 5-3-2。

表5-3-2　MAC地址

设　备	全局MAC地址
SWA（S3700）	4c1f-cc62-3023
SWB（S3700）	4c1f-cc7e-69ba
SWC（S3700）	4c1f-ccc5-62e3
SWD（S3700）	4c1f-cc39-331d

5.3.3　基于eNSP实现STP定时器

实验步骤如下。

1. 基本配置

根据实验编址表进行相应的基本 IP 地址配置，并使用 ping 命令检查各直连链路的连通性。

```
PC>ping 192.168.10.2
Ping 192.168.10.2: 32 data bytes, Press Ctrl_C to break
From 192.168.10.2: bytes=32 seq=1 ttl=128 time=109 ms
From 192.168.10.2: bytes=32 seq=2 ttl=128 time=109 ms
From 192.168.10.2: bytes=32 seq=3 ttl=128 time=63 ms
From 192.168.10.2: bytes=32 seq=4 ttl=128 time=94 ms
From 192.168.10.2: bytes=32 seq=5 ttl=128 time=63 ms
--- 192.168.10.2 ping statistics ---
  5 packet(s) transmitted
  5 packet(s) received
  0.00% packet loss
  round-trip min/avg/max = 63/87/109 ms
```

其余直连网段的连通性测试省略。

2. 配置 STP 定时器

在 4 台交换机上配置使用 STP，并配置 SWA 为该二层网络中的根交换机，SWB 为备份根交换机。

```
[SWA]stp enable
[SWA]stp mode stp
[SWA]stp root primary

[SWB]stp enable
[SWB]stp mode stp
[SWB]stp root secondary

[SWC]stp enable
[SWC]stp mode stp
```

```
[SWD]stp enable
[SWD]stp mode stp
```

配置完成后，使用 display stp 命令查看各定时器的默认值。

```
[SWA]display stp
-------[CIST Global Info][Mode STP]-------
CIST Bridge            :0    .4c1f-cc62-3023
Config Times           :Hello 2s MaxAge 20s FwDly 15s MaxHop 20
Active Times           :Hello 2s MaxAge 20s FwDly 15s MaxHop 20
CIST Root/ERPC         :0    .4c1f-cc62-3023 / 0
……
```

可以查看到，在默认情况下，BPDU 每 2 秒发送一次（Hello Time），BPDU 的最大老化时间为 20s（Max Age），转发延迟为 15s（Forward Delay），最大传递跳数为 20 跳（MaxHop）。注意，Config Times 标识的是当前设备配置的计时器，而 Active Times 标识的是正在生效的计时器，一般情况下二者是完全相同的。

在 HD 上使用 ping –t 命令持续发送 ICMP 报文，进行连通性测试。

```
PC>ping 192.168.10.2 -t
Ping 192.168.10.2: 32 data bytes, Press Ctrl_C to break
From 192.168.10.2: bytes=32 seq=1 ttl=128 time=78 ms
From 192.168.10.2: bytes=32 seq=2 ttl=128 time=78 ms
From 192.168.10.2: bytes=32 seq=3 ttl=128 time=110 ms
From 192.168.10.2: bytes=32 seq=4 ttl=128 time=94 ms
From 192.168.10.2: bytes=32 seq=5 ttl=128 time=93 ms
```

可以观察到，此时网络稳定，没有出现任何丢包现象。

在 SWA 上修改 STP 的 Forward Delay 时间为 2000cs，默认为 1500cs，cs 代表百分之一秒。注意，只有在根交换机上进行该配置才会生效。

```
[SWA]stp timer forward-delay 2000
```

配置完成后，交换机会弹出信息，提示配置已经被改变。

```
[SWA]Aug 12 2016 08:56:19-08:00 SWA DS/4/DATASYNC_CFGCHANGE:OID
1.3.6.1.4.1.2011.5.25.191.3.1 configurations have been changed.
```

使用 display stp 命令查看此时的定时器值。

```
[SWA]display stp
-------[CIST Global Info][Mode STP]-------
CIST Bridge            :0    .4c1f-cc62-3023
Config Times           :Hello 2s MaxAge 20s FwDly 20s MaxHop 20
Active Times           :Hello 2s MaxAge 20s FwDly 20s MaxHop 20
CIST Root/ERPC         :0    .4c1f-cc62-3023 / 0
……
```

可以观察到，此时修改已经完成。如果在非根交换机上配置，那么 Config Times 配置值会发生改变，而 Active Times 实际运行值不会改变。

```
From 192.168.10.2:bytes=32 seq=57 ttl=128 time=46ms
From 192.168.10.2:bytes=32 seq=58 ttl=128 time=78ms
From 192.168.10.2:bytes=32 seq=59 ttl=128 time=108ms
From 192.168.10.2:bytes=32 seq=60 ttl=128 time=56ms
Request timeout!
Request timeout!
Request timeout!
……
```

再回到 HD 上，可以观察到 HB 的连通性测试结果，还观察到出现大量丢包现象。

如果更改 STP 的 Hello Time 时间及其他计时器也会出现相同的现象，这里不再赘述。所以不建议使用命令直接修改定时器时间，而建议使用 stp bridge-diameter 命令设置网络直径，交换机会根据网络直径自动计算出 3 个时间参数的最优值。注意，本命令需要在根交换机上配置才能生效。

```
[SWA]stp bridge-diameter 3
```

在 SWA 上使用 stp bridge-diameter 3 命令设置网络直径为 3。

配置完成后，观察 STP 计时器的改变情况。

```
[SWA]display stp
-------[CIST Global Info][Mode STP]-------
CIST Bridge            :0      .4c1f-cc62-3023
Config Times           :Hello 2s MaxAge 12s FwDly 9s MaxHop 20
Active Times           :Hello 2s MaxAge 12s FwDly 9s MaxHop 20
……
```

可以观察到，此时最大老化时间被自动修改为 12s，转发延迟被自动修改为 9s。

同时对 HD 到 HB 的连通性测试结果再次进行观察。

```
From 192.168.10.2: bytes=32 seq=53 ttl=128 time=63 ms
From 192.168.10.2: bytes=32 seq=54 ttl=128 time=93 ms
From 192.168.10.2: bytes=32 seq=55 ttl=128 time=78 ms
From 192.168.10.2: bytes=32 seq=56 ttl=128 time=94 ms
From 192.168.10.2: bytes=32 seq=57 ttl=128 time=94 ms
Request timeout!
Request timeout!
……
Request timeout!
From 192.168.10.2: bytes=32 seq=74 ttl=128 time=94 ms
From 192.168.10.2: bytes=32 seq=75 ttl=128 time=110 ms
From 192.168.10.2: bytes=32 seq=76 ttl=128 time=109 ms
From 192.168.10.2: bytes=32 seq=77 ttl=128 time=78 ms
```

可以观察到，此时网络恢复了正常。

3. 验证 Forward Delay 定时器

为了验证 Forward Delay 时间对端口状态迁移的影响，仍然维持上一步骤中 HD 到 HB 的连通性测试。

```
[SWA]display stp brief
 MSTID    Port                        Role    STP State     Protection
   0      Ethernet0/0/1               DESI    FORWARDING    NONE
   0      Ethernet0/0/7               DESI    FORWARDING    NONE
   0      Ethernet0/0/15              DESI    FORWARDING    NONE
```

在 SWA、SWB、SWC、SWD 上查看 STP 下的各个端口的状态。

可以观察到，由于 SWA 是根交换机，所以 SWA 的所有端口都是 DP 端口即指定端口，所处状态都是转发状态。

同理观察其他交换机的 STP 接口状态。

```
<SWB>display stp brief
 MSTID    Port                        Role    STP State     Protection
   0      Ethernet0/0/1               ROOT    FORWARDING    NONE
   0      Ethernet0/0/3               DESI    FORWARDING    NONE
   0      Ethernet0/0/15              DESI    FORWARDING    NONE
----------------------          我是分割线
<SWC>display stp brief
 MSTID    Port                        Role    STP State     Protection
   0      Ethernet0/0/5               DESI    FORWARDING    NONE
   0      Ethernet0/0/7               ROOT    FORWARDING    NONE
   0      Ethernet0/0/15              DESI    FORWARDING    NONE
----------------------          我是分割线
<SWD>display stp brief
 MSTID    Port                        Role    STP State     Protection
   0      Ethernet0/0/3               ROOT    FORWARDING    NONE
   0      Ethernet0/0/5               ALTE    DISCARDING    NONE
   0      Ethernet0/0/15              DESI    FORWARDING    NONE
```

可以观察到，此时 SWB 和 SWC 接口处于转发状态，SWD 的 E 0/0/3 接口为根端口，E 0/0/5 接口处于阻塞状态。

现在将 SWD 的 E 0/0/3 接口关闭，使 E 0/0/5 接口成为新的根端口。

请注意，在华为交换机上，当从 MSTP 模式切换到 STP 模式时，运行 STP 协议的设备上端口支持的端口状态仍然保持和 MSTP 支持的端口状态一样，仅包括 Forwarding、Learning 和 Discarding。又由于华为交换机上默认的 STP 模式为 MSTP，故本实验中，STP 仅支持 3 个状态，SWD 的 E 0/0/5 接口会从 Discarding 状态，再经过 Learning 过渡状态，最终到 Forwarding 状态，只需经历一个 Forward Delay 的时间。

```
[SWD]interface Ethernet 0/0/3
[SWD-Ethernet0/0/3]shutdown
```

配置完成后，观察连通性测试结果。

```
From 192.168.10.2: bytes=32 seq=31 ttl=128 time=188 ms
From 192.168.10.2: bytes=32 seq=32 ttl=128 time=187 ms
From 192.168.10.2: bytes=32 seq=33 ttl=128 time=141 ms
Request timeout!
Request timeout!
Request timeout!
Request timeout!
Request timeout!
Request timeout!
Request timeout!
Request timeout!
Request timeout!
From 192.168.10.2: bytes=32 seq=34 ttl=128 time=188 ms
From 192.168.10.2: bytes=32 seq=35 ttl=128 time=187 ms
From 192.168.10.2: bytes=32 seq=36 ttl=128 time=141 ms
From 192.168.10.2: bytes=32 seq=37 ttl=128 time=125 ms
```

可以观察到，此时丢失了 9 个数据包。这是因为根据上一步骤的配置结果，Forward Delay 时间为 9s，即 SWD 上该端口从 Discarding 状态经过 Learning 状态，最终到 Forwarding 状态需要一个 Forward Delay 的时间间隔。

恢复 SWD 的 E 0/0/3 接口，并在根交换机 SWA 上更改网络直径为默认值 7。

```
[SWD]interface Ethernet 0/0/3
[SWD-Ethernet0/0/3]undo shutdown
-----------------------        我是分割线
[SWA]stp bridge-diameter 7
```

配置完成后，查看 SWA 上的 STP 信息。

```
[SWA]display stp
-------[CIST Global Info][Mode STP]-------
CIST Bridge           :0     .4c1f-cc62-3023
Config Times          :Hello 2s MaxAge 20s FwDly 15s MaxHop 20
Active Times          :Hello 2s MaxAge 20s FwDly 15s MaxHop 20
……
```

可以观察到，Forward 时间已被自动修改为 15s。

现在采用相同的方法，关闭 SWD 上的 E 0/0/3 接口，测试丢包情况，并在配置完成后，观察连通性测试结果。

```
From 192.168.10.2: bytes=32 seq=4 ttl=128 time=79 ms
From 192.168.10.2: bytes=32 seq=5 ttl=128 time=93 ms
From 192.168.10.2: bytes=32 seq=6 ttl=128 time=78 ms
From 192.168.10.2: bytes=32 seq=7 ttl=128 time=109 ms
Request timeout!
Request timeout!
Request timeout!
Request timeout!
```

```
Request timeout!
Request timeout!
Request timeout!
Request timeout!
Request timeout!
Request timeout!
Request timeout!
Request timeout!
Request timeout!
Request timeout!
Request timeout!
Request timeout!
Request timeout!
From 192.168.10.2: bytes=32 seq=25 ttl=128 time=156 ms
From 192.168.10.2: bytes=32 seq=26 ttl=128 time=172 ms
From 192.168.10.2: bytes=32 seq=27 ttl=128 time=234 ms
```

可以观察到，丢包共有 17 个，即验证了端口状态迁移从 Discarding 状态到 Forwarding 状态经过了一个 Forward Delay 的 15s 时间间隔。

思考题

1. STP 有哪些优点？
2. 在什么场景下，选举根端口、指定端口时会比较端口 ID？
3. 交换机端口在发生状态转换时，都有哪些状态会经历一个 Forward Delay？
4. 实验拓扑如图所示，请通过交换机的 STP 配置，消除环路，实现主机间的正常通信。

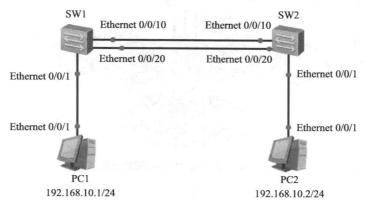

第6章 VLAN路由

在以太网中，通常会使用 VLAN 技术隔离二层广播域来减少广播的影响，一方面避免广播风暴，另一方面增强网络的安全性和可管理性。但是 VLAN 划分之后也严格地隔离了不同 VLAN 之间的二层流量，使得分属于不同 VLAN 的用户不能直接通信。然而在现实情况中，又经常会出现某些用户需要跨越 VLAN 实现通信的需求。虽然属于不同 VLAN 的计算机之间无法进行二层通信，但这并不是说这些计算机之间就没有办法进行通信了。事实上，这些计算机之间完全可以进行正常的通信，只不过它们之间的通信不是二层通信，而是三层通信。这种三层通信也称为 VLAN 路由，即是解决 VLAN 之间通信的方法。其实现途径一般有两类：一是通过单臂路由实现 VLAN 间的三层通信，二是通过三层交换机实现 VLAN 间的三层通信。两种实现方式的示意图如图 6-1 和图 6-2 所示。

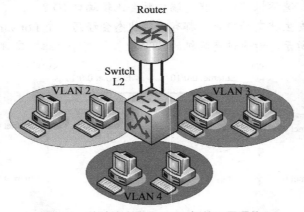

图6-1 单臂路由实现VLAN间的三层通信

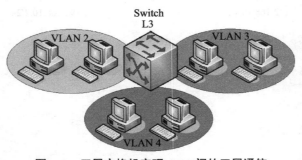

图6-2 三层交换机实现VLAN间的三层通信

第6章 VLAN路由

6.1 利用单臂路由实现VLAN间路由

6.1.1 原理概述

单臂路由的原理是通过一台路由器，使 VLAN 间相互通信的数据通过路由器进行三层通信。如果在路由器上为每一个 VLAN 分配一个单独的路由器物理接口，随着 VLAN 数量的增加，必然需要更多的接口，而路由器能提供的物理接口数量是有限的，所以在路由器的一个物理接口上，通过配置子接口（Sub-Interface）的方式来实现以一当多的功能，是一种比较好的方式。子

单臂路由

接口是一个逻辑上的概念，也常常被称为虚接口。其概念是指，当采用单臂路由方法时，必须对路由器的物理接口进行逻辑划分。一个路由器的物理接口可以划分为多个子接口，不同的子接口对应了不同的 VLAN。这些子接口的 MAC 地址均为"衍生"出它们的那个物理接口的 MAC 地址，但是它们的 IP 地址各不相同。一个子接口的 IP 地址应该配置为该子接口所对应的那个 VLAN 的默认网关地址。

路由器同一物理接口的不同子接口作为不同 VLAN 的默认网关后，当不同 VLAN 间的用户主机需要通信时，只需将数据包发送给网关，网关处理后再发送至目的主机所在 VLAN，从而实现 VLAN 间通信。由于从拓扑结构图上看，在交换机和路由器之间，数据仅通过一条物理链路传输，故而被形象地称为"单臂路由"。

6.1.2 基于华为路由器和交换机进行单臂路由配置

1. 实验内容

我们搭建如图 6-1-1 所示的实验环境。

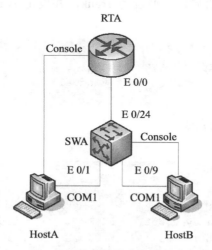

图6-1-1 单臂路由实验环境

实验中使用 PC 两台，华为交换机（Quidway S3026E）和华为路由器（Quidway AR28-09）各 1 台。

实验中各设备的 IP 地址配置情况如表 6-1-1 所示。

表6-1-1 IP地址配置表

主 机	端 口	IP地址	网 关	相关的VID
HostA	SWA E 0/1	192.168.1.1/24	192.168.1.254	VLAN 2
HostB	SWA E 0/9	192.168.2.1/24	192.168.2.254	VLAN 3
RTA	RTA E 0/0.1	192.168.1.254/24	/	VLAN 2
	RTA E 0/0.2	192.168.2.254/24	/	VLAN 3

在本实验中，主机 HostA 和 HostB 分别属于两个不同的 VLAN，即 VLAN2 和 VLAN3，通过路由配置后，实现两个 VLAN 之间能相互通信。

2. 实验步骤

步骤 1：创建 VLAN

创建对应的 VLAN，并把相应接口加入 VLAN。

```
<Quidway>system-view
[Quidway]sysname SWA
[SWA]vlan 2
[SWA-vlan2]port Ethernet 0/1 to Ethernet 0/8     //将Ethernet 0/1到Ethernet
0/8端口都加入VLAN2
[SWA-vlan2]q
[SWA]vlan 3
[SWA-vlan3]port Ethernet 0/9 to Ethernet 0/16    //将Ethernet 0/9到Ethernet
0/16端口都加入VLAN3
[SWA-vlan3]
```

步骤 2：配置 Trunk 端口

将交换机与路由器相连的端口类型设为 Trunk，并设定 Trunk 端口允许通过 VLAN2 和 VLAN3 的数据。

```
[SWA]interface Ethernet 0/24
[SWA-Ethernet0/24]port link-type trunk
[SWA-Ethernet0/24]port trunk permit vlan all
[SWA-Ethernet0/24]
```

至此，交换机的配置即已完成。

步骤 3：配置路由器

```
<Quidway>system-view
[Quidway]sysname RTA
[RTA]interface Ethernet 0/0.1                    //子接口
[RTA-Ethernet0/0.1]vlan-type dot1q vid 2         // dot1q 表示 IEEE 802.1q标准封装
[RTA-Ethernet0/0.1]ip address 192.168.1.254 255.255.255.0
[RTA-Ethernet0/0.1]q
[RTA]interface Ethernet 0/0.2
[RTA-Ethernet0/0.2]vlan-type dot1q vid 3
[RTA-Ethernet0/0.2]ip address 192.168.2.254 255.255.255.0
[RTA-Ethernet0/0.2]q
```

```
[RTA]interface e 0/0
[RTA-Ethernet0/0]shutdown
[RTA-Ethernet0/0]undo shutdown
[RTA-Ethernet0/0]q
```

步骤 4：查看配置结果

可利用 display current-configuration 命令来显示当前配置，先查看交换机。

```
[SWA]display current-configuration
#
……
interface Ethernet0/1
 port access vlan 2
……
interface Ethernet0/9
 port access vlan 3
……
interface Ethernet0/24
 port link-type trunk
 port trunk permit vlan all
#
……
```

从上面结果中可以看到相应接口已经加入到对应的 VLAN。再查看路由器。

```
[RTA]display current-configuration
#
……
interface Ethernet0/0.1
 ip address 192.168.1.254 255.255.255.0
 vlan-type dot1q vid 2
#
interface Ethernet0/0.2
 ip address 192.168.2.254 255.255.255.0
 vlan-type dot1q vid 3
#……
```

同样，子接口配置成功，也可以查看 RTA 上的路由表。

```
[RTA]display ip routing-table
 Routing Table: public net
Destination/Mask    Protocol  Pre  Cost    Nexthop           Interface
127.0.0.0/8         DIRECT    0    0       127.0.0.1         InLoopBack0
127.0.0.1/32        DIRECT    0    0       127.0.0.1         InLoopBack0
192.168.1.0/24      DIRECT    0    0       192.168.1.254     Ethernet0/0.1
192.168.1.254/32    DIRECT    0    0       127.0.0.1         InLoopBack0
192.168.2.0/24      DIRECT    0    0       192.168.2.254     Ethernet0/0.2
192.168.2.254/32    DIRECT    0    0       127.0.0.1         InLoopBack0
[RTA]
```

步骤 5：测试

在 HostB（192.168.2.1）上 ping 192.168.1.254 及 192.168.1.1 测试结果，如图 6-1-2 所示。

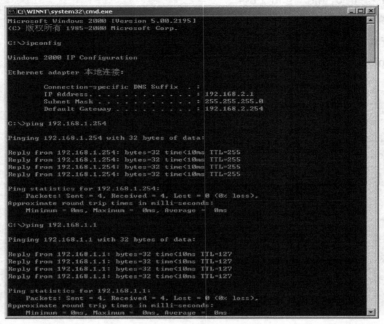

图6-1-2　Ping命令测试结果

结果表明分属不同局域网、不同 VLAN 的两台 PC 之间能相互通信。

再用 tracert 命令进行路由跟踪，结果如图 6-1-3 所示。

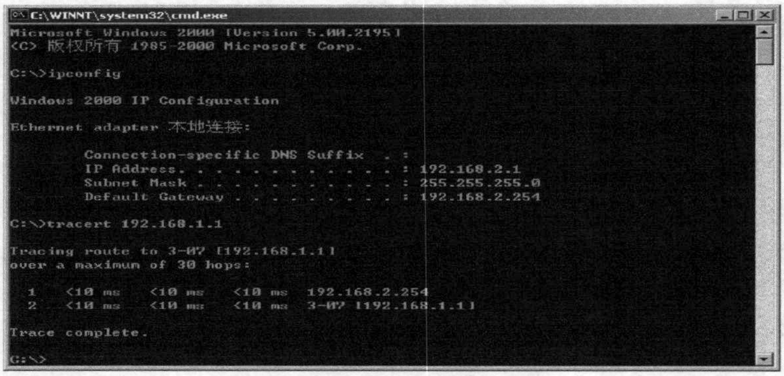

图6-1-3　路由追踪结果

可以看出数据包是通过 192.168.2.1 → 192.168.2.254 → 192.168.1.254 → 192.168.1.1 这样的途径转发的。

6.1.3　基于eNSP进行单臂路由配置

1. 实验内容

在理解了单臂路由的应用场景和工作原理之后，我们可以利用 eNSP 进一步掌握路由器子接口的配置方法及利用子接口封装 VLAN 的配置方法。因为 eNSP 中不再像现实场景那样受到实验设备数量的限制，我们可以构建利用单臂路由实现 VLAN 间路由拓扑，如图 6-1-4 所示。

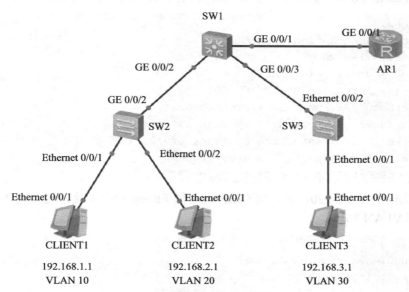

图6-1-4 单臂路由实现VLAN间路由拓扑

实验中使用 AR2220 路由器 1 台，S5700 交换机 1 台，S3700 交换机 2 台，PC 3 台。实验场景如下：路由器 AR1 是总局域网的出口网关，CLIENT1、CLIENT2 和 CLIENT3 分别属于 SubNet1、SubNet2 和 SubNet3，各子网络通过接入层交换机（如 SW2 和 SW3）接入总局域网，接入层交换机又通过汇聚交换机 SW1 与路由器 AR1 相连。内部网络通过划分不同的 VLAN 隔离了不同归属子网络（即 SubNet1、SubNet2 和 SubNet3）的主机之间的二层通信，保证各子网络间的信息安全，但是由于需要，CLIENT1、CLIENT2 和 CLIENT3 之间要能实现跨 VLAN 通信。因此，我们借助路由器的三层功能，通过配置单臂路由来实现需求。

实验场景中的设备编址如表 6-1-2 所示。

表6-1-2 设备编址

设 备	接 口	IP地址	子网掩码	默认网关
AR1（AR2220）	GE 0/0/1.1	192.168.1.254	255.255.255.0	N/A
	GE 0/0/1.2	192.168.2.254	255.255.255.0	N/A
	GE 0/0/1.3	192.168.3.254	255.255.255.0	N/A
CLIENT1	Ethernet 0/0/1	192.168.1.1	255.255.255.0	192.168.1.254
CLIENT 2	Ethernet 0/0/1	192.168.2.1	255.255.255.0	192.168.2.254
CLIENT 3	Ethernet 0/0/1	192.168.3.1	255.255.255.0	192.168.3.254

2. 实验步骤

步骤 1：创建 VLAN 并配置 Access、Trunk 接口

为保障各子网络的信息安全，需保证隔离不同子网络间的二层通信，规划各子网络的终端属于不同的 VLAN，并为 PC 配置相应 IP 地址。

在 SW2 上创建 VLAN 10 和 VLAN 20，把连接 CLIENT 1 的 Ethernet 0/0/1 和连接 CLIENT 2 的 Ethernet 0/0/2 接口配置为 Access 类型接口，并分别划分到相应的 VLAN 中。

```
[SW2] vlan 10
[SW2-vlan10] description SubNet1
[SW2-vlan10] vlan 20
[SW2-vlan20] description SubNet2
[SW2-vlan20] interface Ethernet 0/01
[SW2-Ethernet0/0/1] port link-type access
[SW2-Ethernet0/0/1] port default vlan 10
[SW2-Ethernet0/0/1] interface Ethernet 0/0/2
[SW2-Ethernet0/0/2] port link-type access
[SW2-Ethernet0/0/2] port default vlan 20
```

在 SW3 上创建 VLAN 30，把连接 CLIENT 3 的 Ethernet 0/0/1 接口配置为 Access 类型接口，并划分到 VLAN 30。

```
[SW3] vlan 30
[SW3-vlan30] description SubNet3
[SW3-vlan30] interface Ethernet 0/0/1
[SW3-Ethernet0/0/1] port link-type access
[SW3-Ethernet0/0/1] port default vlan 30
```

交换机之间或交换机和路由器之间相连的接口需要传递多个 VLAN 信息，因此，将其需要配置成 Trunk 接口。

将 SW2 和 SW3 的 GE 0/0/2 接口配置成 Trunk 类型接口，并允许所有 VLAN 通过。

```
[SW2] interface GigabitEthernet 0/0/2
[SW2-GigabitEthernet0/0/2] port link-type trunk
[SW2-GigabitEthernet0/0/2] port trunk allow-pass vlan all
[SW3] interface GigabitEthernet 0/0/2
[SW3-GigabitEthernet0/0/2] port link-type trunk
[SW3-GigabitEthernet0/0/2] port trunk allow-pass vlan all
```

在 S1 上创建 VLAN 10、VLAN 20 和 VLAN 30，并配置交换机和路由器相连的接口为 Trunk，允许所有 VLAN 通过。

```
[SW1] vlan 10
[SW1-vlan10] vlan 20
[SW1-vlan20] vlan 30
[SW1-vlan30] interface GigabitEthernet 0/0/2
[SW1-GigabitEthernet0/0/2] port link-type trunk
[SW1-GigabitEthernet0/0/2] port trunk allow-pass vlan all
[SW1-GigabitEthernet0/0/2] interface GigabitEthernet 0/0/3
[SW1-GigabitEthernet0/0/3] port link-type trunk
[SW1-GigabitEthernet0/0/3] port trunk allow-pass vlan all
[SW1-GigabitEthernet0/0/3] interface GigabitEthernet 0/0/1
```

```
[SW1-GigabitEthernet0/0/1] port link-type trunk
[SW1-GigabitEthernet0/0/1] port trunk allow-pass vlan all
```

步骤 2：配置路由器子接口和 IP 地址

由于路由器 AR1 只有一个实际的物理接口与交换机 SW1 相连，可以在路由器上配置不同的逻辑子接口来作为不同 VLAN 的网关，从而达到节省路由器接口的目的。

在 AR1 上创建子接口 GE 0/0/1.1，配置 IP 地址 192.168.1.254/24，作为 SubNet1 的网关地址。

```
[AR1] interface GigabitEthernet 0/0/1.1
[AR1-GigabitEthernet0/0/1.1] ip address 192.168.1.254 24
```

在 AR1 上创建子接口 GE 0/0/1.2，配置 IP 地址 192.168.2.254/24，作为 SubNet2 的网关地址。

```
[AR1] interface GigabitEthernet 0/0/1.2
[AR1-GigabitEthernet0/0/1.2] ip address 192.168.2.254 24
```

在 AR1 上创建子接口 GE 0/0/1.3，配置 IP 地址 192.168.3.254/24，作为 SubNet3 的网关地址。

```
[AR1] interface GigabitEthernet 0/0/1.3
[AR1-GigabitEthernet0/0/1.3] ip address 192.168.3.254 24
```

在 CLIENT1、CLIENT2 和 CLIENT3 上配置 IP 和相应的网关地址后，在 CLIENT1 上测试与 CLIENT2 和 CLIENT3 间的连通性。

先测试 CLIENT1 到 CLIENT2，如下：

```
PC>ping 192.168.2.1
Ping 192.168.2.1:32 data bytes,Press Ctrl_C to break
From 192.168.1.1:Destination host unreachable
From 192.168.1.1:Destination host unreachable
From 192.168.1.1:Destination host unreachable
From 192.168.1.1:Destination host unreachable
From 192.168.1.1:Destination host unreachable
……
```

再测试 CLIENT1 到 CLIENT3，如下：

```
PC>ping 192.168.3.1
Ping 192.168.3.1:32 data bytes,Press Ctrl_C to break
From 192.168.1.1:Destination host unreachable
From 192.168.1.1:Destination host unreachable
From 192.168.1.1:Destination host unreachable
From 192.168.1.1:Destination host unreachable
From 192.168.1.1:Destination host unreachable
……
```

可以观察到，通信无法建立。

步骤 3：配置路由器子接口封装 VLAN

虽然已经创建了不同的子接口，并配置了相关 IP 地址，但是仍然无法通信。这是由于处于不同 VLAN 下，不同网段的 PC 间要实现互相通信，数据包必须通过路由器进行中转。由 SW1 发送到 AR1 的数据都加上了 VLAN 标签，而路由器作为三层设备，默认无法处理带了 VLAN 标签的数据包。因此，需要在路由器上的子接口下配置对应 VLAN 的封装，使路由器能够识别和处理 VLAN 标签，包括剥离和封装 VLAN 标签。

在 AR1 的子接口 GE 0/0/1.1 上封装 VLAN 10，在子接口 GE 0/0/1.2 上封装 VLAN 20，在子接口 GE 0/0/1.3 上封装 VLAN 30，并开启子接口的 ARP 广播功能。

使用 dot1q termination vid 命令配置子接口对一层 tag 报文的终结功能。即配置该命令后，路由器子接口在接收带有 VLAN tag 的报文时，将剥掉 tag 进行三层转发，在发送报文时，会将与该子接口对应 VLAN 的 VLAN tag 添加到报文中。

```
[AR1-GigabitEthernet0/0/1.1] dot1q termination vid 10
```

使用 arp broadcast enable 命令开启子接口的 ARP 广播功能。如果不配置该命令，将会导致该子接口无法主动发送 ARP 广播报文，以及向外转发 IP 报文。

```
[AR1-GigabitEthernet0/0/1.1] arp broadcast enable
```

同理，配置 AR1 的子接口 GE 0/0/1.2 和 GE 0/0/1.3。

```
[AR1] interface GigabitEthernet 0/0/1.2
[AR1-GigabitEthernet0/0/1.2] dot1q termination vid 20
[AR1-GigabitEthernet0/0/1.2] arp broadcast enable
[AR1] interface GigabitEthernet 0/0/1.3
[AR1-GigabitEthernet0/0/1.3] dot1q termination vid 30
[AR1-GigabitEthernet0/0/1.3] arp broadcast enable
```

配置完成后，可以在路由器 AR1 上查看接口状态。

```
[AR1]display ip interface brief
*down: administratively down
……
Interface                    IP Address/Mask      Physical    Protocol
GigabitEthernet0/0/0         unassigned           down        down
GigabitEthernet0/0/1         unassigned           up          down
GigabitEthernet0/0/1.1       192.168.1.254/24     up          up
GigabitEthernet0/0/1.2       192.168.2.254/24     up          up
GigabitEthernet0/0/1.3       192.168.2.254/24     up          up
GigabitEthernet0/0/2         unassigned           down        down
NULL0                        unassigned           up          up(s)
[AR1]
```

可以观察到，3 个子接口的物理状态和协议状态都正常。

再查看路由器 AR1 的路由表。

```
[AR1]display ip routing-table
Route Flags: R - relay, D - download to fib
------------------------------------------------------------------------
Routing Tables: Public
        Destinations : 13        Routes : 13
```

```
Destination/Mask        Proto    Pre   Cost  Flags  NextHop         Interface
    127.0.0.0/8         Direct   0     0      D     127.0.0.1       InLoopBack0
    127.0.0.1/32        Direct   0     0      D     127.0.0.1       InLoopBack0
127.255.255.255/32      Direct   0     0      D     127.0.0.1       InLoopBack0

  192.168.1.0/24        Direct   0     0      D     192.168.1.254   GigabitEthernet 0/0/1.1
  192.168.1.254/32      Direct   0     0      D     127.0.0.1       GigabitEthernet 0/0/1.1
  192.168.1.255/32      Direct   0     0      D     127.0.0.1       GigabitEthernet 0/0/1.1

  192.168.2.0/24        Direct   0     0      D     192.168.2.254   GigabitEthernet 0/0/1.2
  192.168.2.254/32      Direct   0     0      D     127.0.0.1       GigabitEthernet 0/0/1.2
  192.168.2.255/32      Direct   0     0      D     127.0.0.1       GigabitEthernet 0/0/1.2

  192.168.3.0/24        Direct   0     0      D     192.168.3.254   GigabitEthernet 0/0/1.3
  192.168.3.254/32      Direct   0     0      D     127.0.0.1       GigabitEthernet 0/0/1.3
  192.168.3.255/32      Direct   0     0      D     127.0.0.1       GigabitEthernet 0/0/1.3


255.255.255.255/32      Direct   0     0      D     127.0.0.1       InLoopBack0

[AR1]
```

可以观察到，路由表中已经有了 192.168.1.0/24、192.168.2.0/24、192.168.3.0/24 的路由条目，并且都是路由器 AR1 的直连路由，类似于路由器上的直连物理接口。

在 CLIENT1 上分别测试与网关地址 192.168.1.254 和 CLIENT2 间的连通性。

先测试到网关。

```
PC>ping 192.168.1.254
Ping 192.168.1.254:32 data bytes,Press Ctrl_C to break
From 192.168.1.254:bytes=32 seq=1 ttl=255 time=48ms
From 192.168.1.254:bytes=32 seq=2 ttl=255 time=48ms
From 192.168.1.254:bytes=32 seq=3 ttl=255 time=46ms
From 192.168.1.254:bytes=32 seq=4 ttl=255 time=32ms
From 192.168.1.254:bytes=32 seq=5 ttl=255 time=47ms
--- 192.168.1.254 ping statistics---
5 packet(s)transmitted
5 packet(s)received
0.00% packet loss
round-trip min/avg/max=32/49/62ms
```

再测试 CLIENT1 到 CLIENT2 的连通性。

```
PC>ping 192.168.2.1
Ping 192.168.2.1:32 data bytes,Press Ctrl_C to break
From 192.168.2.1:bytes=32 seq=1 ttl=127 time=64ms
From 192.168.2.1:bytes=32 seq=2 ttl=127 time=68ms
From 192.168.2.1:bytes=32 seq=3 ttl=127 time=89ms
From 192.168.2.1:bytes=32 seq=4 ttl=127 time=93ms
```

```
From 192.168.2.1:bytes=32 seq=5 ttl=127 time=90ms
--- 192.168.2.1 ping statistics---
5 packet(s)transmitted
5 packet(s)received
0.00% packet loss
round-trip min/avg/max=78/96/110ms
```

可以观察到，通信正常。

在 CLENT1 上 Tracert CLIENT2，结果如下。

```
PC>tracert 192.168.2.1
traceroute to 192.168.2.1, 8 hops max
(ICMP), press Ctrl+C to stop
1    192.168.1.254    64ms    47ms    31ms
2    192.168.2.1      125ms   92ms    92ms
PC>
```

可以观察到，CLIENT1 先把 ping 包发送给自身的网关 192.168.1.254，然后再由网关发送到 CLINET2。

3. 实验分析

我们以 CLINET1 ping CLIENT2 为例，分析单臂路由的整个执行过程。具体如下：

（1）两台 PC 由于处于不同的网络中，这时 CLINET1 会将数据包发往自己的网关，即路由器 AR1 的子接口 GE 0/0/1.1 的地址 192.168.1.254。

（2）数据包到达路由器 AR1 后，由于路由器的子接口 GE 0/0/1.1 已经配置了 VLAN 封装，当接收到 CLINET1 发送的 VLAN 10 的数据帧时，发现数据帧的 VLAN ID 跟自身 GE 0/0/1.1 接口配置的 VLAN ID 一样，便会剥离掉数据帧的 VLAN 标签后通过三层路由转发。

（3）通过查找路由表后，发现数据包中的目的地址 192.168.2.1 所属的 192.168.2.0/24 网段的路由条目，是路由器 R1 上的直连路由，且输出接口为 GE 0/0/1.2，便将该数据包发送至 GE 0/0/1.2 接口。

（4）最后，当 GE 0/0/1.2 接口接收到一个没有带 VLAN 标签的数据帧时，便会加上自身接口所配置的 VLAN ID 20 后再进行转发，然后通过交换机将数据帧顺利转发给 CLINET2。

于是，VLAN 间路由得以实现。

6.2 利用三层交换机实现VLAN间路由

6.2.1 技术背景

通过单臂路由器来实现 VLAN 间路由，可以节约路由器的物理接口资源，但是，这种方式也有其不足之处。如果 VLAN 的数量众多，VLAN 间的通信流量很大时，单臂链路所能提供的带宽就有可能无法支撑这些通信流量。另外，如果单臂链路一旦发生了中断，那么所有 VLAN 间的通信也都会因此而中断。

为此，我们可以使用三层交换机实现 VLAN 路由。三层交换机在原有二层交换机的基础之上增加了路由功能，同时由于数据没有像单臂路由那样经过物理线路进行路由，很好地解决了带宽瓶颈的问题，为网络设计提供了一个灵活的解决方案。所以说，通过三层交换机实现 VLAN 间的三层通信更经济、更快速、更可靠。在说明如何通过三层交换机实现 VLAN 路由之前，我们必须先解释一下关于"二层口"和"三层口"的概念。

平时，我们通常会混用"端口"和"接口"这两个词，端口也就是接口，接口也就是端口，它们都是"网口"的意思。那么，什么是二层口呢？什么又是三层口呢？

通常，我们把交换机上的端口称为二层端口，或简称为二层口；同时，我们把路由器或计算机上的接口称为三层接口，或简称为三层口。二层口的行为特征与三层口的行为特征存在明显的差异，具体如下。

（1）二层口只有 MAC 地址，没有 IP 地址；三层口既有 MAC 地址，又有 IP 地址。

（2）设备的某个二层口在接收到一个广播帧后，会将这个广播帧从该设备的其他所有二层口泛洪*出去。

（3）设备的某个三层口在接收到一个广播帧后，会根据这个广播帧的类型字段的值将这个广播帧的载荷数据上送到该设备第三层的相应模块去处理。

（4）设备的某个二层口在接收到一个单播帧后，该设备会在自己的 MAC 地址表中查找这个帧的目的 MAC 地址。如果查不到这个 MAC 地址，则该设备会将这个帧从其他所有二层口泛洪出去。如果查到了这个 MAC 地址，则比较 MAC 地址表项所指示的那个二层口是不是就是这个帧进入该设备时所通过的那个二层口。如果是，则该设备会将这个帧直接丢弃；如果不是，则设备会把这个帧从 MAC 地址表项所指示的那个二层口转发出去。

（5）设备的某个三层口在接收到一个单播帧后，会比较这个帧的目的 MAC 地址是不是就是该三层口的 MAC 地址。如果不是，则会直接将这个帧丢弃；如果是，则根据这个帧的类型字段的值将这个帧的载荷数据上送到该设备第三层的相应模块去处理。

上面几点就是对二层口的行为特征和三层口的行为特征的总结性描述。

二层口的行为特征与三层口的行为特征的差异，直接引出了交换机与路由器的差异。

（1）交换机的端口都是二层口，一台交换机的不同二层口之间只存在二层转发通道，不存在三层转发通道。交换机内部存在 MAC 地址表，用以进行二层转发；交换机内部不存在 IP 路由表。

（2）路由器的端口都是三层口。一台路由器的不同三层口之间只存在三层转发通道，不存在二层转发通道。路由器内部存在 IP 路由表，用以进行三层转发；路由器内部不存在 MAC 地址表。

现在，我们可以比较明确地知道什么是三层交换机了。

三层交换机的原理性定义是：三层交换机是二层交换机与路由器的一种集成形式，它除了可以拥有一些二层口，还可以拥有一些"混合端口"（简称为"混合口"）。混合口既具有二层口的行为特征，同时又具三层口的行为特征。一台三层交换机上，不同的混合口之间同时存在二层转发通道和三层转发通道，不同的二层口之间只存在二层转发通道，一个混合口与一个二层口之间也只存在二层转发通道。三层交换机内既存在 MAC 地址表，用以进行二层转发，又存在 IP 路由表，用以进行三层转发。一台三层交换机上可以只有混合口，而

---

* 注：泛洪（Flooding）是交换机和网桥使用的一种数据流传递技术，将从某个接口收到的数据流向除该接口之外的所有接口发送出口。

无二层口。一台三层交换机上也可以只有二层口，而无混合口（此时的三层交换机完全退化成了一台二层交换机）。

接下来，我们就通过配置示例来说明三层交换机是如何实现 VLAN 间的三层通信的。

6.2.2 基于eNSP的配置示例

1. 实验方案

我们可以构建利用三层交换机实现 VLAN 间路由拓扑，如图 6-2-1 所示。

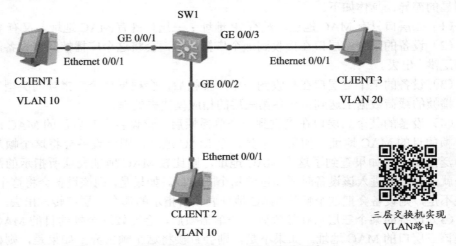

图6-2-1 三层交换机实现VLAN路由实验环境

实验中使用三层交换机 S5700 1 台，PC 3 台。实验场景如下：该网络拥有两个子网络——SubNet1 和 SubNet2，分别规划使用 VLAN 10 和 VLAN 20。其中 SubNet1 下有两台终端 CLIENT1 和 CLIENT2，SubNet2 下有一台终端 CLIENT3。所有终端都通过核心三层交换机 SW1 相连。现需要让该网络的所有三台主机都能实现互相访问。我们通过配置三层交换机来实现。

实验场景中的设备编址如表 6-2-1 所示。

表6-2-1 实验编址

设　　备	接　　口	IP地址	子网掩码	默认网关
CLIENT1	Ethernet 0/0/1	192.168.1.1	255.255.255.0	192.168.1.254
CLIENT 2	Ethernet 0/0/1	192.168.1.2	255.255.255.0	192.168.1.254
CLIENT 3	Ethernet 0/0/1	192.168.2.1	255.255.255.0	192.168.2.254
SW1（S5700）	VLANIF 10	192.168.1.254	255.255.255.0	N/A
	VLANIF 20	192.168.2.254	255.255.255.0	N/A

2. 实验步骤

步骤 1：基本配置

根据实验编址表在 PC 上进行相应的基本 IP 地址配置，三层交换机 SW1 上暂时先不做配置。

配置完成后，测试 SubNet1 的两台终端 CLIENT 1 与 CLIENT 2 间的连通性。

```
PC>ping 192.168.1.2
Ping 192.168.1.2: 32 data bytes, Press Ctrl_C to break
From 192.168.1.2: bytes=32 seq=1 ttl=128 time=16 ms
From 192.168.1.2: bytes=32 seq=2 ttl=128 time=16 ms
From 192.168.1.2: bytes=32 seq=3 ttl=128 time<1 ms
From 192.168.1.2: bytes=32 seq=4 ttl=128 time=15 ms
From 192.168.1.2: bytes=32 seq=5 ttl=128 time=15 ms
--- 192.168.1.2 ping statistics ---
  5 packet(s) transmitted
  5 packet(s) received
  0.00% packet loss
  round-trip min/avg/max = 0/12/16 ms
```

可以观察到，通信正常。

再测试 SubNet1 的 CLIENT1 与 SubNet2 的 CLIENT3 之间的连通性。

```
PC>ping 192.168.2.1
Ping 192.168.2.1: 32 data bytes, Press Ctrl_C to break
From 192.168.1.1: Destination host unreachable
From 192.168.1.1: Destination host unreachable
From 192.168.1.1: Destination host unreachable
From 192.168.1.1: Destination host unreachable
From 192.168.1.1: Destination host unreachable
--- 192.168.1.254 ping statistics ---
  5 packet(s) transmitted
  0 packet(s) received
  100.00% packet loss
```

CLIENT1 与 CLIENT3 间无法正常通信。

为什么主机 CLIENT1 向 CLIENT3 发出数据包会显示"目的地无法到达"（Destination host unreachable）呢？我们来分析一下数据包发送的整个执行过程：CLIENT1 主机发出数据包前，将会查看数据包中的目的 IP 地址，如果目的 IP 地址和本机 IP 地址在同一个网段上，主机会直接发出一个 ARP 请求数据包来请求对方主机的 MAC 地址，封装数据包，继而发送该数据包。但如果目的 IP 地址与本机 IP 地址不在同一个网段，那么主机也会发出一个 ARP 数据包请求网关的 MAC 地址，收到网关 ARP 回复后，继而封装数据包后发送。

所以，SubNet1 的主机 CLIENT1 在访问 192.168.2.1 这个 IP 地址时发现这个目的 IP 地址与本机 IP 地址不在同一个 IP 地址段上，PC1 便会发出 ARP 数据包请求网关 192.168.1.254 的 MAC 地址。但由于交换机没有做任何 IP 配置，因此没有设备应答该 ARP 请求，导致 SubNet1 的主机 CLIENT1 无法正常封装数据包，因此无法与 SubNet2 的 CLIENT3 正常通信。

步骤 2：配置三层交换机实现 VLAN 间通信

通过在交换机上设置不同的 VLAN 使得主机实现相互隔离。在三层交换机 SW1 上创建 VLAN 10 和 VLAN 20，把 SubNet1 的主机全部划入 VLAN 10 中，SubNet2 的主机划入 VLAN 20 中。

```
<Huawei>sys
[Huawei]sysname SW1
[SW1]vlan 10
[SW1-vlan10]vlan 20
[SW1-vlan20]q
[SW1]interface GigabitEthernet 0/0/1
[SW1-GigabitEthernet0/0/1]port link-type access
[SW1-GigabitEthernet0/0/1]port default VLAN 10
[SW1-GigabitEthernet0/0/1]q
[SW1]interface GigabitEthernet 0/0/2
[SW1-GigabitEthernet0/0/2]port link-type access
[SW1-GigabitEthernet0/0/2] port default VLAN 10
[SW1-GigabitEthernet0/0/2]q
[SW1] interface GigabitEthernet 0/0/3
[SW1-GigabitEthernet0/0/3] port link-type access
[SW1-GigabitEthernet0/0/3] port default VLAN 20
```

接下来我们通过 VLAN 间路由来实现通信，在三层交换机上配置 VLANIF 接口。

在 SW1 上使用 interface VLANif 命令创建 VLANIF 接口，指定 VLANIF 接口所对应的 VLAN ID 为 10，并进入 VLANIF 接口视图，在接口视图下配置 IP 地址 192.168.1.254/24。再创建对应 VLAN 20 的 VLANIF 接口，地址配置为 192.168.2.254/24。

```
[SW1] interface VLANif 10
[SW1-VLANif10] ip address 192.168.1.254 24
[SW1-VLANif10] interface VLANif 20
[SW1-VLANif20] ip address 192.168.2.254 24
```

配置完成后，可以通过 display 命令来查看接口状态。

```
[SW1]display ip interface brief
*down: administratively down
^down: standby
(l): loopback
(s): spoofing
The number of interface that is UP in Physical is 3
The number of interface that is DOWN in Physical is 2
The number of interface that is UP in Protocol is 3
The number of interface that is DOWN in Protocol is 2
Interface                IP Address/Mask      Physical    Protocol
MEth0/0/1                unassigned           down        down
NULL0                    unassigned           up          up(s)
Vlanif1                  unassigned           down        down
Vlanif10                 192.168.1.254/24     up          up
Vlanif20                 192.168.2.254/24     up          up
[SW1]
```

此时可以看到，两个 VLANIF 接口已经生效。

这时候我们再次测试 CLIENT1 与 CLIENT3 之间的连通性。其结果如图 6-2-2 所示。

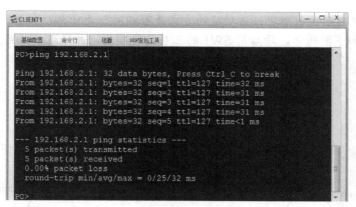

图6-2-2　VALN路由配置后CLIENT1 of SubNet1和CLIENT3 of SubNet2之间通信测试

从图 6-2-2 可见，实现了 SubNet1 终端与 SubNet2 终端间的通信，VLAN 间通信配置成功。当然，我们也可以在 CLIENT2 和 CLIENT3 直接做测试，效果是一样的，如图 6-2-3 所示。

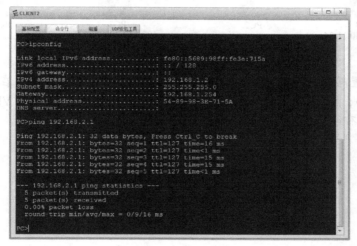

图6-2-3　VALN路由配置后CLIENT2 of SubNet1和CLIENT3 of SubNet2之间通信测试

我们再在 CLIENT1 上查看 ARP 信息。

```
PC>arp -a
Internet Address     Physical Address     Type
192.168.1.254        4C-1F-CC-50-05-65    dynamic
```

可以观察到，目前 CLIENT1 上 ARP 解析到的地址只有交换机的 VLANIF 10 的地址，而没有对端的地址，CLIENT 1 先将数据包发送至网关，即对应的 VLANIF 10 接口，再由网关转发到对端。

思考题

1. VLAN 间的通信可以利用单臂路由的方式实现，那么利用单臂路由实现数据转发会存在哪些潜在问题？该如何解决？

2. 三层交换机与路由器实现三层功能的方式是否相同？为什么？

3. 实验拓扑如下图所示，请启用 SW1 的三层交换功能，并通过在三层交换机 SW1 上配置 VLANIF 接口，实现不同 VLAN 间用户的三层通信。

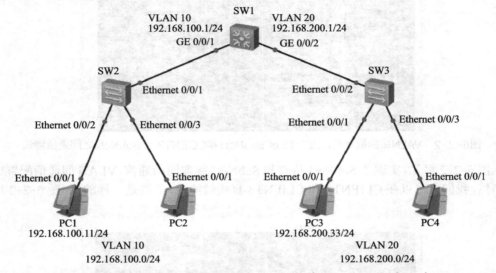

可按如下配置思路执行：首先在交换机 SW1 上创建 VLAN（注意，在 SW2 和 SW3 上无须创建 VLAN）；然后配置交换机 SW1 的端口；在交换机 SW1 上创建 VLANIF 接口并配置 IP 地址，实现不同 VLAN 之间的三层互通。

第7章 静态路由

路由,简单地说,就是报文从源端到目的端的整条传输路径。当报文从路由器到目的网段有多条路径可以选择时,路由器就可以根据路由表中的最佳路由进行转发。最佳路由的选择与发现此路由的路由协议的优先级、所配置的路由度量有关。当多条路由的协议优先级与路由度量都相同时,可以实现负载分担,以缓解网络压力。当多条路由的协议优先级与路由度量不同时,可以构成路由备份,提高网络的可靠性。

总体而言,可以根据路由的来源不同,将其分为三大类。

(1)通过链路层协议发现的路由称为直连路由(Direct),不需要配置。

(2)通过网络管理员手工配置的路由称为静态路由(Static)。

(3)通过动态路由协议发现的路由称为动态路由(分为 RIP、OSPF 等多种)。

静态路由是指用户或网络管理员手工配置的路由信息。当网络拓扑结构或链路状态发生改变时,需要网络管理人员手工修改静态路由信息。相比于动态路由协议,静态路由无须频繁地交换各自的路由表,配置简单,比较适合小型、简单的网络环境。静态路由不适合大型和复杂的网络环境,因为当网络拓扑结构和链路状态发生变化时,网络管理员需要做大量的调整,且无法自动感知错误发生,不宜排错。

默认路由是一种特殊的静态路由,当路由表中数据包目的地址没有匹配的表项时,数据包将根据默认路由条目进行转发。默认路由在某些时候非常有效,如在末梢网络中,默认路由可以大大简化路由器配置,减轻网络管理员的工作负担。静态路由的配置比较简单,用一条命令指定静态路由的目的 IP 地址、子网掩码、下一跳 IP 地址,或者出接口、优先级等主要参数值就可以了。

7.1 静态路由基础

静态路由是一种比较特殊的路由,由于它没有自己的路由算法,不能自动生成,需要依靠管理员为它一级一级地指明下一跳路径。因此,静态路由会使用更少的带宽,并且不需要占用 CPU 资源用以分析和计算路由的更新。

一般地,静态路由包括 3 个主要部分,即目的 IP 地址和子网掩码、出接口和下一跳 IP 地址、优先级。

1. 目的 IP 地址和子网掩码

目的 IP 地址就是路由要到达的目的主机或者目的网络的 IP 地址,子网掩码就是目的地址所对应的子网掩码。特别地，当目的 IP 地址和子网掩码为 0 时，表示静态默认路由。

2. 出接口和下一跳 IP 地址

根据不同的出接口类型，在配置静态路由时，可指定出接口，也可指定下一跳 IP 地址，还可以同时指定出接口和下一跳 IP 地址。

对于点到点类型的接口，只需要指定出接口。当然，也可以同时指定下一跳 IP 地址，但并无意义。因为在点对点网络中，对端是唯一的，指定了发送接口即隐含指定了下一跳 IP 地址——与该接口相连的对端接口地址就是路由的下一跳 IP 地址。

对于非广播多路访问类型的接口，只需要指定下一跳 IP 地址。因为除了配置 IP、路由，这一类的接口还需要在链路层建立 IP 地址到链路层地址的映射，也就是相当于指定了出接口。

对于广播类型的接口，必须指定下一跳 IP 地址，某些情况下还需要同时指定出接口。

3. 优先级

对于不同的静态路由，可以为它们配置不同的优先级。但是需要注意，优先级的值越小表示静态路由的优先级越高。配置到达相同目的地的多条静态路由，如果指定相同的优先级，则可以实现负载分担；如果指定不同的优先级，则可以实现路由备份。

7.2 基于华为路由器的基本静态路由配置示例

构建如图 7-2-1 所示的静态路由基本配置的拓扑图。

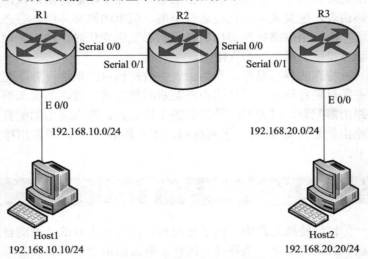

图7-2-1　静态路由基本配置拓扑图

该实验环境是由 3 台华为路由器（Quidway AR28-09）和 2 台 PC 所组成的简单网络。其中，Host1 和 Host2 分属于不同网络，R1 与 R3 各自连接着一台主机，现在要求能够实现主机 Host1 与 Host2 之间的正常通信。

实验环境中的编址情况见表 7-2-1。

表7-2-1 实验设备编址

设备	接口	IP地址	子网掩码	默认网关
Host1	E 0/1	192.168.10.10	255.255.255.0	192.168.10.1
R1（AR28-09）	E 0/0	192.168.10.1	255.255.255.0	N/A
	Serial 0/0	10.0.1.1	255.255.255.0	N/A
R2（AR28-09）	Serial 0/1	10.0.1.2	255.255.255.0	N/A
	Serial 0/0	10.0.2.1	255.255.255.0	N/A
R3（AR28-09）	Serial 0/1	10.0.2.2	255.255.255.0	N/A
	E 0/0	192.168.20.1	255.255.255.0	N/A
Host2	E 0/0	192.168.20.20	255.255.255.0	192.168.20.1

我们将通过配置基本的静态路由来实现。

7.2.1 基本配置

根据实验的设备编址情况，对设备进行相应的基本配置。对 PC 的配置较为简单，这里就不说了。我们先对路由器 R1 的接口进行地址配置。

```
<Quidway>sys
[Quidway]sysname R1
[R1]interface e 0/0
[R1-Ethernet0/0]ip address 192.168.10.1 24
[R1-Ethernet0/0]q
[R1]interface Serial 0/0
[R1-Serial0/0]ip address 10.0.1.1 24
```

再对 R2 进行配置。

```
<Quidway>sys
[Quidway]sysname R2
[R2]interface Serial 0/1
[R2-Serial0/1]ip address 10.0.1.2 24
[R2-Serial0/1]q
[R2]interface Serial 0/0
[R2-Serial0/0]ip address 10.0.2.1 24
```

最后对 R3 进行配置。

```
<Quidway>sys
[Quidway]sysname R3
[R3]interface e 0/0
[R3-Ethernet0/0]ip address 192.168.20.1 24
[R3-Ethernet0/0]q
[R3]interface Serial 0/0
[R3-Serial0/0]ip address 10.0.2.2 24
```

编址完成后，我们通过 ping 命令检测链路的连通性。

```
<R1>ping 192.168.10.10
  PING 192.168.10.10: 56   data bytes, press CTRL_C to break
    Reply from 192.168.10.10: bytes=56 Sequence=1 ttl=128 time=20 ms
    Reply from 192.168.10.10: bytes=56 Sequence=2 ttl=128 time=1 ms
    Reply from 192.168.10.10: bytes=56 Sequence=3 ttl=128 time=1 ms
    Reply from 192.168.10.10: bytes=56 Sequence=4 ttl=128 time=1 ms
    Reply from 192.168.10.10: bytes=56 Sequence=5 ttl=128 time=1 ms
  --- 192.168.10.10 ping statistics ---
    5 packet(s) transmitted
    5 packet(s) received
    0.00% packet loss
    round-trip min/avg/max = 1/4/20 ms
  <R1>ping 10.0.1.2
  PING 10.0.1.2: 56   data bytes, press CTRL_C to break
    Reply from 10.0.1.2: bytes=56 Sequence=1 ttl=255 time=20 ms
    Reply from 10.0.1.2: bytes=56 Sequence=2 ttl=255 time=30 ms
    Reply from 10.0.1.2: bytes=56 Sequence=3 ttl=255 time=50 ms
    Reply from 10.0.1.2: bytes=56 Sequence=4 ttl=255 time=40 ms
    Reply from 10.0.1.2: bytes=56 Sequence=5 ttl=255 time=10 ms
  --- 10.0.1.2 ping statistics ---
    5 packet(s) transmitted
    5 packet(s) received
    0.00% packet loss
    round-trip min/avg/max = 10/30/50 ms
```

结果可见，R1 到 Host1 是连通的，R1 到 R2 也是连通的。

```
<R3>ping 192.168.20.20
  PING 192.168.20.20: 56   data bytes, press CTRL_C to break
    Reply from 192.168.20.20: bytes=56 Sequence=1 ttl=128 time=20 ms
    Reply from 192.168.20.20: bytes=56 Sequence=2 ttl=128 time=1 ms
    Reply from 192.168.20.20: bytes=56 Sequence=3 ttl=128 time=1 ms
    Reply from 192.168.20.20: bytes=56 Sequence=4 ttl=128 time=1 ms
    Reply from 192.168.20.20: bytes=56 Sequence=5 ttl=128 time=1 ms
  --- 192.168.20.20 ping statistics ---
    5 packet(s) transmitted
    5 packet(s) received
    0.00% packet loss
    round-trip min/avg/max = 1/4/20 ms
  <R3>ping 10.0.2.2
  PING 10.0.2.2: 56   data bytes, press CTRL_C to break
    Reply from 10.0.2.2: bytes=56 Sequence=1 ttl=255 time=1 ms
    Reply from 10.0.2.2: bytes=56 Sequence=2 ttl=255 time=1 ms
    Reply from 10.0.2.2: bytes=56 Sequence=3 ttl=255 time=20 ms
    Reply from 10.0.2.2: bytes=56 Sequence=4 ttl=255 time=1 ms
    Reply from 10.0.2.2: bytes=56 Sequence=5 ttl=255 time=1 ms
  --- 10.0.2.2 ping statistics ---
```

第7章 静态路由

```
  5 packet(s) transmitted
  5 packet(s) received
  0.00% packet loss
  round-trip min/avg/max = 1/4/20 ms
```

可以观察到，R3 到 Host2 是连通的，R3 到 R2 也是连通的。

各直接链路间的 IP 连通性测试完成后，再尝试在主机 Host1 上直接 ping 主机 Host2。

```
PC>ping 192.168.20.20
Ping 192.168.20.20: 32 data bytes, Press Ctrl_C to break
Request timeout!
Request timeout!
Request timeout!
Request timeout!
Request timeout!
--- 192.168.20.20 ping statistics ---
  5 packet(s) transmitted
  0 packet(s) received
  100.00% packet loss
```

发现无法连通！

这时我们就需要思考一下，明明各设备之间都是连通的，为什么两个主机之间就无法通信了呢？

首先假设主机 Host1 与 Host2 之间如果能够正常连通，那么主机 Host1 将发送数据给其网关设备 R1；R1 收到后将根据数据包中的目的地址查看它的路由表，找到相应的目的网络的所在路由条目，并根据该条目中的下一跳和出接口信息将该数据转发给下一台路由器 R2；R2 采取同样的步骤将数据转发给 R3；最后 R3 也采取同样的步骤将数据转发给与自己直连的主机 Host2；主机 Host2 在收到数据后，与主机 Host1 发送数据到 Host2 的过程一样，再发送相应的回应信息给 Host1。

在保证基本配置没有错误的情况下，首先查看主机 Host1 与其网关设备 R1 间能否正常通信。

```
PC>ping 192.168.10.1
Ping 192.168.10.1: 32 data bytes, Press Ctrl_C to break
From 192.168.10.1: bytes=32 seq=1 ttl=255 time=16 ms
From 192.168.10.1: bytes=32 seq=2 ttl=255 time<1 ms
From 192.168.10.1: bytes=32 seq=3 ttl=255 time<1 ms
From 192.168.10.1: bytes=32 seq=4 ttl=255 time<1 ms
From 192.168.10.1: bytes=32 seq=5 ttl=255 time<1 ms
--- 192.168.10.1 ping statistics ---
  5 packet(s) transmitted
  5 packet(s) received
  0.00% packet loss
  round-trip min/avg/max = 0/3/16 ms
```

主机 Host1 与网关之间正常通信，接下来检查网关设备 R1 上的路由表。

```
<R1>display ip routing-table
Route Flags: R - relay, D - download to fib
-------------------------------------------------------------------------

Routing Tables: Public
         Destinations : 7        Routes : 7
Destination/Mask    Proto   Pre   Cost   Flags   NextHop         Interface
     10.0.1.0/24    Direct  0     0      D       10.0.1.1        Serial0/0
     10.0.1.1/32    Direct  0     0      D       127.0.0.1       Serial0/0
     10.0.1.2/32    Direct  0     0      D       10.0.1.2        Serial0/0
    127.0.0.0/8     Direct  0     0      D       127.0.0.1       InLoopBack0
    127.0.0.1/32    Direct  0     0      D       127.0.0.1       InLoopBack0
 192.168.10.0/24    Direct  0     0      D       192.168.10.1    Ethernet0/0
 192.168.10.1/32    Direct  0     0      D       127.0.0.1       Ethernet0/0
```

可以看到在 R1 的路由表上，没有任何关于主机 Host2 所在网段的信息。

可以使用同样的方式查看 R2 与 R3 的路由表。

```
[R2]display ip routing-table
Route Flags: R - relay, D - download to fib
-------------------------------------------------------------------------

Routing Tables: Public
         Destinations : 8        Routes : 8
Destination/Mask    Proto   Pre   Cost   Flags   NextHop         Interface
     10.0.1.0/24    Direct  0     0      D       10.0.1.2        Serial0/1
     10.0.1.1/32    Direct  0     0      D       10.0.1.1        Serial0/1
     10.0.1.2/32    Direct  0     0      D       127.0.0.1       Serial0/1
     10.0.2.0/24    Direct  0     0      D       10.0.2.1        Serial0/0
     10.0.2.1/32    Direct  0     0      D       127.0.0.1       Serial0/0
     10.0.2.2/32    Direct  0     0      D       10.0.2.2        Serial0/0
    127.0.0.0/8     Direct  0     0      D       127.0.0.1       InLoopBack0
    127.0.0.1/32    Direct  0     0      D       127.0.0.1       InLoopBack0

<R3>display ip routing-table
Route Flags: R - relay, D - download to fib
-------------------------------------------------------------------------

Routing Tables: Public
         Destinations : 7        Routes : 7
Destination/Mask    Proto   Pre   Cost   Flags   NextHop         Interface
     10.0.2.0/24    Direct  0     0      D       10.0.2.2        Serial0/1
     10.0.2.1/32    Direct  0     0      D       10.0.2.1        Serial0/1
     10.0.2.2/32    Direct  0     0      D       127.0.0.1       Serial0/1
    127.0.0.0/8     Direct  0     0      D       127.0.0.1       InLoopBack0
    127.0.0.1/32    Direct  0     0      D       127.0.0.1       InLoopBack0
 192.168.20.0/24    Direct  0     0      D       192.168.20.1    Ethernet0/0
 192.168.20.1/32    Direct  0     0      D       127.0.0.1       Ethernet0/0
```

可以看到在 R2 上没有任何关于主机 Host1 和 Host2 所在网段的信息，R3 上没有任何关于主机 Host1 所在网段的信息，验证了初始情况下各路由器的路由表上仅包括了与自身直接相连的网段的路由信息。

现在主机 Host1 与 Host2 之间跨越了若干个不同网段,要实现它们之间的通信,只通过简单的 IP 地址等基本配置是无法实现的,必须在 3 台路由器上添加相应的路由信息,可以通过配置静态路由来实现。

配置静态路由有两种方式:一种是在配置中采取指定下一跳 IP 地址的方式,另一种是指定出接口的方式。

7.2.2 创建静态路由

在 R1 上配置目的网段为主机 Host2 所在网段的静态路由,即目的 IP 地址为 192.168.20.0,掩码为 255.255.255.0。对于 R1 而言,要发送数据到主机 Host2,则必须先发送给 R2,所以 R2 即为 R1 的下一跳路由器,R2 与 R1 所在的直连链路上的物理接口的 IP 地址即为下一跳 IP 地址,即 10.0.1.2。

因此输入的命令如下:

```
[R1]ip route-static 192.168.20.0 255.255.255.0 10.0.1.2
```

配置完成后,查看 R1 上的路由表。

```
[R1]display ip routing-table
Route Flags: R - relay, D - download to fib
------------------------------------------------------------
Routing Tables: Public
        Destinations : 8        Routes : 8
Destination/Mask    Proto   Pre   Cost    Flags   NextHop          Interface
    10.0.1.0/24     Direct  0     0       D       10.0.1.1         Serial0/0
    10.0.1.1/32     Direct  0     0       D       127.0.0.1        Serial0/0
    10.0.1.2/32     Direct  0     0       D       10.0.1.2         Serial0/0
    127.0.0.0/8     Direct  0     0       D       127.0.0.1        InLoopBack0
    127.0.0.1/32    Direct  0     0       D       127.0.0.1        InLoopBack0
  192.168.10.0/24   Direct  0     0       D       192.168.10.1     Ethernet0/0
  192.168.10.1/32   Direct  0     0       D       127.0.0.1        Ethernet0/0
  192.168.20.0/24   Static  60    0       RD      10.0.1.2         Serial0/0
```

可以观察到,R1 的路由表上已经有了"192.168.20.0/24"字样,即查看到了主机 Host2 所在网段的路由信息。

接下来,我们采取同样的方式在 R2 上配置目的网段为主机 Host2 所在网段的静态路由。

```
[R2]ip route-static 192.168.20.0 255.255.255.0 10.0.2.2
```

然后查看 R2 上的路由表。

```
[R2]display ip routing-table
Route Flags: R - relay, D - download to fib
------------------------------------------------------------
Routing Tables: Public
        Destinations : 9        Routes : 9
```

Destination/Mask	Proto	Pre	Cost	Flags	NextHop	Interface
10.0.1.0/24	Direct	0	0	D	10.0.1.2	Serial0/1
10.0.1.1/32	Direct	0	0	D	10.0.1.1	Serial0/1
10.0.1.2/32	Direct	0	0	D	127.0.0.1	Serial0/1
10.0.2.0/24	Direct	0	0	D	10.0.2.1	Serial0/0
10.0.2.1/32	Direct	0	0	D	127.0.0.1	Serial0/0
10.0.2.2/32	Direct	0	0	D	10.0.2.2	Serial0/0
127.0.0.0/8	Direct	0	0	D	127.0.0.1	InLoopBack0
127.0.0.1/32	Direct	0	0	D	127.0.0.1	InLoopBack0
192.168.20.0/24	Static	60	0	RD	10.0.2.2	Serial0/0

同样可以观察到，R2 的路由表上已经有了"192.168.20.0/24"字样，即查看到了主机 Host2 所在网段的路由信息。

此时，再在主机 Host1 上 ping 主机 Host2。

```
PC>ping 192.168.20.20
Ping 192.168.20.20: 32 data bytes, Press Ctrl_C to break
Request timeout!
Request timeout!
Request timeout!
Request timeout!
Request timeout!
--- 192.168.20.20 ping statistics ---
  5 packet(s) transmitted
  0 packet(s) received
  100.00% packet loss
```

发现仍然无法连通。在主机 Host1 的 E0/1 接口上进行数据抓包，可以观察到如图 7-2-2 所示的结果。

No.	Time	Source	Destination	Protocol	Info
1	0.000000	192.168.10.10	192.168.20.20	ICMP	Echo (ping) request (id=0xc263, seq(be/le)=1/256, ttl=128)
2	1.997000	192.168.10.10	192.168.20.20	ICMP	Echo (ping) request (id=0xc463, seq(be/le)=2/512, ttl=128)
3	3.994000	192.168.10.10	192.168.20.20	ICMP	Echo (ping) request (id=0xc663, seq(be/le)=3/768, ttl=128)
4	5.991000	192.168.10.10	192.168.20.20	ICMP	Echo (ping) request (id=0xc863, seq(be/le)=4/1024, ttl=128)
5	7.988000	192.168.10.10	192.168.20.20	ICMP	Echo (ping) request (id=0xca63, seq(be/le)=5/1280, ttl=128)
6	10.000000	192.168.10.10	192.168.20.20	ICMP	Echo (ping) request (id=0xcc63, seq(be/le)=6/1536, ttl=128)
7	11.997000	192.168.10.10	192.168.20.20	ICMP	Echo (ping) request (id=0xce63, seq(be/le)=7/1792, ttl=128)

图 7-2-2　对 Host1 进行数据抓包观察

此时主机 Host1 仅发送了 ICMP 请求信息，并没有收到任何回应消息。其原因在于现在仅仅实现了 Host1 能够通过路由将数据正常转发给 Host2，而 Host2 仍然无法发送数据给 Host1，所以同样需要在 R2 和 R3 的路由表上添加 Host1 所在网段的路由信息。

```
[R2]ip route-static 192.168.10.0 24 serial 0/1
```

在 R2 上配置目的网段为 Host1 所在网段的静态路由，即目的 IP 地址为 192.168.10.0，目的地址的掩码除了可以采用点分十进制的格式表示，还可以直接使用掩码长度，即 24 来表示。对于 R2 而言，要发送数据到 Host1，则必须先发送给 R1，所以 R2 与 R1 所在直连链路上的物理接口 Serial 0/1 即为数据转发接口，也称为出接口，在配置中指定该接口即可。

```
[R3]ip route-static 192.168.10.0 24 Serial 0/1
```

对于 R3 而言，要发送数据到 Host1，则必须先发送给 R2，所以 R3 与 R2 所在直连链路上的物理接口 Serial 0/1 即为数据转发接口。

配置完成后，查看 R1、R2、R3 上的路由表。

```
<R1>display ip routing-table
Route Flags: R - relay, D - download to fib
------------------------------------------------------------------
Routing Tables: Public
       Destinations : 8        Routes : 8
Destination/Mask    Proto   Pre   Cost   Flags    NextHop         Interface
    10.0.1.0/24     Direct  0     0      D        10.0.1.1        Serial0/0
    10.0.1.1/32     Direct  0     0      D        127.0.0.1       Serial0/0
    10.0.1.2/32     Direct  0     0      D        10.0.1.2        Serial0/0
    127.0.0.0/8     Direct  0     0      D        127.0.0.1       InLoopBack0
    127.0.0.1/32    Direct  0     0      D        127.0.0.1       InLoopBack0
  192.168.10.0/24   Direct  0     0      D        192.168.10.1    Ethernet0/0
  192.168.10.1/32   Direct  0     0      D        127.0.0.1       Ethernet0/0
  192.168.20.0/24   Static  60    0      RD       10.0.1.2        Serial0/0
------------------------  我是分割线
<R2>display ip routing-table
Route Flags: R - relay, D - download to fib
------------------------------------------------------------------
Routing Tables: Public
       Destinations : 10       Routes : 10
Destination/Mask    Proto   Pre   Cost   Flags    NextHop         Interface
    10.0.1.0/24     Direct  0     0      D        10.0.1.2        Serial0/1
    10.0.1.1/32     Direct  0     0      D        10.0.1.1        Serial0/1
    10.0.1.2/32     Direct  0     0      D        127.0.0.1       Serial0/1
    10.0.2.0/24     Direct  0     0      D        10.0.2.1        Serial0/0
    10.0.2.1/32     Direct  0     0      D        127.0.0.1       Serial0/0
    10.0.2.2/32     Direct  0     0      D        10.0.2.2        Serial0/0
    127.0.0.0/8     Direct  0     0      D        127.0.0.1       InLoopBack0
    127.0.0.1/32    Direct  0     0      D        127.0.0.1       InLoopBack0
  192.168.10.0/24   Static  60    0      D        10.0.1.2        Serial0/1
  192.168.20.0/24   Static  60    0      RD       10.0.2.2        Serial0/0
<R2>
------------------------  我是分割线
<R3>display ip routing-table
Route Flags: R - relay, D - download to fib
------------------------------------------------------------------
Routing Tables: Public
       Destinations : 8        Routes : 8
Destination/Mask    Proto   Pre   Cost   Flags    NextHop         Interface
    10.0.2.0/24     Direct  0     0      D        10.0.2.2        Serial0/1
    10.0.2.1/32     Direct  0     0      D        10.0.2.1        Serial0/1
    10.0.2.2/32     Direct  0     0      D        127.0.0.1       Serial0/1
```

```
       127.0.0.0/8      Direct  0     0     D   127.0.0.1       InLoopBack0
       127.0.0.1/32     Direct  0     0     D   127.0.0.1       InLoopBack0
     192.168.10.0/24    Static  60    0     D   10.0.2.2        Serial0/1
     192.168.20.0/24    Direct  0     0     D   192.168.20.1    Ethernet0/0
     192.168.20.1/32    Direct  0     0     D   127.0.0.1       Ethernet0/0
<R3>
```

可以看到，此时每台路由器上都拥有了主机 Host1 与 Host2 所在网段的路由信息。

然后我们再在 Host1 上 ping Host2。

```
PC>ping 192.168.20.20
Ping 192.168.20.20: 32 data bytes, Press Ctrl_C to break
From 192.168.20.20: bytes=32 seq=1 ttl=125 time=63 ms
From 192.168.20.20: bytes=32 seq=2 ttl=125 time=47 ms
From 192.168.20.20: bytes=32 seq=3 ttl=125 time=47 ms
From 192.168.20.20: bytes=32 seq=4 ttl=125 time=46 ms
From 192.168.20.20: bytes=32 seq=5 ttl=125 time=47 ms
--- 192.168.20.20 ping statistics ---
  5 packet(s) transmitted
  5 packet(s) received
  0.00% packet loss
  round-trip min/avg/max = 46/50/63 ms
```

终于通了！

也就是说，经过正确的静态路由设置，我们最终实现了分属于不同网络的 Host1 和 Host2 之间的正常通信。

7.2.3 全网全通增强安全性

静态路由配置完成后，主机 Host1 与 Host2 之间已经能够正常通信。

但是为了进一步保证全网的连通性，增强全网的可靠性，提高网络的可维护性及健壮性，有必要在 R1 的路由表中添加 R2 与 R3 间直连网段的路由信息，同样也应在 R3 的路由表中添加 R1 与 R2 间直连网段的路由信息，实现全网全通。

```
[R1]ip route-static 10.0.2.0 24 10.0.1.2
[R3]ip route-static 10.0.1.0 24 Serial 0/1
```

配置完成后，查看 R1 和 R3 的路由表。

```
<R1>display ip routing-table
Route Flags: R - relay, D - download to fib
------------------------------------------------------------------
Routing Tables: Public
       Destinations : 9        Routes : 9
Destination/Mask    Proto   Pre   Cost  Flags  NextHop         Interface
       10.0.1.0/24     Direct  0     0     D   10.0.1.1        Serial0/0
       10.0.1.1/32     Direct  0     0     D   127.0.0.1       Serial0/0
       10.0.1.2/32     Direct  0     0     D   10.0.1.2        Serial0/0
```

```
   10.0.2.0/24      Static   60    0         RD    10.0.1.2        Serial0/0
   127.0.0.0/8      Direct   0     0         D     127.0.0.1       InLoopBack0
   127.0.0.1/32     Direct   0     0         D     127.0.0.1       InLoopBack0
   192.168.10.0/24  Direct   0     0         D     192.168.10.1    Ethernet0/0
   192.168.10.1/32  Direct   0     0         D     127.0.0.1       Ethernet0/0
   192.168.20.0/24  Static   60    0         RD    10.0.1.2        Serial0/0
---------------------------              我是分割线
<R3>display ip routing-table
Route Flags: R - relay, D - download to fib
------------------------------------------------------------------------------
Routing Tables: Public
        Destinations : 9        Routes : 9
Destination/Mask    Proto    Pre    Cost    Flags    NextHop        Interface
   10.0.1.0/24      Static   60     0       D        10.0.2.2       Serial0/1
   10.0.2.0/24      Direct   0      0       D        10.0.2.2       Serial0/1
   10.0.2.1/32      Direct   0      0       D        10.0.2.1       Serial0/1
   10.0.2.2/32      Direct   0      0       D        127.0.0.1      Serial0/1
   127.0.0.0/8      Direct   0      0       D        127.0.0.1      InLoopBack0
   127.0.0.1/32     Direct   0      0       D        127.0.0.1      InLoopBack0
   192.168.10.0/24  Static   60     0       D        10.0.2.2       Serial0/1
   192.168.20.0/24  Direct   0      0       D        192.168.20.1   Ethernet0/0
   192.168.20.1/32  Direct   0      0       D        127.0.0.1      Ethernet0/0
```

可以观察新增的条目，在 R1 中新增加了：

```
10.0.2.0/24    Static   60    0              RD     10.0.1.2             Serial0/0
```

而在 R3 中，则新增加了：

```
10.0.1.0/24    Static   60    0              D      10.0.2.2             Serial0/1
```

这样，网络的健壮性就得到了保证。

7.2.4 使用默认路由实现网络优化

通过适当减少设备上的配置工作量，能够帮助网络管理员在进行故障排除时更轻松地定位故障，且相对较少的配置量也能减少在配置时出错的可能，另外，也能够相对减少对设备本身硬件的负担。

默认路由是一种特殊的静态路由，使用默认路由可以简化路由器上的配置。

通过查看 R1 的路由表可知，存在两条先前经过手工配置的静态路由条目，且它们的下一跳和出接口都一致。

现在我们在 R1 上配置一条默认路由，即目的网段和掩码全为 0，表示任何网络，下一跳均为 10.0.1.2，并删除先前配置的两条静态路由。

```
[R1]ip route-static 0.0.0.0 0 10.0.1.2
[R1]undo ip route-static 10.0.2.0 255.255.255.0 10.0.1.2
[R1]undo ip route-static 192.168.20.0 255.255.255.0 10.0.1.2
```

配置完成后，查看 R1 的路由表。

```
[R1]display ip routing-table
Route Flags: R - relay, D - download to fib
-------------------------------------------------------------------
Routing Tables: Public
         Destinations : 8        Routes : 8
Destination/Mask    Proto   Pre  Cost   Flags  NextHop         Interface
      0.0.0.0/0    Static   60   0      RD     10.0.1.2        Serial0/0/0
     10.0.1.0/24   Direct   0    0      D      10.0.1.1        Serial0/0/0
     10.0.1.1/32   Direct   0    0      D      127.0.0.1       Serial0/0/0
     10.0.1.2/32   Direct   0    0      D      10.0.1.2        Serial0/0/0
    127.0.0.0/8    Direct   0    0      D      127.0.0.1       InLoopBack0
    127.0.0.1/32   Direct   0    0      D      127.0.0.1       InLoopBack0
 192.168.10.0/24   Direct   0    0      D      192.168.10.1    Ethernet0/0/0
 192.168.10.1/32   Direct   0    0      D      127.0.0.1       Ethernet0/0/0
```

然后我们测试 Host1 和 Host2 之间的连通性。

```
PC>ping 192.168.20.20
Ping 192.168.20.20: 32 data bytes, Press Ctrl_C to break
From 192.168.20.20: bytes=32 seq=1 ttl=125 time=47 ms
From 192.168.20.20: bytes=32 seq=2 ttl=125 time=47 ms
From 192.168.20.20: bytes=32 seq=3 ttl=125 time=62 ms
From 192.168.20.20: bytes=32 seq=4 ttl=125 time=62 ms
From 192.168.20.20: bytes=32 seq=5 ttl=125 time=46 ms
--- 192.168.20.20 ping statistics ---
  5 packet(s) transmitted
  5 packet(s) received
  0.00% packet loss
  round-trip min/avg/max = 46/52/62 ms
```

发现主机 Host1 与 Host2 间的通信正常，证明使用默认路由不但能够实现与静态路由同样的效果，而且还能够减少配置量。在 R3 上可以进行同样的配置。

```
[R3]ip route-static 0.0.0.0 0 Serial 0/0/1
[R3]undo ip route-static 10.0.1.0 255.255.255.0 Serial 0/0/1
[R3]undo ip route-static 192.168.10.0 255.255.255.0 Serial 0/0/1
```

查看 R3 的路由表，可以发现其情况与 R1 相同。

再次测试主机 Host1 与 Host2 间的通信。

```
PC>ping 192.168.20.20
Ping 192.168.20.20: 32 data bytes, Press Ctrl_C to break
From 192.168.20.20: bytes=32 seq=1 ttl=125 time=46 ms
From 192.168.20.20: bytes=32 seq=2 ttl=125 time=78 ms
From 192.168.20.20: bytes=32 seq=3 ttl=125 time=31 ms
From 192.168.20.20: bytes=32 seq=4 ttl=125 time=63 ms
From 192.168.20.20: bytes=32 seq=5 ttl=125 time=63 ms
```

```
--- 192.168.20.20 ping statistics ---
  5 packet(s) transmitted
  5 packet(s) received
  0.00% packet loss
  round-trip min/avg/max = 31/56/78 ms
```

显然，Host1 和 Host2 通信正常。

7.3　基于eNSP的浮动静态路由配置示例

浮动静态路由（Floating Static Route）是一种特殊的静态路由，通过配置去往相同的目的网段但优先级不同的静态路由，以保证在网络中优先级较高的路由。正常情况下，备份路由不会出现在路由表中。

构建如图7-3-1所示的浮动静态路由基本配置的拓扑图。

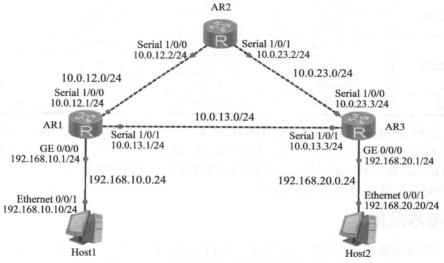

图7-3-1　浮动静态路由基本配置的拓扑图

该实验环境是由3台路由器（AR2220）和2台PC所组成的简单网络。

需要注意的是，在eNSP中，AR2220默认没有Serial接口，需要在设置中增加2SA接口卡，如图7-3-2所示。

图7-3-2　AR2220增加2SA接口卡

其中，AR2 为总网络，AR1 与 AR3 是两个子网络 SubNet1 和 SubNet2，主机 Host1 和 Host2 所在的网段分别属于两个子网络。现需要总网络与各个子网络之间、子网络与子网络之间都能够通信，且子网络之间在通信时，它们之间的直连链路为主用链路，通过总部的链路为备用链路。

拟使用浮动静态路由实现需求，再根据实际需求实现负载均衡来优化网络。

实验环境中的编址情况见表 7-3-1。

表7-3-1　实验设备编址

设　备	接　口	IP地址	子网掩码	默认网关
Host1	Ethernet 0/0/1	192.168.10.10	255.255.255.0	192.168.10.1
AR1（AR2220）	GE 0/0/0	192.168.10.1	255.255.255.0	N/A
	Serial 1/0/0	10.0.12.1	255.255.255.0	N/A
	Serial 1/0/1	10.0.13.1	255.255.255.0	N/A
AR2（AR2220）	Serial 1/0/0	10.0.12.2	255.255.255.0	N/A
	Serial 1/0/1	10.0.23.2	255.255.255.0	N/A
AR3（AR2220）	Serial 1/0/0	10.0.23.3	255.255.255.0	N/A
	Serial 1/0/1	10.0.13.3	255.255.255.0	N/A
	GE0/0/0	192.168.20.1	255.255.255.0	N/A
Host2	Ethernet 0/0/1	192.168.20.20	255.255.255.0	192.168.20.1

编址说明：SubNet1 设置为 192.168.10.0/24，SubNet2 设置为 192.168.20.0/24，路由器 AR1 和 AR2 之间的网络设置为 192.168.12.0/24，路由器 AR1 和 AR3 之间的网络设置为 192.168.13.0/24，路由器 AR2 和 AR3 之间的网络设置为 192.168.23.0/24。

我们将通过配置浮动静态路由来实现。

7.3.1　基本配置

根据实验编址表进行相应的基本配置。对 PC 的配置较为简单，这里就不说了。我们先对路由器 AR1 的接口进行地址配置。

```
<Huawei>sys
[Huawei]sysname AR1
[AR1]interface GigabitEthernet 0/0/0
[AR1-GigabitEthernet0/0/0]ip address 192.168.10.1 24
[AR1-GigabitEthernet0/0/0]q
[AR1]interface Serial 1/0/0
[AR1-Serial1/0/0]ip address 10.0.12.1 24
[AR1-Serial1/0/0]q
[AR1]interface Serial 1/0/1
[AR1-Serial1/0/1]ip address 10.0.13.1 24
```

再对 AR2 进行配置。

```
<Huawei>sys
[Huawei]sysname AR2
```

```
[AR2]interface Serial 1/0/0
[AR2-Serial1/0/0]ip address 10.0.12.2 24
[AR2-Serial1/0/0]q
[AR2]interface Serial 1/0/1
[AR2-Serial1/0/1]ip address 10.0.23.2 24
```

最后对 AR3 进行配置。

```
<Huawei>sys
[Huawei]sysname AR3
[AR3]interface Serial 1/0/0
[AR3-Serial1/0/0]ip address 10.0.23.3 24
[AR3-Serial1/0/0]interface serial 1/0/1
[AR3-Serial1/0/1]ip address 10.0.13.3 24
[AR3]interface GigabitEthernet 0/0/0
[AR3-GigabitEthernet0/0/0]ip address 192.168.20.1 24
```

我们使用 ping 命令检测各直连链路的连通性。

先看 AR1 的直连链路。

```
<AR1>ping -c 1 192.168.10.10
  PING 192.168.10.10: 56  data bytes, press CTRL_C to break
    Reply from 192.168.10.10: bytes=56 Sequence=1 ttl=128 time=10 ms
  --- 192.168.10.10 ping statistics ---
    1 packet(s) transmitted
    1 packet(s) received
    0.00% packet loss
    round-trip min/avg/max = 10/10/10 ms
  <AR1>ping -c 1 10.0.12.2
  PING 10.0.12.2: 56  data bytes, press CTRL_C to break
    Reply from 10.0.12.2: bytes=56 Sequence=1 ttl=255 time=10 ms
  --- 10.0.12.2 ping statistics ---
    1 packet(s) transmitted
    1 packet(s) received
    0.00% packet loss
    round-trip min/avg/max = 10/10/10 ms
  <AR1>ping -c 1 10.0.13.3
  PING 10.0.13.3: 56  data bytes, press CTRL_C to break
    Reply from 10.0.13.3: bytes=56 Sequence=1 ttl=255 time=10 ms
  --- 10.0.13.3 ping statistics ---
    1 packet(s) transmitted
    1 packet(s) received
    0.00% packet loss
    round-trip min/avg/max = 10/10/10 ms
```

全部连通！

AR2、AR3 和 Host1、Host2 的测试方法一样，结果均为连通。

但此时 Host1 使用 ping 去测试 Host2 时，显示的是超时（Request timeout），如下：

```
PC>ping 192.168.20.20
Ping 192.168.20.20: 32 data bytes, Press Ctrl_C to break
Request timeout!
Request timeout!
Request timeout!
Request timeout!
Request timeout!
--- 192.168.20.20 ping statistics ---
  5 packet(s) transmitted
  0 packet(s) received
  100.00% packet loss
```

这显然需要我们去解决问题。因此,接下来我们配置静态路由。

7.3.2 创建静态路由

在 AR1 上配置目的网段为主机 Host2 所在网段的静态路由,在 AR3 上配置目的网段为主机 Host1 所在网段的静态路由,在 AR2 上配置目的网段分别为主机 Host1 和 Host2 所在网段的静态路由。

```
[AR1]ip route-static 192.168.20.0 24 10.0.13.3
-------------------------       我是分割线
[AR3]ip route-static 192.168.10.0 24 10.0.13.1
-------------------------       我是分割线
[AR2]ip route-static 192.168.20.0 24 10.0.23.3
[AR2]ip route-static 192.168.10.0 24 10.0.12.1
```

配置完成后,在 R1 上查看路由表。

```
[AR1]display ip routing-table
Route Flags: R - relay, D - download to fib
------------------------------------------------------------
Routing Tables: Public
        Destinations : 16      Routes : 16
Destination/Mask     Proto   Pre  Cost  Flags  NextHop         Interface
    10.0.12.0/24     Direct  0    0     D      10.0.12.1       Serial1/0/0
    10.0.12.1/32     Direct  0    0     D      127.0.0.1       Serial1/0/0
    10.0.12.2/32     Direct  0    0     D      10.0.12.2       Serial1/0/0
    10.0.12.255/32   Direct  0    0     D      127.0.0.1       Serial1/0/0
    10.0.13.0/24     Direct  0    0     D      10.0.13.1       Serial1/0/1
    10.0.13.1/32     Direct  0    0     D      127.0.0.1       Serial1/0/1
    10.0.13.3/32     Direct  0    0     D      10.0.13.3       Serial1/0/1
    10.0.13.255/32   Direct  0    0     D      127.0.0.1       Serial1/0/1
    127.0.0.0/8      Direct  0    0     D      127.0.0.1       InLoopBack0
    127.0.0.1/32     Direct  0    0     D      127.0.0.1       InLoopBack0
    127.255.255.255/32 Direct 0   0     D      127.0.0.1       InLoopBack0
    192.168.10.0/24  Direct  0    0     D      192.168.10.1    GigabitEthernet0/0/0
    192.168.10.1/32  Direct  0    0     D      127.0.0.1       GigabitEthernet0/0/0
```

192.168.10.255/32	Direct	0	0	D	127.0.0.1	GigabitEthernet0/0/0
192.168.20.0/24	**Static**	60	0	RD	10.0.13.3	**Serial1/0/1**
255.255.255.255/32	Direct	0	0	D	127.0.0.1	InLoopBack0

可以观察到（粗体表示），在 AR1 的路由表中存在以主机 Host2 所在网段为目的网段的路由条目，且下一跳路由器为 AR3。

我们来测试一下 Host1 和 Host2 之间的连通性。

```
PC>ping 192.168.20.20
Ping 192.168.20.20: 32 data bytes, Press Ctrl_C to break
From 192.168.20.20: bytes=32 seq=1 ttl=126 time=16 ms
From 192.168.20.20: bytes=32 seq=2 ttl=126 time=16 ms
From 192.168.20.20: bytes=32 seq=3 ttl=126 time=16 ms
From 192.168.20.20: bytes=32 seq=4 ttl=126 time=16 ms
From 192.168.20.20: bytes=32 seq=5 ttl=126 time=16 ms
--- 192.168.20.20 ping statistics ---
  5 packet(s) transmitted
  5 packet(s) received
  0.00% packet loss
  round-trip min/avg/max = 16/16/16 ms
```

通信正常！

这时可以通过在主机 Host1 上使用 tracert 命令测试所经过的网关。

```
PC>tracert 192.168.20.20
traceroute to 192.168.20.20, 8 hops max
(ICMP), press Ctrl+C to stop
 1  192.168.10.1   31 ms  15 ms  <1 ms
 2  10.0.13.3      16 ms  16 ms  15 ms
 3  192.168.20.20  16 ms  15 ms  16 ms
```

可以发现，数据包是经过 AR1（192.168.10.1）和 AR3（10.0.13.3）到达主机 Host2 的。
同样，可以在主机 Host2 和 AR3 上进行查看，首先在 AR3 上查看路由表。

```
<AR3>display ip routing-table
Route Flags: R - relay, D - download to fib
------------------------------------------------------------------------------
Routing Tables: Public
        Destinations : 16       Routes : 16
Destination/Mask  Proto   Pre  Cost  Flags  NextHop       Interface
   10.0.13.0/24   Direct  0    0     D      10.0.13.3     Serial1/0/1
   10.0.13.1/32   Direct  0    0     D      10.0.13.1     Serial1/0/1
   10.0.13.3/32   Direct  0    0     D      127.0.0.1     Serial1/0/1
 10.0.13.255/32   Direct  0    0     D      127.0.0.1     Serial1/0/1
   10.0.23.0/24   Direct  0    0     D      10.0.23.3     Serial1/0/0
   10.0.23.2/32   Direct  0    0     D      10.0.23.2     Serial1/0/0
   10.0.23.3/32   Direct  0    0     D      127.0.0.1     Serial1/0/0
 10.0.23.255/32   Direct  0    0     D      127.0.0.1     Serial1/0/0
```

127.0.0.0/8	Direct	0	0	D	127.0.0.1	InLoopBack0
127.0.0.1/32	Direct	0	0	D	127.0.0.1	InLoopBack0
127.255.255.255/32	Direct	0	0	D	127.0.0.1	InLoopBack0
192.168.10.0/24	**Static**	**60**	**0**	**RD**	**10.0.13.1**	**Serial1/0/1**
192.168.20.0/24	Direct	0	0	D	192.168.20.1	GigabitEthernet0/0/0
192.168.20.1/32	Direct	0	0	D	127.0.0.1	GigabitEthernet0/0/0
192.168.20.255/32	Direct	0	0	D	127.0.0.1	GigabitEthernet0/0/0
255.255.255.255/32	Direct	0	0	D	127.0.0.1	InLoopBack0

可以观察到（粗体表示），在 AR3 的路由表中存在以主机 Host1 所在网段为目的网段的路由条目，且下一跳路由器为 AR1。

在主机 Host2 上测试与主机 Host1 的连通性。

```
PC>ping 192.168.10.10
Ping 192.168.10.10: 32 data bytes, Press Ctrl_C to break
From 192.168.10.10: bytes=32 seq=1 ttl=126 time<1 ms
From 192.168.10.10: bytes=32 seq=2 ttl=126 time=15 ms
From 192.168.10.10: bytes=32 seq=3 ttl=126 time=16 ms
From 192.168.10.10: bytes=32 seq=4 ttl=126 time=16 ms
From 192.168.10.10: bytes=32 seq=5 ttl=126 time=16 ms
--- 192.168.10.10 ping statistics ---
  5 packet(s) transmitted
  5 packet(s) received
  0.00% packet loss
  round-trip min/avg/max = 0/12/16 ms
```

可以观察到，通信正常。在主机 Host2 上测试访问主机 Host1 所经过的网关。

```
PC>tracert 192.168.10.10
traceroute to 192.168.10.10, 8 hops max
(ICMP), press Ctrl+C to stop
 1  192.168.20.1    16 ms   <1 ms   16 ms
 2  10.0.13.1       15 ms   16 ms   15 ms
 3  192.168.10.10   16 ms   16 ms   16 ms
```

可以验证数据包是经过 AR3（192.168.20.1）和 AR1（10.0.13.1）到达主机 Host1 的。
最后，我们在总网络路由器 AR2 上测试与子网络之间的连通性。

```
<AR2>ping -c 2 192.168.10.10
  PING 192.168.10.10: 56  data bytes, press CTRL_C to break
    Reply from 192.168.10.10: bytes=56 Sequence=1 ttl=127 time=10 ms
    Reply from 192.168.10.10: bytes=56 Sequence=2 ttl=127 time=30 ms
--- 192.168.10.10 ping statistics ---
    2 packet(s) transmitted
    2 packet(s) received
    0.00% packet loss
    round-trip min/avg/max = 10/20/30 ms
  <AR2>ping -c 2 192.168.20.20
```

第7章 静态路由

```
   PING 192.168.20.20: 56  data bytes, press CTRL_C to break
     Reply from 192.168.20.20: bytes=56 Sequence=1 ttl=127 time=10 ms
     Reply from 192.168.20.20: bytes=56 Sequence=2 ttl=127 time=10 ms
   --- 192.168.20.20 ping statistics ---
     2 packet(s) transmitted
     2 packet(s) received
     0.00% packet loss
     round-trip min/avg/max = 10/10/10 ms
```

测试可知，总网络路由器 AR2 能够正常访问两个子网络中主机 Host1 和主机 Host2 的所在网络。

7.3.3 配置浮动静态路由

通过静态路由的配置，网络搭建已经初步完成。现需要实现当两个子网络间通信时，直连链路为主用链路，通过总网络（AR2）的链路为备用链路，即当主用链路发生故障时，可以使用备用链路保障两部分网络间的通信。

通俗意义上讲，这就是实现路由的备份。我们使用浮动静态路由来实现这一目的。

在 AR1 上配置静态路由，目的网段为主机 Host2 所在网段，掩码为 24 位，下一跳为 AR2 对应接口，将路由优先级设置为 100（默认是 60）。

```
[AR1]ip route-static 192.168.20.0 24 10.0.12.2 preference 100
```

配置完成后，查看路由器 AR1 的路由表。

```
[AR1]display ip routing-table
Route Flags: R - relay, D - download to fib
------------------------------------------------------------------------------
Routing Tables: Public
         Destinations : 16       Routes : 16
Destination/Mask    Proto   Pre  Cost  Flags  NextHop         Interface
   10.0.12.0/24     Direct  0    0     D      10.0.12.1       Serial1/0/0
   10.0.12.1/32     Direct  0    0     D      127.0.0.1       Serial1/0/0
   10.0.12.2/32     Direct  0    0     D      10.0.12.2       Serial1/0/0
   10.0.12.255/32   Direct  0    0     D      127.0.0.1       Serial1/0/0
   10.0.13.0/24     Direct  0    0     D      10.0.13.1       Serial1/0/1
   10.0.13.1/32     Direct  0    0     D      127.0.0.1       Serial1/0/1
   10.0.13.3/32     Direct  0    0     D      10.0.13.3       Serial1/0/1
   10.0.13.255/32   Direct  0    0     D      127.0.0.1       Serial1/0/1
   127.0.0.0/8      Direct  0    0     D      127.0.0.1       InLoopBack0
   127.0.0.1/32     Direct  0    0     D      127.0.0.1       InLoopBack0
 127.255.255.255/32 Direct  0    0     D      127.0.0.1       InLoopBack0
   192.168.10.0/24  Direct  0    0     D      192.168.10.1    GigabitEthernet0/0/0
   192.168.10.1/32  Direct  0    0     D      127.0.0.1       GigabitEthernet0/0/0
 192.168.10.255/32  Direct  0    0     D      127.0.0.1       GigabitEthernet0/0/0
   192.168.20.0/24  Static  60   0     RD     10.0.13.3       Serial1/0/1
 255.255.255.255/32 Direct  0    0     D      127.0.0.1       InLoopBack0
```

发现路由表此时并没有发生任何变化。

我们使用 display ip routing-table protocol static 命令仅查看静态路由的路由信息。

```
[AR1]display ip routing-table protocol static
Route Flags: R - relay, D - download to fib
------------------------------------------------------------------------
Public routing table : Static
        Destinations : 1         Routes : 2         Configured Routes : 2
Static routing table status : <Active>
        Destinations : 1         Routes : 1
Destination/Mask    Proto   Pre    Cost        Flags NextHop         Interface
192.168.20.0/24    Static  60     0              RD  10.0.13.3       Serial1/0/1
Static routing table status : <Inactive>
        Destinations : 1         Routes : 1
Destination/Mask    Proto   Pre    Cost        Flags NextHop         Interface
192.168.20.0/24    Static  100    0               R  10.0.12.2       Serial1/0/0
```

可以观察到（粗体显示），目的地址为 host2 所在网段（192.168.20.0）的两条优先级为 100 和 60 的静态路由条目都已经存在。

在 AR1 上去往相同目的网段存在有两条不同路由条目，首先比较它们的优先级，优先级高的，即对应的优先级数值较小的路由条目将被选为主用路由。通过比较，优先级数值为 60 的条目优先级更高，将被 AR1 使用，放入路由表中，状态为 Active；而另一条路由状态则为 Inactive，作为备份，不会被放入路由表中。只有当 Active 状态的路由条目失效时，优先级为 100 的路由条目才会被放入路由表。这也是为什么我们一开始查看 AR1 的路由表，并没有发现优先级为 100 的路由条目存在的原因。

在 AR3 上做和 AR1 同样的对称配置。

```
[AR3]ip route-static 192.168.10.0 24 10.0.23.2 preference 100
```

查看其静态路由的路由信息。

```
[AR3]display ip routing-table protocol static
Route Flags: R - relay, D - download to fib
------------------------------------------------------------------------
Public routing table : Static
        Destinations : 1         Routes : 2         Configured Routes : 2
Static routing table status : <Active>
        Destinations : 1         Routes : 1
Destination/Mask    Proto   Pre    Cost        Flags NextHop         Interface
192.168.10.0/24    Static  60     0              RD  10.0.13.1       Serial1/0/1
Static routing table status : <Inactive>
        Destinations : 1         Routes : 1
Destination/Mask    Proto   Pre    Cost        Flags NextHop         Interface
192.168.10.0/24    Static  100    0               R  10.0.23.2       Serial1/0/0
```

结果也和 AR1 相同。

接下来，我们将路由器 AR1 的 Serial 1/0/1 接口关闭，以便验证我们的备份链路是否有效。

```
[AR1]interface s 1/0/1
[AR1-Serial1/0/1]shutdown
```

配置完成后，查看路由器 R1 的路由表。

```
[AR1]display ip routing-table
Route Flags: R - relay, D - download to fib
------------------------------------------------------------------------
Routing Tables: Public
        Destinations : 12         Routes : 12
Destination/Mask    Proto   Pre  Cost   Flags  NextHop          Interface
    10.0.12.0/24    Direct  0    0      D      10.0.12.1        Serial1/0/0
    10.0.12.1/32    Direct  0    0      D      127.0.0.1        Serial1/0/0
    10.0.12.2/32    Direct  0    0      D      10.0.12.2        Serial1/0/0
    10.0.12.255/32  Direct  0    0      D      127.0.0.1        Serial1/0/0
    127.0.0.0/8     Direct  0    0      D      127.0.0.1        InLoopBack0
    127.0.0.1/32    Direct  0    0      D      127.0.0.1        InLoopBack0
 127.255.255.255/32 Direct  0    0      D      127.0.0.1        InLoopBack0
  192.168.10.0/24   Direct  0    0      D      192.168.10.1     GigabitEthernet0/0/0
  192.168.10.1/32   Direct  0    0      D      127.0.0.1        GigabitEthernet0/0/0
192.168.10.255/32   Direct  0    0      D      127.0.0.1        GigabitEthernet0/0/0
  192.168.20.0/24   Static  100  0      RD     10.0.12.2        Serial1/0/0
255.255.255.255/32  Direct  0    0      D      127.0.0.1        InLoopBack0
```

可以观察到（粗体表示），此时优先级为 100 的路由条目已经添加到路由表中。
再使用 display ip routing-table protocol static 命令查看。

```
[AR1]display ip routing-table protocol static
Route Flags: R - relay, D - download to fib
------------------------------------------------------------------------
Public routing table : Static
         Destinations : 1         Routes : 2         Configured Routes : 2
Static routing table status : <Active>
         Destinations : 1         Routes : 1
Destination/Mask     Proto   Pre  Cost       Flags NextHop          Interface
  192.168.20.0/24    Static  100  0          RD    10.0.12.2        Serial1/0/0
Static routing table status : <Inactive>
         Destinations : 1         Routes : 1
Destination/Mask     Proto   Pre  Cost       Flags NextHop          Interface
  192.168.20.0/24    Static  60   0                10.0.13.3        Unknown
```

可以观察到（粗体表示），现在优先级为 100 的条目为 Active 状态，优先级为 60 的条目为 Inactive 状态。

接下来测试主机 Host1 与 Host2 间的通信。

```
PC>ping 192.168.20.20
Ping 192.168.20.20: 32 data bytes, Press Ctrl_C to break
```

```
From 192.168.20.20: bytes=32 seq=1 ttl=125 time=62 ms
From 192.168.20.20: bytes=32 seq=2 ttl=125 time=16 ms
From 192.168.20.20: bytes=32 seq=3 ttl=125 time=31 ms
From 192.168.20.20: bytes=32 seq=4 ttl=125 time=15 ms
From 192.168.20.20: bytes=32 seq=5 ttl=125 time=15 ms
--- 192.168.20.20 ping statistics ---
  5 packet(s) transmitted
  5 packet(s) received
  0.00% packet loss
  round-trip min/avg/max = 15/27/62 ms
```

通信正常。

我们再通过在主机 Host1 上使用 tracert 命令测试所经过的网关。

```
PC>tracert 192.168.20.20
traceroute to 192.168.20.20, 8 hops max
(ICMP), press Ctrl+C to stop
 1  192.168.10.1    31 ms   15 ms   16 ms
 2  10.0.12.2       16 ms   15 ms   16 ms
 3  10.0.23.3       31 ms   16 ms   15 ms
 4  192.168.20.20   31 ms   32 ms   15 ms
```

再次验证了此时两个子网络之间通信时已经使用了备用链路。其线路为：Host1 → AR1 → AR2 → AR3 → Host2。

7.3.4 使用负载均衡实现网络优化

负载均衡（Load Sharing）是指当数据有多条可选路径前往同一目的网络，可以通过配置相同优先级和开销的静态路由，使得数据的传输均衡地分配到多条路径上，从而实现数据分流、减轻单条路径负载过重的结果。而当其中某一条路径失效时，其他路径仍然能够正常传输数据，也起到了冗余作用。

假设当前两个子网络之间发送的数据越来越多，网络流量剧增，主用链路压力非常大，而总网络与两个子网络间的网络流量相对较少，即备用链路上的带宽多处于闲置状态。此时可以通过配置实现负载均衡，即同时利用主、备两条链路来支撑两部分间的通信。

恢复 AR1 上的 S 1/0/1 接口，并配置目的网段为主机 Host2 所在网络，掩码为 24 位，下一跳为 AR2，优先级不变。

```
[AR1]interface s 1/0/1
[AR1-Serial1/0/1]undo shutdown
[AR1-Serial1/0/1]ip route-static 192.168.20.0 24 10.0.12.2
Info: Succeeded in modifying route.
```

配置完成后，查看 AR1 上的路由表。

```
[AR1]display ip routing-table
Route Flags: R - relay, D - download to fib
------------------------------------------------------------
Routing Tables: Public
```

第7章 静态路由

```
       Destinations : 16       Routes : 17
Destination/Mask    Proto   Pre  Cost  Flags  NextHop         Interface
      10.0.12.0/24  Direct  0    0     D      10.0.12.1       Serial1/0/0
      10.0.12.1/32  Direct  0    0     D      127.0.0.1       Serial1/0/0
      10.0.12.2/32  Direct  0    0     D      10.0.12.2       Serial1/0/0
    10.0.12.255/32  Direct  0    0     D      127.0.0.1       Serial1/0/0
      10.0.13.0/24  Direct  0    0     D      10.0.13.1       Serial1/0/1
      10.0.13.1/32  Direct  0    0     D      127.0.0.1       Serial1/0/1
      10.0.13.3/32  Direct  0    0     D      10.0.13.3       Serial1/0/1
    10.0.13.255/32  Direct  0    0     D      127.0.0.1       Serial1/0/1
       127.0.0.0/8  Direct  0    0     D      127.0.0.1       InLoopBack0
      127.0.0.1/32  Direct  0    0     D      127.0.0.1       InLoopBack0
127.255.255.255/32  Direct  0    0     D      127.0.0.1       InLoopBack0
    192.168.10.0/24 Direct  0    0     D      192.168.10.1    GigabitEthernet0/0/0
    192.168.10.1/32 Direct  0    0     D      127.0.0.1       GigabitEthernet0/0/0
  192.168.10.255/32 Direct  0    0     D      127.0.0.1       GigabitEthernet0/0/0
    192.168.20.0/24 Static  60   0     RD     10.0.13.3       Serial1/0/1
                    Static  60   0     RD     10.0.12.2       Serial1/0/0
255.255.255.255/32  Direct  0    0     D      127.0.0.1       InLoopBack0
```

可以观察到（粗体表示），在去往 192.168.20.0 网段，拥有两条不同的路由条目，即实现了负载均衡。

下面测试两个主机之间的通信情况。

```
PC>ping 192.168.20.20
Ping 192.168.20.20: 32 data bytes, Press Ctrl_C to break
From 192.168.20.20: bytes=32 seq=1 ttl=126 time=15 ms
From 192.168.20.20: bytes=32 seq=2 ttl=126 time=31 ms
From 192.168.20.20: bytes=32 seq=3 ttl=126 time=16 ms
From 192.168.20.20: bytes=32 seq=4 ttl=126 time=16 ms
From 192.168.20.20: bytes=32 seq=5 ttl=126 time=16 ms
--- 192.168.20.20 ping statistics ---
  5 packet(s) transmitted
  5 packet(s) received
  0.00% packet loss
  round-trip min/avg/max = 15/18/31 ms
```

可以观察到，通信正常。

于是我们在 AR3 上做和 AR1 同样的对称配置。

```
[AR1]interface s 1/0/1
[AR3]ip route-static 192.168.10.0 24 10.0.23.2
Info: Succeeded in modifying route.
```

配置完成后，能够在 AR3 的路由表中观察到与 AR1 路由表相同的情况。

通过配置针对相同目的地址但优先级值不同的静态路由，可以在路由器上实现路径备份的功能。而通过配置针对相同目的地址且优先级值相同的静态路由，不仅互为备份还能实现负载均衡。

思考题

1. 在静态路由的配置过程中，我们配置的顺序一般是先配置默认路由，再删除原有的静态路由配置。配置顺序是否可以交换？有什么区别？

2. 在静态路由配置中，可以采取指定下一跳 IP 地址的方式，也可以采取指定出接口的方式，这两种方式存在着什么区别？

3. 在 10.3.3 和 10.3.4 中，如果不在 AR3 上做和 AR1 同样的对称配置，会产生什么样的现象？为什么？

4. 完成负载均衡的配置之后，可以在 AR1 上的 Serial 1/0/0 和 Serial 1/0/1 两个接口上启用抓包工具，且在主机 Host1 上 ping 主机 Host2，观察 AR1 的两个接口上的现象，解释为什么会产生这样的现象。

5. 实验拓扑如下图所示，3 台路由器连接了 3 台属于不同网段的 PC。要求通过配置静态路由实现不同网段的任意两台主机之间的通信。

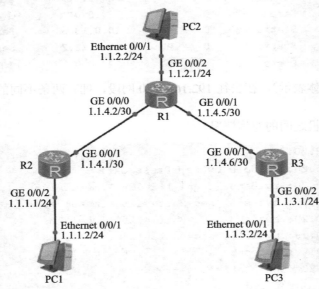

第8章 动态路由

动态路由协议是指各路由器间通过路由选择算法动态地交互所知道的路由信息,动态地生成、维护相应的路由表。

动态路由协议按照算法的不同有很多种,能适应的网络规模也不尽相同。在中小规模的网络中,最常见的是使用距离矢量算法的 RIP(Routing Information Protocol)协议。而在大中型网络中,开放式最短路径优先 OSPF(Open Shortest Path First)协议使用得比较多。

8.1　RIP协议

RIP 协议的中文名称是路由信息协议,是一个早期的路由协议,也是最先得到广泛使用的一个路由协议,最大的特点是配置和管理非常简单。

RIP 协议要求网络中每一台路由器都要维护从自身到每一个目的网络的路由信息。RIP 协议使用"跳数"来衡量网络间的"距离":从一台路由器到其直连网络的跳数定义为1,从一台路由器到其非直连网络的距离定义为每经过一个路由器则距离加1。因此,这里的"距离"也称为"跳数"。RIP 允许路由的最大跳数为 15,可见 RIP 协议只适用于小型网络。

8.1.1　基于华为设备的RIP路由配置示例

1. 实验环境

构建如图 8-1-1 所示的 RIP 路由基本配置的拓扑图。

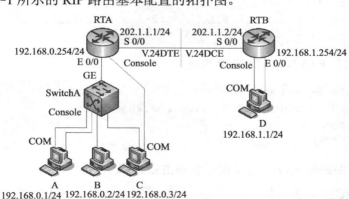

图8-1-1　RIP路由基本配置拓扑图

该实验环境中，采用两台 Quidway AR2809 路由器、一台 Quidway S3026E 交换机和 4 台 PC 来组建实验环境。用一台路由器（RTA）模拟整个内部网络，用另一台路由器（RTB）模拟外部网。

现在要求能够实现主机 A、B、C 与主机 D 之间的正常通信。

实验环境中的编址情况见表 8-1-1。

表8-1-1 实验设备编址

设备	接口	IP地址	子网掩码	网关
RTA（AR2809）	S0/0	202.1.1.1	255.255.255.0	N/A
	E0/0	192.168.0.254	255.255.255.0	N/A
RTB（AR2809）	S0/0	202.1.1.2	255.255.255.0	N/A
	E0/0	192.168.1.254	255.255.255.0	N/A
A	网口	192.168.0.1	255.255.255.0	192.168.0.254
B	网口	192.168.0.2	255.255.255.0	192.168.0.254
C	网口	192.168.0.3	255.255.255.0	192.168.0.254
D	网口	192.168.1.1	255.255.255.0	192.168.1.254

我们将通过配置 RIP 路由协议来实现。

2. 实验步骤

按照实验环境，我们进行相应的配置，具体实验步骤如下。

步骤 1：IP 地址规划

为了达到实验目的，路由器接口和 PC 的 IP 地址按表 8-1-1 进行配置。

步骤 2：配置路由器 RTA

先设置路由器的提示符为 RTA。

```
<Quidway>sys
[Quidway]sysname RTA
[RTA]
```

接着配置路由器 RTA 以太网口的 IP 地址。

```
[RTA]interface ethernet 0/0
[RTA-Ethernet0/0]ip address 192.168.0.254 255.255.255.0
[RTA-Ethernet0/0]
```

然后配置路由器 RTA Serial 口的 IP 地址。

```
[RTA]interface serial 0/0
[RTA-Serial0/0]ip address 202.1.1.1 255.255.255.0
[RTA-Serial0/0]
[RTA]
```

步骤 3：配置路由器 RTB（方法同配置路由器 RTA）

```
<Quidway>system-view
[Quidway]sysname RTB
```

```
[RTB]interface ethernet 0/0
[RTB-Ethernet0/0]ip address 192.168.1.254 255.255.255.0
[RTB-Ethernet0/0]quit
[RTB]interface serial 0/0
[RTB-Serial0/0]ip address 202.1.1.2 255.255.255.0
[RTB-Serial0/0]
[RTB]
```

步骤4：查看路由器 RTA 的路由表

```
[RTA]display ip routing-table
Routing Table: public net
Destination/Mask      Protocol  Pre  Cost      Nexthop          Interface
127.0.0.0/8           DIRECT    0    0         127.0.0.1        InLoopBack0
127.0.0.1/32          DIRECT    0    0         127.0.0.1        InLoopBack0
192.168.0.0/24        DIRECT    0    0         192.168.0.254    Ethernet0/0
192.168.0.254/32      DIRECT    0    0         127.0.0.1        InLoopBack0
202.1.1.0/24          DIRECT    0    0         202.1.1.1        Serial0/0
202.1.1.1/32          DIRECT    0    0         127.0.0.1        InLoopBack0
202.1.1.2/32          DIRECT    0    0         202.1.1.2        Serial0/0
[RTA]
```

从 RTA 的路由表中可以发现，RTA 并没有到 192.168.1.0 网段的路由。此时可在 C 和 D 上进行互 ping，结果不能 ping 通。

步骤5：RIP 协议配置
先配置 RTA 的路由。

```
[RTA]rip
[RTA-rip]network 202.1.1.0
[RTA-rip]network 192.168.0.0
[RTA-rip]
```

再配置 RTB 的路由。

```
[RTB]rip
[RTB-rip]network 202.1.1.0
[RTB-rip]network 192.168.1.0
[RTB-rip]
```

完成后，再次查看路由表。

```
[RTA]display ip routing-table
Routing Table: public net
Destination/Mask      Protocol  Pre  Cost      Nexthop          Interface
127.0.0.0/8           DIRECT    0    0         127.0.0.1        InLoopBack0
127.0.0.1/32          DIRECT    0    0         127.0.0.1        InLoopBack0
192.168.0.0/24        DIRECT    0    0         192.168.0.254    Ethernet0/0
192.168.0.254/32      DIRECT    0    0         127.0.0.1        InLoopBack0
192.168.1.0/24        RIP       100  1         202.1.1.2        Serial0/0
```

202.1.1.0/24	DIRECT	0	0	202.1.1.1	Serial0/0
202.1.1.1/32	DIRECT	0	0	127.0.0.1	InLoopBack0
202.1.1.2/32	DIRECT	0	0	202.1.1.2	Serial0/0

[RTA]

从 RTA 路由表中可以看出，增加了一项（粗体显示），是 RTA 到 192.168.1.0 网段的（即 RTB 以太网口的网段），路由协议是 RIP 协议。此时在 C 和 D 之间进行互 ping，发现 ping 通了。不仅 C 和 D 之间能 ping 通，而且全网之间全都 ping 通。

故此，RIP 配置成功。

8.1.2　基于eNSP的RIP配置示例

目前 RIP 有两个版本，RIPv1 和 RIPv2，RIPv2 针对 RIPv1 进行了扩充，能够携带更多的信息量，并增强了安全性能。RIPv1 和 RIPv2 都基于 UDP 的协议，使用 UDP 的 520 号端口收发数据包。

1. 实验环境

构建如图 8-1-2 所示的 RIP 路由协议基本配置的拓扑图。

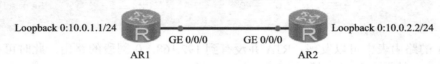

图8-1-2　RIP路由协议基本配置的拓扑图

该实验环境是模拟一个小型网络，由 2 台路由器（AR1220）组成。

模拟使用 RIP 路由协议实现网络的部署需求，通过模拟简单的网络场景来描述 RIP 路由协议的基本配置，并熟悉基本的 RIP 信息查询命令的使用。

实验环境中的编址情况见表 8-1-2。

表8-1-2　实验设备编址

设　　备	接　口	IP地址	子网掩码	默认网关
AR1（AR1220）	GE 0/0/0	10.0.12.1	255.255.255.0	N/A
	Loopback 0:10.0.1.1/24	10.0.1.1	255.255.255.0	N/A
AR2（AR1220）	GE 0/0/0	10.0.12.2	255.255.255.0	N/A
	Loopback 0:10.0.2.2/24	10.0.2.2	255.255.255.0	N/A

编址说明：AR1 的左侧为 Net1，设置为 10.0.1.0/24，AR2 的右侧为 Net2，设置为 10.0.2.0/24，路由器 AR1 和 AR2 之间的网络设置为 10.0.12.0/24。

我们将通过配置 RIP 路由来实现。

2. 实验步骤

步骤 1：根据实验编址表进行相应的基本配置

我们先对路由器 AR1 的接口进行地址配置。

```
<Huawei>sys
[Huawei]sysname AR1
```

第8章 动态路由

```
[AR1]interface GigabitEthernet 0/0/0
[AR1-GigabitEthernet0/0/0]ip address 10.0.12.1 24
[AR1-GigabitEthernet0/0/0] interface LoopBack 0
[AR1- LoopBack0]ip address 10.0.1.1 24
```

再对 AR2 进行配置。

```
<Huawei>sys
[Huawei]sysname AR2
[AR2]interface GigabitEthernet 0/0/0
[AR2-GigabitEthernet0/0/0]ip address 10.0.12.2 24
[AR2-GigabitEthernet0/0/0]interface LoopBack 0
[AR2-LoopBack0]ip address 10.0.2.2 24
```

我们使用 ping 命令检测各直连链路的连通性。

```
[AR1]ping -c 1 10.0.12.2
  PING 10.0.12.2: 56   data bytes, press CTRL_C to break
    Reply from 10.0.12.2: bytes=56 Sequence=1 ttl=255 time=80 ms
  --- 10.0.12.2 ping statistics ---
    1 packet(s) transmitted
    1 packet(s) received
    0.00% packet loss
    round-trip min/avg/max = 80/80/80 ms
```

可以观察到，直连链路连通。

步骤 2：使用 RIPv1 搭建网络

在两台路由器 AR1 和 AR2 上配置 RIPv1。使用 rip 命令创建并开启协议进程，默认情况下进程号是 1。使用 network 命令对指定网段接口使能 RIP 功能，需要注意，地址必须是自然网段的地址。

```
[AR1]rip
[AR1-rip-1]network 10.0.0.0
---------------------------             我是分割线
[AR2]rip
[AR2-rip-1]network 10.0.0.0
```

配置完成后，使用 display ip routing-table 命令查看 AR1、AR2 的路由表。

```
[AR1]display ip routing-table
Route Flags: R - relay, D - download to fib
------------------------------------------------------------------------------
Routing Tables: Public
       Destinations : 11      Routes : 11
Destination/Mask    Proto   Pre   Cost    Flags   NextHop         Interface
    10.0.1.0/24     Direct  0     0       D       10.0.1.1        LoopBack0
    10.0.1.1/32     Direct  0     0       D       127.0.0.1       LoopBack0
    10.0.1.255/32   Direct  0     0       D       127.0.0.1       LoopBack0
    10.0.2.0/24     RIP     100   1       D       10.0.12.2       GigabitEthernet0/0/0
```

10.0.12.0/24	Direct	0	0	D	10.0.12.1	GigabitEthernet0/0/0
10.0.12.1/32	Direct	0	0	D	127.0.0.1	GigabitEthernet0/0/0
10.0.12.255/32	Direct	0	0	D	127.0.0.1	GigabitEthernet0/0/0
127.0.0.0/8	Direct	0	0	D	127.0.0.1	InLoopBack0
127.0.0.1/32	Direct	0	0	D	127.0.0.1	InLoopBack0
127.255.255.255/32	Direct	0	0	D	127.0.0.1	InLoopBack0
255.255.255.255/32	Direct	0	0	D	127.0.0.1	InLoopBack0

-------------------------------------- 我是分割线

```
[AR2]display ip routing-table
Route Flags: R - relay, D - download to fib
-----------------------------------------------------------------------
Routing Tables: Public
        Destinations : 11      Routes : 11
```

Destination/Mask	Proto	Pre	Cost	Flags	NextHop	Interface
10.0.1.0/24	**RIP**	**100**	**1**	**D**	**10.0.12.1**	**GigabitEthernet0/0/0**
10.0.2.0/24	Direct	0	0	D	10.0.2.2	LoopBack0
10.0.2.2/32	Direct	0	0	D	127.0.0.1	LoopBack0
10.0.2.255/32	Direct	0	0	D	127.0.0.1	LoopBack0
10.0.12.0/24	Direct	0	0	D	10.0.12.2	GigabitEthernet0/0/0
10.0.12.2/32	Direct	0	0	D	127.0.0.1	GigabitEthernet0/0/0
10.0.12.255/32	Direct	0	0	D	127.0.0.1	GigabitEthernet0/0/0
127.0.0.0/8	Direct	0	0	D	127.0.0.1	InLoopBack0
127.0.0.1/32	Direct	0	0	D	127.0.0.1	InLoopBack0
127.255.255.255/32	Direct	0	0	D	127.0.0.1	InLoopBack0
255.255.255.255/32	Direct	0	0	D	127.0.0.1	InLoopBack0

可以观察到（粗体显示），两台路由器已经通过 RIP 协议学习到了对方环回接口所在网段的路由条目。

测试 AR1 与 AR2 环回路接口间的连通性。

```
<AR1>ping 10.0.2.2
  PING 10.0.2.2: 56  data bytes, press CTRL_C to break
    Reply from 10.0.2.2: bytes=56 Sequence=1 ttl=255 time=30 ms
    Reply from 10.0.2.2: bytes=56 Sequence=2 ttl=255 time=10 ms
    Reply from 10.0.2.2: bytes=56 Sequence=3 ttl=255 time=10 ms
    Reply from 10.0.2.2: bytes=56 Sequence=4 ttl=255 time=10 ms
    Reply from 10.0.2.2: bytes=56 Sequence=5 ttl=255 time=10 ms
  --- 10.0.2.2 ping statistics ---
    5 packet(s) transmitted
    5 packet(s) received
    0.00% packet loss
    round-trip min/avg/max = 10/14/30 ms
```

可以观察到通信正常。

步骤 3：使用 RIPv2 搭建网络

因为前面我们已经配置了 RIPv1，现在只需要在 RIP 子视图模式下配置 RIPv2 即可。

```
[AR1]rip
[AR1-rip-1]version 2
--------------------------            我是分割线
[AR2]rip
[AR2-rip-1]version 2
```

配置完成后，使用 display ip routing-table 命令查看各路由器的路由表。

```
[AR1]display ip routing-table
Route Flags: R - relay, D - download to fib
------------------------------------------------------------------------
Routing Tables: Public
         Destinations : 11       Routes : 11
Destination/Mask    Proto   Pre    Cost    Flags   NextHop        Interface
     10.0.1.0/24    Direct  0      0       D       10.0.1.1       LoopBack0
     10.0.1.1/32    Direct  0      0       D       127.0.0.1      LoopBack0
   10.0.1.255/32    Direct  0      0       D       127.0.0.1      LoopBack0
     10.0.2.0/24    RIP     100    1       D       10.0.12.2      GigabitEthernet0/0/0
    10.0.12.0/24    Direct  0      0       D       10.0.12.1      GigabitEthernet0/0/0
    10.0.12.1/32    Direct  0      0       D       127.0.0.1      GigabitEthernet0/0/0
  10.0.12.255/32    Direct  0      0       D       127.0.0.1      GigabitEthernet0/0/0
     127.0.0.0/8    Direct  0      0       D       127.0.0.1      InLoopBack0
    127.0.0.1/32    Direct  0      0       D       127.0.0.1      InLoopBack0
127.255.255.255/32  Direct  0      0       D       127.0.0.1      InLoopBack0
255.255.255.255/32  Direct  0      0       D       127.0.0.1      InLoopBack0
--------------------------            我是分割线
[AR2]display ip routing-table
Route Flags: R - relay, D - download to fib
------------------------------------------------------------------------
Routing Tables: Public
         Destinations : 11       Routes : 11
Destination/Mask    Proto   Pre    Cost    Flags   NextHop        Interface
     10.0.1.0/24    RIP     100    1       D       10.0.12.1      GigabitEthernet0/0/0
     10.0.2.0/24    Direct  0      0       D       10.0.2.2       LoopBack0
     10.0.2.2/32    Direct  0      0       D       127.0.0.1      LoopBack0
   10.0.2.255/32    Direct  0      0       D       127.0.0.1      LoopBack0
    10.0.12.0/24    Direct  0      0       D       10.0.12.2      GigabitEthernet0/0/0
    10.0.12.2/32    Direct  0      0       D       127.0.0.1      GigabitEthernet0/0/0
  10.0.12.255/32    Direct  0      0       D       127.0.0.1      GigabitEthernet0/0/0
     127.0.0.0/8    Direct  0      0       D       127.0.0.1      InLoopBack0
    127.0.0.1/32    Direct  0      0       D       127.0.0.1      InLoopBack0
127.255.255.255/32  Direct  0      0       D       127.0.0.1      InLoopBack0
255.255.255.255/32  Direct  0      0       D       127.0.0.1      InLoopBack0
```

可以观察到（粗体显示），两台路由器已经通过 RIP 协议学习到了对方环回接口所在网段的路由条目。

配置完成后，使用 ping 命令检测 AR1 与 AR2 之间直连链路的连通性。

```
[AR2]ping 10.0.1.1
  PING 10.0.1.1: 56  data bytes, press CTRL_C to break
    Reply from 10.0.1.1: bytes=56 Sequence=1 ttl=255 time=30 ms
    Reply from 10.0.1.1: bytes=56 Sequence=2 ttl=255 time=10 ms
    Reply from 10.0.1.1: bytes=56 Sequence=3 ttl=255 time=20 ms
    Reply from 10.0.1.1: bytes=56 Sequence=4 ttl=255 time=20 ms
    Reply from 10.0.1.1: bytes=56 Sequence=5 ttl=255 time=10 ms
  --- 10.0.1.1 ping statistics ---
    5 packet(s) transmitted
    5 packet(s) received
    0.00% packet loss
    round-trip min/avg/max = 10/18/30 ms
```

可以观察到通信正常。

故此，RIP 协议配置成功。

我们也可以使用 debugging 命令查看 RIPv2 协议的定期更新情况。

```
<AR1>debugging rip 1
  Aug 20 2016 16:29:39.569.1-08:00 AR1 RIP/7/DBG: 6: 13405: RIP 1: Sending
v2 response on GigabitEthernet0/0/0 from 10.0.12.1 with 1 RTE
  Aug 20 2016 16:29:39.569.2-08:00 AR1 RIP/7/DBG: 6: 13456: RIP 1: Sending
response on interface GigabitEthernet0/0/0 from 10.0.12.1 to 224.0.0.9
  Aug 20 2016 16:29:39.569.3-08:00 AR1 RIP/7/DBG: 6: 13476: Packet: **Version
2**, Cmd response, Length 24
  Aug 20 2016 16:29:39.569.4-08:00 AR1 RIP/7/DBG: 6: 13546: Dest
10.0.1.0/24, Nexthop 0.0.0.0, Cost 1, Tag 0
  Aug 20 2016 16:29:52.479.1-08:00 AR1 RIP/7/DBG: 6: 13414: RIP 1: **Receiv-
ing v2 response on GigabitEthernet0/0/0 from 10.0.12.2** with 1 RTE
  Aug 20 2016 16:29:52.479.2-08:00 AR1 RIP/7/DBG: 6: 13465: RIP 1: **Receive
response from 10.0.12.2 on GigabitEthernet0/0/0**
  Aug 20 2016 16:29:52.479.3-08:00 AR1 RIP/7/DBG: 6: 13476: Packet: Version
2, Cmd response, Length 24
  Aug 20 2016 16:29:52.479.4-08:00 AR1 RIP/7/DBG: 6: 13546: Dest
10.0.2.0/24, Nexthop 0.0.0.0, Cost 1, Tag 0
<AR1>undo debugging rip
```

从以上的信息中可以观察到，RIPv2 具有以下明显特征：

（1）RIPv2 的路由信息中携带了子网掩码。

（2）RIPv2 的路由信息中携带了下一跳地址，标识一个比通告路由器的地址更好的下一跳地址。换句话说，它指出的地址，其度量值（跳数）比在同一个子网上的通告路由器更接近目的地址。如果这个字段设置全为 0（0.0.0.0），说明通告路由器的地址是最优的下一跳地址。

（3）RIPv2 默认采用组播方式发送报文，地址为 224.0.0.9。

第8章 动态路由

8.2 OSPF协议

由于 RIP 是基于距离矢量算法的路由协议,存在着收敛慢、路由环路、可扩展性差等问题,所以后来又出现了一种基于链路状态的内部网关协议——OSPF。

最初的 OSPF 规范体现在 RFC 1131 中,其第 1 版(OSPFv1)很快就进行了重大改进,新版本体现在 RFC1247 文档中,称为 OSPFv2,OSPFv2 在稳定性和功能性方面做出了很大的改进。现在 IPv4 网络中所使用的都是 OSPFv2(实际上,还有一个针对 IPv6 协议使用的 OSPFv3,在 RFC2740 中定义)。

OSPF 作为基于链路状态的协议,具有收敛快、路由无环、扩展性好等优点,被快速接受并广泛使用。链路状态算法路由协议互相通告的是链路状态信息,每台路由器都将自己的链路状态信息(包含接口的 IP 地址和子网掩码、网络类型、该链路的开销等)发送给其他路由器,并在网络中泛洪,当每台路由器收集到网络内所有链路状态信息后,就能拥有整个网络的拓扑情况,然后根据整网拓扑情况运行 SPF 算法,得出所有网段的最短路径。

OSPF 支持区域的划分。区域是从逻辑上将路由器划分为不同的组,每个组用区域号(Area ID)来标识。一个网段(链路)只能属于一个区域,或者说每个允许 OSPF 的接口必须指明属于哪一个区域。区域 0 为骨干区域,骨干区域负责在非骨干区域之间发布区域间的路由信息。在一个 OSPF 区域中有且只有一个骨干区域。

8.2.1 基于eNSP的OSPF单区域配置示例

单区域

1. 实验环境

构建如图 8-2-1 所示的 OSPF 路由单区域配置的拓扑图。

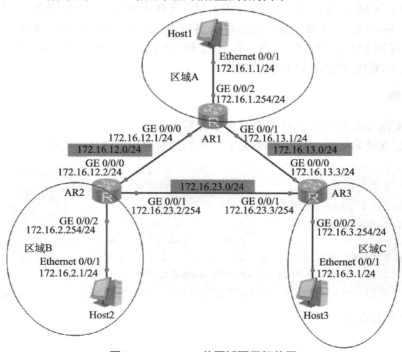

图8-2-1 OSPF单区域配置拓扑图

该实验环境中，模拟具有三大区域的网络场景，每个区域放置一台路由器，AR1 放在区域 A，区域 A 的主机 Host1 直接连接 AR1；AR2 放在区域 B，区域 B 的主机 Host2 直接连接到 AR2；AR3 放在区域 C，区域 C 的主机 Host3 直接连接到 AR3。3 台路由器都互相直连，为了能使整个网络互相通信，需要在所有路由器上部署路由协议。考虑到网络未来的发展（区域增加等），为了适应不断扩展的网络需求，拟在所有路由器上部署 OSPF 协议，且当前所有路由器都属于骨干区域。

实验环境中的编址情况见表 8-2-1。

表8-2-1　实验设备编址

设　　备	接　　口	IP地址	子网掩码	网　　关
AR1（AR2220）	GE 0/0/0	172.16.12.1	255.255.255.0	N/A
	GE 0/0/1	172.16.13.1	255.255.255.0	N/A
	GE 0/0/2	172.16.1.254	255.255.255.0	N/A
AR2（AR2220）	GE 0/0/0	172.16.12.2	255.255.255.0	N/A
	GE 0/0/1	172.16.23.2	255.255.255.0	N/A
	GE 0/0/2	172.16.2.254	255.255.255.0	N/A
AR3（AR2220）	GE 0/0/0	172.16.13.3	255.255.255.0	N/A
	GE 0/0/1	172.16.23.3	255.255.255.0	N/A
	GE 0/0/2	172.16.3.254	255.255.255.0	N/A
Host1	Ethernet 0/0/1	172.16.1.1	255.255.255.0	172.16.1.254
Host2	Ethernet 0/0/1	172.16.2.1	255.255.255.0	172.16.2.254
Host3	Ethernet 0/0/1	172.16.3.1	255.255.255.0	172.168.3.254

编址说明：区域 A 设置为 172.16.1.0/24，区域 B 设置为 172.16.2.0/24，区域 C 设置为 172.16.3.0/24。路由器 AR1 和 AR2 之间的网络设置为 172.16.12.0/24，路由器 AR1 和 AR3 之间的网络设置为 172.16.13.0/24，路由器 AR2 和 AR3 之间的网络设置为 172.16.23.0/24。

我们将通过 OSPF 路由单区域配置来实现。

2. 实验步骤

步骤 1：根据实验编址表进行相应的基本配置

对 PC 的配置较为简单，这里就不说了。我们先对路由器 AR1 的接口进行地址配置。

```
<Huawei>sys
[Huawei]sysname AR1
[AR1]interface GigabitEthernet 0/0/0
[AR1-GigabitEthernet0/0/0]ip address 172.16.12.1 24
[AR1-GigabitEthernet0/0/0]interface GigabitEthernet 0/0/1
[AR1-GigabitEthernet0/0/1]ip address 172.16.13.1 24
[AR1-GigabitEthernet0/0/1]interface GigabitEthernet 0/0/2
[AR1-GigabitEthernet0/0/2]ip address 172.16.1.254 24
```

再对 AR2 进行配置。

```
<Huawei>sys
[Huawei]sysname AR2
[AR2]interface GigabitEthernet 0/0/0
[AR2-GigabitEthernet0/0/0]ip address 172.16.12.2 24
[AR2-GigabitEthernet0/0/0]interface GigabitEthernet 0/0/1
[AR2-GigabitEthernet0/0/1]ip address 172.16.23.2 24
[AR2-GigabitEthernet0/0/1]interface gigabitethernet 0/0/2
[AR2-GigabitEthernet0/0/2]ip address 172.16.2.254 24
```

最后对 AR3 进行配置。

```
<Huawei>sys
[Huawei]sysname AR3
[AR3]interface gigabitethernet 0/0/0
[AR3-GigabitEthernet0/0/0]ip address 172.16.13.3 24
[AR3-GigabitEthernet0/0/0]interface gigabitethernet 0/0/1
[AR3-GigabitEthernet0/0/1]ip address 172.16.23.3 24
[AR3-GigabitEthernet0/0/1]interface gigabitethernet 0/0/2
[AR3-GigabitEthernet0/0/2]ip address 172.16.3.254 24
```

完成后，我们使用 ping 命令检测各直连链路的连通性。

先看 AR1 的直连链路。

```
<AR1>ping -c 1 172.16.1.1          //Host1
  PING 172.16.1.1: 56  data bytes, press CTRL_C to break
    Reply from 172.16.1.1: bytes=56 Sequence=1 ttl=128 time=70 ms
  --- 172.16.1.1 ping statistics ---
    1 packet(s) transmitted
    1 packet(s) received
    0.00% packet loss
    round-trip min/avg/max = 70/70/70 ms
  <AR1>ping -c 1 172.16.12.2         //AR2
  PING 172.16.12.2: 56  data bytes, press CTRL_C to break
    Reply from 172.16.12.2: bytes=56 Sequence=1 ttl=255 time=90 ms
  --- 172.16.12.2 ping statistics ---
    1 packet(s) transmitted
    1 packet(s) received
    0.00% packet loss
    round-trip min/avg/max = 90/90/90 ms
  <AR1>ping -c 1 172.16.13.3          //AR3
  PING 172.16.13.3: 56  data bytes, press CTRL_C to break
    Reply from 172.16.13.3: bytes=56 Sequence=1 ttl=255 time=70 ms
  --- 172.16.13.3 ping statistics ---
    1 packet(s) transmitted
    1 packet(s) received
    0.00% packet loss
    round-trip min/avg/max = 70/70/70 ms
```

可以观察到全部连通。

AR2、AR3、Host1 和 Host2 的测试方法都一样，结果均显示为连通。

但此时 Host1 使用 ping 去测试 Host2 和 Host3，显示的是超时，如下：

```
PC>ping 172.16.2.1     //Host2
Ping 172.16.2.1: 32 data bytes, Press Ctrl_C to break
Request timeout!
Request timeout!
Request timeout!
Request timeout!
Request timeout!
--- 172.16.2.1 ping statistics ---
  5 packet(s) transmitted
  0 packet(s) received
  100.00% packet loss
PC>ping 172.16.3.1     //Host3
Ping 172.16.3.1: 32 data bytes, Press Ctrl_C to break
Request timeout!
Request timeout!
Request timeout!
Request timeout!
Request timeout!
--- 172.16.3.1 ping statistics ---
  5 packet(s) transmitted
  0 packet(s) received
  100.00% packet loss
```

这显然需要我们去解决问题。接下来我们配置单区域 OSPF 网络。

步骤 2：部署单区域 OSPF 网络

首先使用 ospf 命令创建并运行 OSPF。

```
<AR1>sys
[AR1]ospf 1
```

其中，1 代表的是进程号，如果没有写明进程号，则默认的是 1。

接着使用 area 命令创建区域并进入 OSPF 区域视图，输入要创建的区域 ID。由于本实验为 OSPF 单区域配置，所以使用骨干区域，即区域 0 即可。

```
[AR1-ospf-1]area 0
[AR1-ospf-1-area-0.0.0.0]
```

再使用 network 命令来指定运行 OSPF 协议的接口和接口所属的区域。本实验中 AR1 上的 3 个物理接口都需要指定。配置中需注意，尽量精确匹配所通告的网段。

```
[AR1-ospf-1-area-0.0.0.0]network 172.16.12.0 0.0.0.255
[AR1-ospf-1-area-0.0.0.0]network 172.16.13.0 0.0.0.255
[AR1-ospf-1-area-0.0.0.0]network 172.16.1.0 0.0.0.255
```

配置完成使用 display ospf interface 命令检查 OSPF 接口通告是否正确。

```
[AR1]display ospf interface
    OSPF Process 1 with Router ID 172.16.12.1
           Interfaces
Area: 0.0.0.0          (MPLS TE not enabled)
IP Address      Type        State   Cost    Pri   DR              BDR
172.16.12.1     Broadcast   DR      1       1     172.16.12.1     0.0.0.0
172.16.13.1     Broadcast   DR      1       1     172.16.13.1     0.0.0.0
172.16.1.254    Broadcast   DR      1       1     172.16.1.254    0.0.0.0
```

可以观察到（粗体显示），本地 OSPF 进程使用的 Router-ID 是 172.16.12.1。在此进程下，有 3 个接口加入了 OSPF 进程。"Type"为以太网默认的广播网络类型；"State"为该接口当前的状态，显示为 DR（Designated Router）状态，即表示为这 3 个接口在它们所在的网段中都被选举为 DR。

接下来在 AR2 和 AR3 上做相应配置，配置方法和 AR1 相同。

```
[AR2]ospf 1
[AR2-ospf-1]area 0
[AR2-ospf-1-area-0.0.0.0]network 172.16.12.0 0.0.0.255
[AR2-ospf-1-area-0.0.0.0]network 172.16.23.0 0.0.0.255
[AR2-ospf-1-area-0.0.0.0]network 172.16.2.0 0.0.0.255
------------------------          我是分割线
[AR3]ospf 1
[AR3-ospf-1]area 0
[AR3-ospf-1-area-0.0.0.0]network 172.16.13.0 0.0.0.255
[AR3-ospf-1-area-0.0.0.0]network 172.16.23.0 0.0.0.255
[AR3-ospf-1-area-0.0.0.0]network 172.16.3.0 0.0.0.255
```

步骤 3：检测 OSPF 配置结果

在 AR1 上使用 display ospf peer 命令查看 OSPF 邻居状态。

```
<AR1>display ospf peer
    OSPF Process 1 with Router ID 172.16.12.1
         Neighbors
 Area 0.0.0.0 interface 172.16.12.1(GigabitEthernet0/0/0)'s neighbors
 Router ID: 172.16.12.2         Address: 172.16.12.2
   State: Full  Mode:Nbr is  Master  Priority: 1
   DR: 172.16.12.1  BDR: 172.16.12.2  MTU: 0
   Dead timer due in 40  sec
   Retrans timer interval: 5
   Neighbor is up for 00:04:50
```

```
        Authentication Sequence: [ 0 ]
                Neighbors
 Area 0.0.0.0 interface 172.16.13.1(GigabitEthernet0/0/1)'s neighbors
        Router ID: 172.16.13.3      Address: 172.16.13.3
          State: Full  Mode:Nbr is  Master  Priority: 1
        DR: 172.16.13.1  BDR: 172.16.13.3  MTU: 0
        Dead timer due in 28  sec
        Retrans timer interval: 5
        Neighbor is up for 00:02:47
        Authentication Sequence: [ 0 ]
```

观察可知（粗体显示），AR1 的两个接口 GigabitEthernet0/0/0 和 GigabitEthernet0/0/1 上分别存在邻居 172.16.12.2 和 172.16.13.3。实际上，通过这条命令可以查看很多内容。例如，通过 Router-ID 可以查看邻居的路由器标志；通过 Address 可以查看邻居的 OSPF 接口 IP 地址；通过 State 可以查看目前与该路由器的 OSPF 邻居状态；通过 Priority 可以查看当前该邻居 OSPF 接口的 DR 优先级等。

在 AR2 和 AR3 上使用 display ospf peer 命令查看 OSPF 邻居状态，会得到类似的结果。

接下来我们使用 display ip routing-table protocol ospf 命令查看 AR1 上的 OSPF 路由表。

```
<AR1>display ip routing-table protocol ospf
Route Flags: R - relay, D - download to fib
------------------------------------------------------------------
Public routing table : OSPF
        Destinations : 3        Routes : 4
OSPF routing table status : <Active>
        Destinations : 3        Routes : 4
Destination/Mask    Proto    Pre    Cost    Flags    NextHop         Interface
172.16.2.0/24       OSPF     10     2       D        172.16.12.2     GigabitEthernet0/0/0
172.16.3.0/24       OSPF     10     2       D        172.16.13.3     GigabitEthernet0/0/1
172.16.23.0/24      OSPF     10     2       D        172.16.12.2     GigabitEthernet0/0/0
                    OSPF     10     2       D        172.16.13.3     GigabitEthernet0/0/1
OSPF routing table status : <Inactive>
        Destinations : 0        Routes : 0
```

通过此路由表可以观察到，"Destination/Mask" 标识了目的网段的前缀及掩码，"Proto" 标识了此路由信息是通过 OSPF 协议获取的，"Pre" 标识了路由优先级，"Cost" 标识了开销值，"NextHop" 标识了下一跳地址，"Interface" 标识了此前缀的出接口。

此时 AR1 的路由表中已经拥有了去往网络中所有其他网段的路由条目。

可以用同样方法查看 AR2 与 AR3 的 OSPF 邻居状态，也会得到类似结果。

步骤 4：检测最终结果

在 Host1 上使用 ping 命令测试与 Host2 和 Host3 之间的连通性。

```
PC>ping 172.16.2.1
Ping 172.16.2.1: 32 data bytes, Press Ctrl_C to break
From 172.16.2.1: bytes=32 seq=1 ttl=126 time=15 ms
```

```
From 172.16.2.1: bytes=32 seq=2 ttl=126 time=15 ms
From 172.16.2.1: bytes=32 seq=3 ttl=126 time=15 ms
From 172.16.2.1: bytes=32 seq=4 ttl=126 time=15 ms
From 172.16.2.1: bytes=32 seq=5 ttl=126 time<1 ms
--- 172.16.2.1 ping statistics ---
  5 packet(s) transmitted
  5 packet(s) received
  0.00% packet loss
  round-trip min/avg/max = 0/12/15 ms
--------------------------              我是分割线
PC>ping 172.16.3.1
Ping 172.16.3.1: 32 data bytes, Press Ctrl_C to break
Request timeout!
From 172.16.3.1: bytes=32 seq=2 ttl=126 time=16 ms
From 172.16.3.1: bytes=32 seq=3 ttl=126 time=16 ms
From 172.16.3.1: bytes=32 seq=4 ttl=126 time=16 ms
From 172.16.3.1: bytes=32 seq=5 ttl=126 time=16 ms
--- 172.16.3.1 ping statistics ---
  5 packet(s) transmitted
  4 packet(s) received
  20.00% packet loss
  round-trip min/avg/max = 0/16/16 ms
```

可以观察到通信正常。

故此，单区域 OSPF 路由配置成功。

8.2.2 基于eNSP的OSPF多区域配置示例

在 OSPF 单区域中，每台路由器都需要收集其他所有路由器的链路状态信息，如果网络规模不断扩大，链路状态信息也会随之不断增多，这将使得单台路由器上的链路状态数据库非常庞大，导致路由器负担加重，也不便于维护管理。为了解决上述问题，OSPF 协议可以将整个自治系统划分为不同的区域（Area），就像一个国家的国土面积很大时，会把整个国家划分为不同的省份来管理一样。

链路状态信息只在区域内部泛洪，区域之间传递的只是路由条目而非链路状态信息，因此大大减轻了路由器的负担。当一台路由器属于不同区域时称它为区域边界路由器（Area Border Router，ABR），负责传递区域间路由信息。区域间的路由信息传递类似距离矢量算法，为了防止区域间产生环路，所有非骨干区域之间的路由信息必须经过骨干区域，也就是说非骨干区域必须和骨干区域相连，且非骨干区域之间不能直接进行路由信息交互。

多区域

1. 实验环境

构建如图 8-2-2 所示的 OSPF 路由多区域配置的拓扑图。

该实验环境是由 6 台路由器（AR2240）和 4 台 PC 所组成的网络。

需要注意的是，在 eNSP 中，AR2240 默认只有 3 个 GE 接口，因此 AR3 和 AR4 需要在设置中增加 1GEC 接口卡，如图 8-2-3 所示。

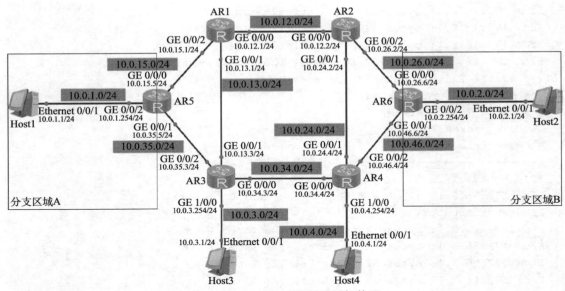

图8-2-2　OSPF多区域配置拓扑图

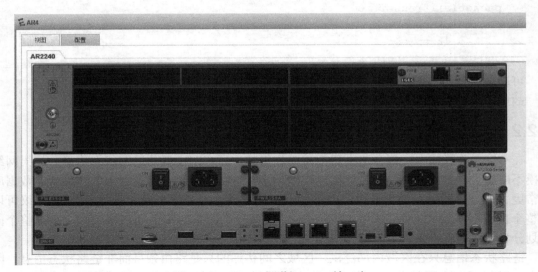

图8-2-3　AR2240增加1GEC接口卡

本实验模拟的网络场景为：AR1、AR2、AR3、AR4为总核心区域设备，属于区域0，AR5属于新增分支区域A的网关设备，AR6属于新增分支区域B的网关设备。Host1和Host2分别属于分支区域A和B，Host3和Host4属于总核心区域管理员登录设备，用于管理网络。

在该网络中，如果设计方案采用单区域配置，则会导致单一区域LSA（Link-State Advertisement，链路状态广播）数目过于庞大，导致路由器开销过高，SPF算法运算过于频繁。因此我们可以选择配置多区域方案进行网络配置，将两个新分支运行在不同的OSPF区域中，其中AR5属于区域1，AR6属于区域2。

实验环境中的编址情况见表8-2-2。

表8-2-2 实验设备编址

设备	接口	IP地址	子网掩码	网关
Host1	Ethernet 0/0/1	10.0.1.1	255.255.255.0	10.0.1.254
Host2	Ethernet 0/0/1	10.0.2.1	255.255.255.0	10.0.2.254
Host3	Ethernet 0/0/1	10.0.3.1	255.255.255.0	10.0.3.254
Host4	Ethernet 0/0/1	10.0.4.1	255.255.255.0	10.0.4.254
AR1 (AR2240)	GE 0/0/0	10.0.12.1	255.255.255.0	N/A
	GE 0/0/1	10.0.13.1	255.255.255.0	N/A
	GE 0/0/2	10.0.15.1	255.255.255.0	N/A
AR2 (AR2240)	GE 0/0/0	10.0.12.2	255.255.255.0	N/A
	GE 0/0/1	10.0.24.2	255.255.255.0	N/A
	GE 0/0/2	10.0.26.2	255.255.255.0	N/A
AR3 (AR2240)	GE 0/0/0	10.0.34.3	255.255.255.0	N/A
	GE 0/0/1	10.0.13.3	255.255.255.0	N/A
	GE 0/0/2	10.0.35.3	255.255.255.0	N/A
	GE 1/0/0	10.0.3.254	255.255.255.0	N/A
AR4 (AR2240)	GE 0/0/0	10.0.34.4	255.255.255.0	N/A
	GE 0/0/1	10.0.24.4	255.255.255.0	N/A
	GE 0/0/2	10.0.46.4	255.255.255.0	N/A
	GE 1/0/0	10.0.4.254	255.255.255.0	N/A
AR5 (AR2240)	GE 0/0/0	10.0.15.5	255.255.255.0	N/A
	GE 0/0/1	10.0.35.5	255.255.255.0	N/A
	GE 0/0/2	10.0.1.254	255.255.255.0	N/A
AR6 (AR2240)	GE 0/0/0	10.0.26.6	255.255.255.0	N/A
	GE 0/0/1	10.0.46.6	255.255.255.0	N/A
	GE 0/0/2	10.0.2.254	255.255.255.0	N/A

编址说明：分支区域 A 设置为 10.0.1.0/24，分支区域 B 设置为 10.0.2.0/24，总核心区域管理主机 Host3 所在区域设置为 10.0.3.0/24，总核心区域管理主机 Host4 所在区域设置为 10.0.4.0/24。路由器 AR1 和 AR2 之间的网络设置为 10.0.12.0/24，路由器 AR1 和 AR3 之间的网络设置为 10.0..13.0/24，路由器 AR1 和 AR5 之间的网络设置为 10.0.15.0/24；路由器 AR2 和 AR4 之间的网络设置为 10.0.24.0/24，路由器 AR2 和 AR6 之间的网络设置为 10.0.26.0/24，路由器 AR3 和 AR5 之间的网络设置为 10.0.35.0/24，路由器 AR4 和 AR6 之间的网络设置为 10.0.46.0/24。

我们将通过 OSPF 路由的多区域配置来实现。

2. 实验步骤

步骤 1：根据实验编址表进行相应的基本配置

对 PC 的配置较为简单，这里不再赘述。

我们先对路由器 AR1 的接口进行地址配置。

```
<Huawei>sys
[Huawei]sysname AR1
[AR1]interface GigabitEthernet 0/0/0
[AR1-GigabitEthernet0/0/0]ip address 10.0.12.1 24
[AR1-GigabitEthernet0/0/0]interface GigabitEthernet 0/0/1
[AR1-GigabitEthernet0/0/1]ip address 10.0.13.1 24
[AR1-GigabitEthernet0/0/1]interface GigabitEthernet 0/0/2
[AR1-GigabitEthernet0/0/2]ip address 10.0.15.1 24
```

其他路由器 AR2～AR6 的接口地址配置类似，如下：

```
<Huawei>sys
[Huawei]sysname AR2
[AR2]interface GigabitEthernet 0/0/0
[AR2-GigabitEthernet0/0/0]ip address 10.0.12.2 24
[AR2-GigabitEthernet0/0/0]interface GigabitEthernet 0/0/1
[AR2-GigabitEthernet0/0/1]ip address 10.0.24.2 24
[AR2-GigabitEthernet0/0/1]interface GigabitEthernet 0/0/2
[AR2-GigabitEthernet0/0/2]ip address 10.0.26.2 24
------------------------            我是分割线
[AR3]interface GigabitEthernet 0/0/0
[AR3-GigabitEthernet0/0/0]ip address 10.0.34.3 24
[AR3-GigabitEthernet0/0/0]interface GigabitEthernet 0/0/1
[AR3-GigabitEthernet0/0/1]ip address 10.0.13.3 24
[AR3-GigabitEthernet0/0/1]interface GigabitEthernet 0/0/2
[AR3-GigabitEthernet0/0/2]ip address 10.0.35.3 24
[AR3-GigabitEthernet0/0/2 interface GigabitEthernet 1/0/0
[AR3-GigabitEthernet1/0/0]ip address 10.0.3.254 24
------------------------            我是分割线
[AR4]interface GigabitEthernet 0/0/0
[AR4-GigabitEthernet0/0/0]ip address 10.0.34.4 24
[AR4-GigabitEthernet0/0/0]interface GigabitEthernet 0/0/1
[AR4-GigabitEthernet0/0/1]ip address 10.0.24.4 24
[AR4-GigabitEthernet0/0/1]interface GigabitEthernet 0/0/2
[AR4-GigabitEthernet0/0/2]ip address 10.0.46.4 24
[AR4-GigabitEthernet0/0/2interface GigabitEthernet 1/0/0
[AR4-GigabitEthernet1/0/0]ip address 10.0.4.254 24
------------------------            我是分割线
[AR5]interface GigabitEthernet 0/0/0
[AR5-GigabitEthernet0/0/0]ip address 10.0.15.5 24
[AR5-GigabitEthernet0/0/0]interface GigabitEthernet 0/0/1
[AR5-GigabitEthernet0/0/1]ip address 10.0.35.5 24
[AR5-GigabitEthernet0/0/1]interface GigabitEthernet 0/0/2
[AR5-GigabitEthernet0/0/2]ip address 10.0.1.254 24
------------------------            我是分割线
[AR6]interface gigabitethernet 0/0/0
[AR6-GigabitEthernet0/0/0]ip address 10.0.26.6 24
```

第8章 动态路由

```
[AR6-GigabitEthernet0/0/0]interface gigabitethernet 0/0/1
[AR6-GigabitEthernet0/0/1]ip address 10.0.46.6 24
[AR6-GigabitEthernet0/0/1]interface gigabitethernet 0/0/2
[AR6-GigabitEthernet0/0/2]ip address 10.0.2.254 24
```

配置完成后,我们以 AR1 为例使用 ping 命令检测各直连链路的连通性。

```
<AR1>ping -c 1 10.0.12.2                              //AR2
  PING 10.0.12.2: 56  data bytes, press CTRL_C to break
    Reply from 10.0.12.2: bytes=56 Sequence=1 ttl=255 time=10 ms
  --- 10.0.12.2 ping statistics ---
    1 packet(s) transmitted
    1 packet(s) received
    0.00% packet loss
    round-trip min/avg/max = 10/10/10 ms
  <AR1>ping -c 1 10.0.13.3                            //AR3
  PING 10.0.13.3: 56  data bytes, press CTRL_C to break
    Reply from 10.0.13.3: bytes=56 Sequence=1 ttl=255 time=10 ms
  --- 10.0.13.3 ping statistics ---
    1 packet(s) transmitted
    1 packet(s) received
    0.00% packet loss
    round-trip min/avg/max = 10/10/10 ms
  <AR1>ping -c 1 10.0.15.5                            //AR5
  PING 10.0.15.5: 56  data bytes, press CTRL_C to break
    Reply from 10.0.15.5: bytes=56 Sequence=1 ttl=255 time=20 ms
  --- 10.0.15.5 ping statistics ---
    1 packet(s) transmitted
    1 packet(s) received
    0.00% packet loss
    round-trip min/avg/max = 20/20/20 ms
```

测试通过,其余直连网段的连通性测试结果类似,这里不再展开。

步骤 2:配置骨干区域路由器

在总区域路由器 AR1、AR2、AR3、AR4 上创建 OSPF 进程,并在骨干区域 0 视图下通告总区域各网段。

```
[AR1]ospf 1
[AR1-ospf-1]area 0
[AR1-ospf-1-area-0.0.0.0]network 10.0.12.0 0.0.0.255
[AR1-ospf-1-area-0.0.0.0]network 10.0.13.0 0.0.0.255
------------------------        我是分割线
[AR2]ospf 1
[AR2-ospf-1]area 0
[AR2-ospf-1-area-0.0.0.0]network 10.0.12.0 0.0.0.255
[AR2-ospf-1-area-0.0.0.0]network 10.0.24.0 0.0.0.255
------------------------        我是分割线
```

```
[AR3]ospf 1
[AR3-ospf-1]area 0
[AR3-ospf-1-area-0.0.0.0]network 10.0.13.0 0.0.0.255
[AR3-ospf-1-area-0.0.0.0]network 10.0.34.0 0.0.0.255
[AR3-ospf-1-area-0.0.0.0]network 10.0.3.0 0.0.0.255
--------------------------            我是分割线
[AR4]ospf 1
[AR4-ospf-1]area 0
[AR4-ospf-1-area-0.0.0.0]network 10.0.34.0 0.0.0.255255
[AR4-ospf-1-area-0.0.0.0]network 10.0.24.0 0.0.0.255
[AR4-ospf-1-area-0.0.0.0]network 10.0.4.0 0.0.0.255
```

配置完成后，测试总区域内两台管理主机 Host3 和 Host4 之间的连通性。

```
PC>ping 10.0.4.1
Ping 10.0.4.1: 32 data bytes, Press Ctrl_C to break
From 10.0.4.1: bytes=32 seq=1 ttl=126 time=15 ms
From 10.0.4.1: bytes=32 seq=2 ttl=126 time=15 ms
From 10.0.4.1: bytes=32 seq=3 ttl=126 time=15 ms
From 10.0.4.1: bytes=32 seq=4 ttl=126 time=15 ms
From 10.0.4.1: bytes=32 seq=5 ttl=126 time=15 ms
--- 10.0.4.1 ping statistics ---
  5 packet(s) transmitted
  5 packet(s) received
  0.00% packet loss
  round-trip min/avg/max = 15/15/15 ms
```

已经可以正常通信，骨干区域路由器配置完成。

步骤 3：配置非骨干区域路由器

在分支区域 A 的路由器 AR5 上创建 OSPF 进程，创建并进入区域 1，并通告分支 A 的相应网段。

```
[AR5]ospf 1
[AR5-ospf-1]area 1
[AR5-ospf-1-area-0.0.0.1]network 10.0.15.0 0.0.0.255
[AR5-ospf-1-area-0.0.0.1]network 10.0.35.0 0.0.0.255
[AR5-ospf-1-area-0.0.0.1]network 10.0.1.0 0.0.0.255
[AR5-ospf-1-area-0.0.0.1]
```

在 AR1 和 AR3 上也创建并进入区域 1 视图，并对与 AR5 相连的接口进行通告。

```
[AR1]ospf 1
[AR1-ospf-1]area 1
[AR1-ospf-1-area-0.0.0.1]network 10.0.15.0 0.0.0.255
--------------------------            我是分割线
[AR3]ospf 1
[AR3-ospf-1]area 1
[AR3-ospf-1-area-0.0.0.1]network 10.0.35.0 0.0.0.255
```

配置完成后，查看 OSPF 邻居状态。

```
<AR5>display ospf peer
    OSPF Process 1 with Router ID 10.0.15.5
        Neighbors
Area 0.0.0.1 interface 10.0.15.5(GigabitEthernet0/0/0)'s neighbors
Router ID: 10.0.12.1        Address: 10.0.15.1
  State: Full  Mode:Nbr is  Slave  Priority: 1
  DR: 10.0.15.5  BDR: 10.0.15.1  MTU: 0
  Dead timer due in 34  sec
  Retrans timer interval: 5
  Neighbor is up for 00:01:44
  Authentication Sequence: [ 0 ]
        Neighbors
Area 0.0.0.1 interface 10.0.35.5(GigabitEthernet0/0/1)'s neighbors
Router ID: 10.0.3.254        Address: 10.0.35.3
  State: Full  Mode:Nbr is  Slave  Priority: 1
  DR: 10.0.35.5  BDR: 10.0.35.3  MTU: 0
  Dead timer due in 35  sec
  Retrans timer interval: 5
  Neighbor is up for 00:00:59
  Authentication Sequence: [ 0 ]
```

可以观察到（粗体显示），现在 AR5 与 AR1 和 AR3 的 OSPF 邻居关系建立正常，都为 Full 状态。

再使用 display ip routing-table protocol ospf 命令查看 R5 路由表中的 OSPF 路由条目。

```
<AR5>display ip routing-table protocol ospf
Route Flags: R - relay, D - download to fib
------------------------------------------------------------------
Public routing table : OSPF
        Destinations : 6         Routes : 8
OSPF routing table status : <Active>
        Destinations : 6         Routes : 8
Destination/Mask   Proto  Pre  Cost  Flags  NextHop      Interface
    10.0.3.0/24    OSPF   10   2     D      10.0.35.3    GigabitEthernet0/0/1
    10.0.4.0/24    OSPF   10   3     D      10.0.35.3    GigabitEthernet0/0/1
    10.0.12.0/24   OSPF   10   2     D      10.0.15.1    GigabitEthernet0/0/0
    10.0.13.0/24   OSPF   10   2     D      10.0.15.1    GigabitEthernet0/0/0
                   OSPF   10   2     D      10.0.35.3    GigabitEthernet0/0/1
    10.0.24.0/24   OSPF   10   3     D      10.0.15.1    GigabitEthernet0/0/0
                   OSPF   10   3     D      10.0.35.3    GigabitEthernet0/0/1
    10.0.34.0/24   OSPF   10   2     D      10.0.35.3    GigabitEthernet0/0/1
OSPF routing table status : <Inactive>
        Destinations : 0         Routes : 0
```

可以观察到，除 OSPF 区域 2 内的路由，相关 OSPF 路由条目都已经获得。在拓扑中，

AR1 和 AR3 这两台连接不同区域的路由器称为 ABR，该类路由器设备可以同时属于两个以上的区域，但其中至少一个端口必须在骨干区域内（需要注意的是，ABR 就是用来连接骨干区域和非骨干区域的，但其与骨干区域之间既可以是物理连接，也可以是逻辑上的连接）。

使用 display ospf lsdb 命令检查 AR5 的 OSPF 链路状态数据库信息。

```
<AR5>display ospf lsdb
      OSPF Process 1 with Router ID 10.0.15.5
             Link State Database
                  Area: 0.0.0.1
Type        LinkState ID      AdvRouter         Age    Len   Sequence    Metric
Router      10.0.3.254        10.0.3.254        533    36    80000003    1
Router      10.0.12.1         10.0.12.1         578    36    80000003    1
Router      10.0.15.5         10.0.15.5         528    60    8000000D    1
Network     10.0.35.5         10.0.15.5         528    32    80000002    0
Network     10.0.15.5         10.0.15.5         570    32    80000002    0
Sum-Net     10.0.34.0         10.0.12.1         581    28    80000001    2
Sum-Net     10.0.34.0         10.0.3.254        540    28    80000001    1
Sum-Net     10.0.13.0         10.0.12.1         581    28    80000001    1
Sum-Net     10.0.13.0         10.0.3.254        540    28    80000001    1
Sum-Net     10.0.24.0         10.0.12.1         581    28    80000001    2
Sum-Net     10.0.24.0         10.0.3.254        540    28    80000001    2
Sum-Net     10.0.12.0         10.0.12.1         581    28    80000001    1
Sum-Net     10.0.12.0         10.0.3.254        540    28    80000001    2
Sum-Net     10.0.3.0          10.0.12.1         581    28    80000001    2
Sum-Net     10.0.3.0          10.0.3.254        540    28    80000001    1
Sum-Net     10.0.4.0          10.0.12.1         581    28    80000001    3
Sum-Net     10.0.4.0          10.0.3.254        540    28    80000001    2
```

可以观察到，关于其他区域的路由条目都是通过"Sum-Net"这类 LSA 获得的，而这类 LSA 是不参与本区域的 SPF 算法运算的。

对另一分支区域 B 的路由器 AR6 和相应 ABR 设备 AR2、AR4，也做同样的配置。

```
[AR6]ospf 1
[AR6-ospf-1]area 2
[AR6-ospf-1-area-0.0.0.2]network 10.0.26.0 0.0.0.255
[AR6-ospf-1-area-0.0.0.2]network 10.0.46.0 0.0.0.255
[AR6-ospf-1-area-0.0.0.2]network 10.0.2.0 0.0.0.255
------------------------          我是分割线
[AR2]ospf 1
[AR2-ospf-1]area 2
[AR2-ospf-1-area-0.0.0.2]network 10.0.26.0 0.0.0.255
------------------------          我是分割线
[AR4]ospf 1
[AR4-ospf-1]area 2
[AR4-ospf-1-area-0.0.0.2]network 10.0.46.0 0.0.0.255
```

配置完成后，查看 AR6 的 OSPF 路由条目。

```
[AR6]display ip routing-table protocol ospf
Route Flags: R - relay, D - download to fib
------------------------------------------------------------------------

Public routing table : OSPF
        Destinations : 9        Routes : 12
OSPF routing table status : <Active>
        Destinations : 9        Routes : 12
Destination/Mask    Proto   Pre  Cost   Flags   NextHop       Interface
    10.0.1.0/24     OSPF    10   4      D       10.0.26.2     GigabitEthernet0/0/0
                    OSPF    10   4      D       10.0.46.4     GigabitEthernet0/0/1
    10.0.3.0/24     OSPF    10   3      D       10.0.46.4     GigabitEthernet0/0/1
    10.0.4.0/24     OSPF    10   2      D       10.0.46.4     GigabitEthernet0/0/1
   10.0.12.0/24     OSPF    10   2      D       10.0.26.2     GigabitEthernet0/0/0
   10.0.13.0/24     OSPF    10   3      D       10.0.26.2     GigabitEthernet0/0/0
                    OSPF    10   3      D       10.0.46.4     GigabitEthernet0/0/1
   10.0.15.0/24     OSPF    10   3      D       10.0.26.2     GigabitEthernet0/0/0
   10.0.24.0/24     OSPF    10   2      D       10.0.26.2     GigabitEthernet0/0/0
                    OSPF    10   2      D       10.0.46.4     GigabitEthernet0/0/1
   10.0.34.0/24     OSPF    10   2      D       10.0.46.4     GigabitEthernet0/0/1
   10.0.35.0/24     OSPF    10   3      D       10.0.46.4     GigabitEthernet0/0/1
OSPF routing table status : <Inactive>
        Destinations : 0        Routes : 0
```

观察到 AR6 可以正常接收到所有 OSPF 路由信息。

最后，我们来测试分支 A 和分支 B 的 Host1 与 Host2 的连通性。结果如图 8-2-4 所示。

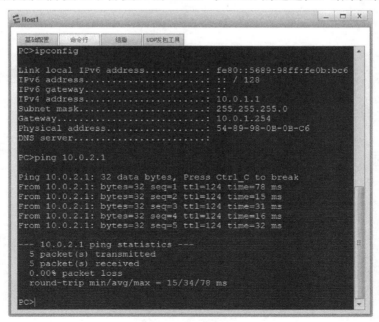

图8-2-4　OSPF多区域配置完成后连通性测试图

可以观察到通信正常。

故此，OSPF 多区域配置成功。

思考题

1. 使用 network 命令方式通告路由，有什么好处？
2. RIPv1 中应该如何使用 debugging 命令？观察 debugging 命令查看到的信息，对比 RIPv1 和 RIPv2 有何异同。
3. 请列举链路状态协议和距离矢量路由协议的相同点与不同点。
4. 在该实验中，如果现在总区域配置的区域不是骨干区域 0，而是其他非骨干区域，会出现什么现象？

拓 展 篇

- ◎ HDLC 协议配置
- ◎ PPP
- ◎ 网络地址转换 NAT
- ◎ 访问控制列表 ACL

第9章 HDLC协议配置

HDLC（High-Level Data Link Control，高级数据链路控制）协议是由 IBM 公司的 SDLC（Synchronous Data Link Control，同步数据链路控制）协议扩展开发而来的，是一个在同步网上传输数据、面向比特的数据链路层协议。20 世纪 70 年代初，IBM 公司率先提出了面向比特的同步数据链路控制规程 SDLC。随后，ANSI（American National Standards Instruction，美国国家标准局）和 ISO（international Organization for Standardization，国际标准化组织）均采纳并发展了 SDLC，并分别提出了自己的标准。ANSI 提出 ADCCP（Advanced Data Control Procedure，高级通信控制规程），而 ISO 提出了 HDLC。

HDLC

9.1 HDLC基础知识

HDLC 协议一共定义了三种数据帧，分别是传输数据的信息帧（I 帧）、对传输过程进行把关的监控帧（S 帧），以及用来对链路实施建立、拆除等控制操作的无编号帧（U 帧）。这三种帧的区别在于 HDLC 数据控制（Control）字段的结构。

9.1.1 HDLC帧结构

HDLC 帧由标志、地址、控制、信息和帧校验序列等字段组成，如图 9-1-1 所示。

| 标志字段F | 地址字段A | 控制字段C | 信息字段I | 帧校验字段FCS | 标志字段F |

图9-1-1 HDLC帧格式

（1）标志字段（F）：固定格式为 01111110，标识一个 HDLC 帧的开始和结束，所有的帧必须以 F 字段开头并以 F 字段结束；在临近两帧之间的 F，既作为前面帧的结束，又作为后面帧的开头。

（2）地址字段（A）：8bit，用于标识接收或发送 HDLC 帧的地址。

（3）控制字段（C）：8bit，用来实现 HDLC 协议的各种控制信息，并标识此帧是否是信息帧。控制字段用于表示命令和响应的种类，并对帧进行编号。由于 H3C 实现的是 HDLC 的一个简化版本，未用到 HDLC 中规定的控制信息，控制字段固定值为 0x00。

（4）信息字段（I）：它是链路层的有效载荷（用户数据），可以是任意的二进制比特串，长度未作限定，其上限由 FCS（帧校验字段）或通信节点的缓冲容量来决定，目前国际上用得比较多的是 1000～2000bit；而下限可以是 0，即无信息字段。

（5）帧校验字段（FCS）：可以使用 16 位 CRC 循环冗余检验，对两个标志字段之间的整个帧的内容进行校验。

9.1.2　HDLC零比特填充法

由 HDLC 的帧结构可知，每个 HDLC 帧前、后均有标志字段。在 HDLC 的帧结构中，若在两个标志字段之间的比特串中，碰巧出现了和标志字段 F（01111110）一样的比特组合，那么就会被误认为是帧的边界。为了避免出现这种情况，HDLC 采用零比特填充法使一帧中两个 F 字段之间不会出现 6 个连续 1。

零比特填充法的具体做法是：在发送端，当一串比特流尚未加上标志字段时，先用硬件扫描整个帧。只要发现 5 个连续 1，则立即填入一个 0。因此经过这种零比特填充后的数据，就可以保证不会出现 6 个连续 1。在接收一个帧时，先找到 F 字段以确定帧的边界。接着再用硬件对其中的比特流进行扫描。每当发现 5 个连续 1 时，就将这 5 个连续 1 后的一个 0 删除，以还原成原来的比特流。这样就保证了在所传送的比特流中，不管出现什么样的比特组合，也不至于引起帧边界的判断错误。

例如：某一非标志字段（01001111110001010）中恰好出现"01111110"，会被误认为是标志字段，则发送端连续发送 5 个"1"后，填入 1 个"0"，即发送 010011111010001010，接收端将 5 个连续的 1 之后的"0"删除，即收到 01001111110001010。

零比特填充法原理简单，很适合于硬件实现。

9.1.3　HDLC状态检测

HDLC 具有简单的探测链路及对端状态的功能。在链路层就绪后，HDLC 设备以轮询时间间隔为周期，向链路上发送 Keepalive 消息，探测对方设备是否都存在。如果在 3 个周期内无法收到对方发出的 Keepalive 消息，HDLC 设备就认为链路不可用，则链路层状态变为 Down。

如图 9-1-2 所示，同一链路两端设备的轮询时间间隔应设为相同的值，否则会导致链路不可用。默认情况下，接口的 HDLC 轮询时间间隔为 10s。如果将两端的轮询时间间隔都设为 0，则禁止链路状态检测功能。

图9-1-2　HDLC链路状态检测

9.1.4　HDLC的特点及使用限制

作为面向比特的同步数据控制协议的典型，HDLC 具有如下特征：
（1）协议不依赖于任何一种字符编码集，对于任何一种比特流都可透明传输。
（2）全双工通信，有较高的数据链路传输效率。

（3）所有的帧（包括响应帧）都有 FCS，对信息帧进行顺序编号，可防止漏收重收，传输可靠性高。
（4）采用统一的帧格式来实现数据、命令、响应的传输，容易实现。
（5）不支持验证，缺乏足够的安全性。
（6）协议不支持 IP 地址协商。
（7）用于点到点的同步链路，例如同步模式下的串行接口和 POS 接口等。
HDLC 的最大特点是不需要规定数据必须是字符集，对任何一种比特流，均可以实现透明传输。
数据链路控制协议着重对分段成物理块或包的数据进行逻辑传输。块或包也称为帧，由开始标志引导并由终止标志结束。

9.2 HDLC的配置

9.2.1 配置任务

通过 HDLC 协议实现路由器 RTA 和路由器 RTB 的互通。
任务中使用的路由器的 IP 地址规划和接口如图 9-2-1 所示，通过实验掌握 HDLC 协议的配置方法。

图9-2-1 设备组网图

9.2.2 配置步骤

配置的步骤则主要如下。
步骤 1：运行 eNSP，依据设备组网图，完成线路连接
步骤 2：查看基本配置
在 R1 上执行命令 display interface serial 0/0/0。

```
<R1>display interface Serial 0/0/0
```

根据其输出信息可以看到：

```
Serial0/0/0 current state : UP
Line protocol current state : UP
Last line protocol up time : 2018-12-08 20:23:04 UTC-08:00
Description:
Route Port,The Maximum Transmit Unit is 1500, Hold timer is 10(sec)
Internet protocol processing : disabled
Link layer protocol is PPP
LCP opened
Last physical up time    : 2018-12-08 20:23:02 UTC-08:00
```

```
Last physical down time : 2018-12-08 20:22:59 UTC-08:00
Current system time: 2018-12-08 20:35:14-08:00Interface is V35
 Last 300 seconds input rate 2 bytes/sec, 0 packets/sec
 Last 300 seconds output rate 2 bytes/sec, 0 packets/sec
 Input: 1764 bytes, 146 Packets
 Ouput: 1764 bytes, 146 Packets
 Input bandwidth utilization  : 0.02%
 Output bandwidth utilization : 0.02%
```

如粗体部分可见，当前状态是 UP，运行的链路层协议是 PPP。在 H3C 路由器中，默认封装的是 PPP 协议。

在 R2 上执行相同命令并查看如上信息，会发现情况是一样的。

步骤 3：配置路由器广域网上封装 HDLC 协议

要在路由器上配置 HDLC 协议，首先应进入相应串口的接口视图，然后用 **link-protocol hdlc** 命令将 HDLC 配置为链路层协议。配置时需要注意的是，链路两端的设备都需要配置为 HDLC，否则无法通信。

先在 R1 上配置广域网接口 Serial 0/0/0 封装 HDLC 协议。

```
[R1]int s0/0/0
[R1-Serial0/0/0]link-protocol hdlc
Warning: The encapsulation protocol of the link will be changed.
Continue? [Y/N]:y
[R1-Serial0/0/0]
```

输入 **link-protocol hdlc** 命令时，系统会询问是否需要更改封装的协议，输入 Y 就可以了。此时，在 R1 上执行命令 **display interface s0/0/0**，如下：

```
<R1>display interface s0/0/0
Serial0/0/0 current state : UP
Line protocol current state : UP
Last line protocol up time : 2018-12-08 20:43:38 UTC-08:00
Description:
Route Port,The Maximum Transmit Unit is 1500, Hold timer is 10(sec)
Internet protocol processing : disabled
Link layer protocol is nonstandard HDLC
Last physical up time    : 2018-12-08 20:41:52 UTC-08:00
Last physical down time : 2018-12-08 20:41:52 UTC-08:00
Current system time: 2018-12-08 21:26:46-08:00Interface is V35
    Last 300 seconds input rate 2 bytes/sec, 0 packets/sec
    Last 300 seconds output rate 2 bytes/sec, 0 packets/sec
    Input: 8604 bytes, 501 Packets
    Ouput: 8642 bytes, 495 Packets
    Input bandwidth utilization  : 0.02%
    Output bandwidth utilization : 0.02%
```

根据其输出信息可以看到，运行的链路层协议已经是 HDLC。

第9章 HDLC协议配置

同样的，在 R2 上配置广域网接口 HDLC 协议封装的配置。

```
[R2]int s0/0/1
[R2-Serial0/0/1]link-p
[R2-Serial0/0/1]link-protocol hdlc
Warning: The encapsulation protocol of the link will be changed.
Continue? [Y/N]:y
[R2-Serial0/0/1]
```

完成后也可以在 R2 上执行相同命令并查看信息。

步骤 4：配置 HDLC 协议轮询时间间隔和路由器广域网接口 IP 地址

要设置 HDLC 协议轮询时间间隔，应进入相应串口的接口视图，然后用 **timer hold** seconds 命令配置时间间隔，单位为秒。默认情况下，接口的 HDLC 协议轮询时间间隔为 10s，取值范围为 0 ～ 32767s。

这里我们设置 HDLC 协议轮询时间间隔为 15s。

```
[R1]int s0/0/0
[R1-Serial0/0/0] timer hold 15
-------------------------              我是分割线
[R2]int s0/0/1
[R2-Serial0/0/1]timer hold 15
```

接下来，在路由器 R1 上配置广域网接口 S 0/0/0 的 IP 地址，在路由器 R2 上配置广域网接口 S 0/0/1 的 IP 地址。

```
[R1]int s0/0/0
[R1-Serial0/0/0]ip address 10.1.1.1 30
-------------------------              我是分割线
[R2]int s0/0/1
[R2-Serial0/0/1] ip address 10.1.1.2 30
```

此时，在 R1 的 S 0/0/0 接口视图下，执行 **display this** 命令，可以看到：

```
[R1-Serial0/0/0]display this
#
interface Serial0/0/0
 link-protocol hdlc
 timer hold 15
 ip address 10.1.1.1 255.255.255.252
#
return
[R1-Serial0/0/0]
```

根据此信息即可检查并核实配置的正确性。

在 R2 的 S 0/0/1 接口模式视图下，执行同样的命令并核实配置的正确性。

步骤 5：检查路由器广域网之间的互通性

在 R1 上通过 ping 命令检查 R1 和 R2 之间的互通性，其结果是：

```
[R1]ping 10.1.1.2
  PING 10.1.1.2: 56  data bytes, press CTRL_C to break
    Reply from 10.1.1.2: bytes=56 Sequence=1 ttl=255 time=30 ms
    Reply from 10.1.1.2: bytes=56 Sequence=2 ttl=255 time=50 ms
    Reply from 10.1.1.2: bytes=56 Sequence=3 ttl=255 time=50 ms
    Reply from 10.1.1.2: bytes=56 Sequence=4 ttl=255 time=30 ms
    Reply from 10.1.1.2: bytes=56 Sequence=5 ttl=255 time=50 ms

  --- 10.1.1.2 ping statistics ---
    5 packet(s) transmitted
    5 packet(s) received
    0.00% packet loss
    round-trip min/avg/max = 30/42/50 ms
```

可见路由器 R1 和 R2 均已成功运行 HDLC 协议，并互连成功。

第10章 PPP

相对于 HDLC 封装，PPP 协议（Point-to-Point Protocol）是一种更为人周知的二层协议，它广泛应用于广域网接入和企业网接入互联网时的 PPPoE（PPP over Ethernet）。相对其他二层封装协议，PPP 协议的最大优势在于其支持认证。常用的 PPP 认证协议有 PAP 认证和 CHAP 认证，这也是华为设备支持的认证模式。其他 PPP 认证协议还有 MS CHAP 等。

PPP 协议同样是一种点到点链路层协议，主要用于在全双工的同/异步链路上进行点到点的数据传输。PPP 协议具有如下特点：

- PPP既支持同步传输又支持异步传输，而X.25、FR（Frame Relay）等数据链路层协议仅支持同步传输，SLIP仅支持异步传输。
- PPP协议具有很好的扩展性，例如，当需要在以太网链路上承载PPP协议时，PPP可以扩展为PPPoE。
- PPP提供了LCP（Link Control Protocol）协议，用于各种链路层参数的协商。
- PPP提供了各种NCP（Network Control Protocol）协议（如IPCP、IPXCP），用于各层网络层参数的协商，更好地支持了网络层协议。
- PPP提供了认证协议CHAP（Challenge-Handshake Authentication Protocol）、PAP（Password Authentication Protocol），更好地保证了网络的安全性。
- 无重传机制，网络开销小，速度快。

10.1 PPP基础理论

10.1.1 应用场景

PPP 协议有着广泛的应用场景，可以应用到广域网接入，如图 10-1-1 所示，企业分支的路由器 A 通过串口互连了企业总部的路由器 B，之后运行路由协议就可以让企业总部和企业分支通信。另外一个更加广泛的应用是家庭或者企业通过 PPPoE 拨号到互联网的场景，当我们在家里采用宽带接入时，在家庭级路由器上设置过用户名和密码，这其实就是在不知不觉中接触并设置了 PPPoE。

图10-1-1　通过点到点链路实施广域网互联

除了 PPPoE，PPP 技术还衍生出了 PPPoA、PPPoEoA、PPPoFR、PPPoMFR 和 PPPoISDN 等技术，这些技术并不在本书讨论范围之内，在后续章节，我们会重点讨论企业网接入互联网的 PPPoE 实施。

10.1.2　PPP组件

PPP 包含两个组件：链路控制协议 LCP 和网络层控制协议 NCP。

为了能适应多种多样的链路类型，PPP 定义了链路控制协议 LCP。LCP 可以自动检测链路环境，如是否存在环路；协商链路参数，如最大数据包长度，使用何种认证协议，等等。与其他数据链路层协议相比，PPP 协议的一个重要特点是可以提供认证功能，链路两端可以协商使用何种认证协议来实施认证过程，只有认证成功之后才会建立连接。对于 PPP 协议的认证重要性，读者将在后续的实验中得到更深的认识，有些工程师还会将其称为 PPP 协议的 2.5 层组件。

PPP 定义了一组网络层控制协议 NCP，每一个 NCP 对应了一种网络层协议，用于协商网络层地址等参数，例如，IPCP 用于协商控制 IP 协议，IPXCP 用于协商控制 IPX 协议等。常用的 NCP 包括 IPCP 及 IPv6CP，其中后者是对 IPv6 协议栈的支持。

10.1.3　帧格式

PPP 帧格式如图 10-1-2 所示。

标志字段 （7E）	地址字段 （FF）	控制字段 （03）	协议字段 （C021）	链路控制数据	帧校验字段 （FCS）	标志字段 （7E）
1B	1B	1B	2B	≤1500B	2B	1B

标志字段 （7E）	地址字段 （FF）	控制字段 （03）	协议字段	信息字段	帧校验字段 （FCS）	标志字段 （7E）
1B	1B	1B	2B	≤1500B	2B	1B

图10-1-2　PPP的数据帧格式

1. PPP 报头文字部的字段解释

各字段的含义解释如下。

（1）标志字段（Flag 字段），标识一个物理帧的起始和结束，该字节为 0x7E。

（2）地址字段（Address 字段），可以唯一标识对端。PPP 协议被运用在点对点的链路上，因此，使用 PPP 协议互连的两个通信设备无须知道对方的数据链路层地址。按照协议的规定将该字节填充为全 1 的广播地址，对于 PPP 协议来说，该字段无实际意义。

（3）控制字段（Control 字段），该字段默认值为 0x03，表明为无序号帧，PPP 默认没有采用序列号和确认应答来实现可靠传输。Address 域和 Control 域一起标识此报文为 PPP 报文，即 PPP 报文头为 FF03。

（4）协议字段（Protocol 字段），可用来区分 PPP 数据帧中信息域所承载的数据包类型。Protocol 域的内容必须依据 ISO 3309 的地址扩展机制所给出的规定。该机制规定协议域所填充的内容必须为奇数，也就是要求最低有效字节的最低有效位为"1"，最高有效字节的最低有效位为"0"。如果当发送端发送的 PPP 数据帧的协议域字段不符合上述规定时，接收端则会认为此数据帧是不可识别的。接收端向发送端发送一个 Protocol-Reject 报文，在该报文尾部将填充被拒绝报文的协议号。

如果协议字段被设为 0xC021，则说明通信双方正通过 LCP 报文进行 PPP 链路的协商和建立。

（5）信息字段（Information 字段），包含 Code 字段、Identifier 域等。

- Code 字段，主要用来表示LCP数据报文的类型。典型的报文类型有配置信息报文（Configure Packets：0x01）、配置成功信息报文（Configure-Ack：0x02）、终止请求报文（Terminate-Request：0x05）。
- Identifier 域，为1字节，用来匹配请求和响应。

2. LCP 中包含的报文类型

- Configure-Request（配置请求）：在链路层协商过程中发送的第一个报文，该报文表明点对点双方开始进行链路层参数的协商。
- Configure-Ack（配置响应）：收到对端发来的Configure-Request报文，如果参数取值完全被认可，则以此报文响应。
- Configure-Nak（配置不响应）：收到对端发来的Configure-Request报文，如果参数取值不被本端认可，则发送此报文并且携带本端认可的配置参数。
- Configure-Reject（配置拒绝）：收到对端发来的Configure-Request报文，如果本端不能识别对端发送的Configure-Request中的某些参数，则发送此报文并且携带那些本端不能识别的配置参数。

10.2　PPP配置

10.2.1　配置任务

在本节的 PPP 配置过程中，我们需要完成 PPP 连接的基本配置并熟悉 PPP 的常用监控和维护命令，通过实际操作掌握 PPP 协议的配置方法。

任务中使用的路由器的 IP 地址规划和接口拓扑结构示意图如图 10-2-1 所示。

图10-2-1　设备组网图

10.2.2　配置步骤

配置的步骤主要如下。
步骤 1：运行 eNSP，依据设备组网图，完成线路连接
步骤 2：查看基本配置
在 R1 上执行命令 **display interface Serial 0/0/0**；

```
<R1>display interface Serial 0/0/0
```

根据其输出信息可以看到：

```
<R1>display interface Serial 0/0/0
```
Serial0/0/0 current state : UP
Line protocol current state : UP
```
Last line protocol up time : 2018-12-09 20:36:35 UTC-08:00
Description:
Route Port,The Maximum Transmit Unit is 1500, Hold timer is 10(sec)
Internet protocol processing : disabled
```
Link layer protocol is PPP
LCP opened
```
Last physical up time    : 2018-12-09 20:36:32 UTC-08:00
Last physical down time  : 2018-12-09 20:15:52 UTC-08:00
Current system time: 2018-12-09 20:37:42-08:00Interface is V35
  Last 300 seconds input rate 0 bytes/sec, 0 packets/sec
  Last 300 seconds output rate 0 bytes/sec, 0 packets/sec
  Input: 180 bytes, 14 Packets
  Ouput: 180 bytes, 14 Packets
  Input bandwidth utilization  :     0%
  Output bandwidth utilization :     0%
```

如粗体部分可见，当前状态是 UP，运行的链路层协议是 PPP，LCP 协议是打开的。
在 R2 上执行相同命令并查看信息，会发现情况与以上信息是一样的。
步骤 3：配置路由器广域网接口 IP 地址
在 R1 上配置广域网接口 S 0/0/0 的 IP 地址。

```
[R1]int s0/0/0
[R1-Serial0/0/0]ip address 10.1.1.1 30
[R1-Serial0/0/0]
```

在 R2 上配置广域网接口的 IP 地址。

```
[R2]int s0/0/1
[R2-Serial0/0/1]ip address 10.1.1.2 30
[R2-Serial0/0/1]
```

在 R1 的 S 0/0/0 接口视图下，执行 **display this** 命令，可以看到：

```
[R1-Serial0/0/0]display this
#
interface Serial0/0/0
 link-protocol ppp
 ip address 10.1.1.1 255.255.255.252
#
return
[R1-Serial0/0/0]
```

根据此信息即可检查并核实配置的正确性。

在 R2 的 S0/0/1 接口模式视图下，执行同样的命令并核实配置的正确性。

步骤 4：检查路由器广域网之间的互通性

在 R1 上通过 ping 命令检查 R1 和 R2 之间的互通性，其结果是：

```
[R1]ping 10.1.1.2
PING 10.1.1.2: 56  data bytes, press CTRL_C to break
  Reply from 10.1.1.2: bytes=56 Sequence=1 ttl=255 time=60 ms
  Reply from 10.1.1.2: bytes=56 Sequence=2 ttl=255 time=50 ms
  Reply from 10.1.1.2: bytes=56 Sequence=3 ttl=255 time=30 ms
  Reply from 10.1.1.2: bytes=56 Sequence=4 ttl=255 time=40 ms
  Reply from 10.1.1.2: bytes=56 Sequence=5 ttl=255 time=50 ms

--- 10.1.1.2 ping statistics ---
  5 packet(s) transmitted
  5 packet(s) received
  0.00% packet loss
  round-trip min/avg/max = 30/46/60 ms
```

可见路由器 R1 和 R2 均已成功运行 PPP 协议，并互连成功。

10.3 PPP PAP认证

PAP（Password Authentication Protocol）认证是一种典型的明文认证协议。PAP 认证协议为两次握手（即仅仅通过来回两个报文）认证协议，密码以明文方式在链路上发送。如果认证失败，那么 PPP 链路将不会工作，即为 Down 状态。

LCP 协商完成后，认证方要求被认证方使用 PAP 进行认证。被认证方将配置的用户名和密码信息使用 Authenticate-Request 报文以明文方式发送给认证方。认证方收到被认证方发送的用户名和密码信息之后，根据本地配置的用户名和密码数据库检察用户名和密码信息是否匹配，如果匹配，则返回 Authenticate-Ack 报文，表示认证成功；否则返回 Authenticate-Nak 报文，表示认证失败。认证方是指开启认证的设备，被认证方是指需要提供用户名和密码等参数的设备，基于这一点，认证可以分为单向认证和双向认证（双方都开启认证）。

如图 10-3-1 所示为一个基本的 PAP/CHAP 认证过程。

被认证方把本地用户名和口令发送到认证方。

认证方根据本地配置的用户数据库（也可以是服务器上存储的数据库）查看是否有被认证方的用户名，若有，则查看口令是否正确，若口令正确，则认证通过；若口令不正确，则认证失败。认证失败会导致链路不工作，通常的认证方法为查看接口状态是否为 UP 及路由是否存在。

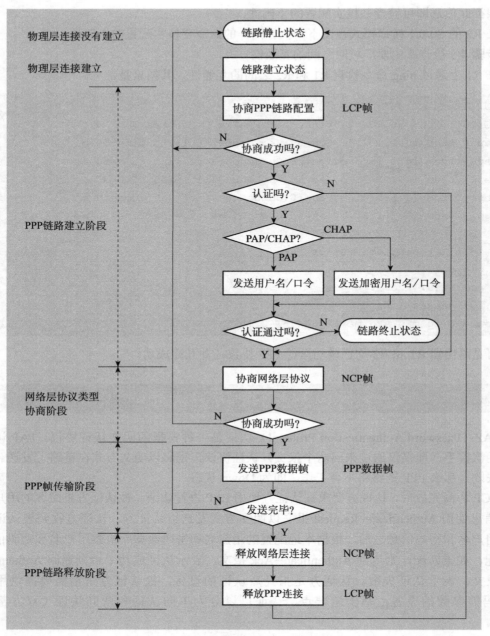

图10-3-1 基本的PAP/CHAP认证过程

10.3.1 PPP PAP认证配置

PAP 验证双方分为主验证方和被验证方,任务中使用的路由器的 IP 地址规划和接口如图 10-3-2 所示。

此处,R3 为主验证方,R4 为被验证方。

图10-3-2 设备组网图

（1）在 R3 上进行配置。

```
[R3] int s0/0/0
[R3-Serial0/0/0]ip add 1.1.1.1 24      #指定物理接口的IP地址和掩码
[R3-Serial0/0/0]aaa
[R3-aaa]local-user r4 password cipher cy   #将对端用户名和密码加入本地用户
列表Info: Add a new user.
[R3-aaa]local-user r4 service-type ppp    #设置对端用户服务类型

[R3-aaa]int s0/0/0
[R3-Serial0/0/0]ppp authentication-mode pap   #在接口视图下设置本地验证对端
的方式为PAP
[R3-Serial0/0/0]
```

（2）在 R4 上进行配置。

```
[R4]int s0/0/1
[R4-Serial0/0/1]ip add 1.1.1.2 24      #指定物理接口的IP地址和掩码
[R4-Serial0/0/1]ppp pap local-user r4 password cipher cy    #配置PAP验证
时被验证方发送的PAP用户名和密码
[R4-Serial0/0/1]
```

10.3.2 配置测试

在上述配置下，两路由器之间可 ping 通。

```
[R3]ping 1.1.1.2
  PING 1.1.1.2: 56   data bytes, press CTRL_C to break
    Reply from 1.1.1.2: bytes=56 Sequence=1 ttl=255 time=30 ms
    Reply from 1.1.1.2: bytes=56 Sequence=2 ttl=255 time=1 ms
    Reply from 1.1.1.2: bytes=56 Sequence=3 ttl=255 time=50 ms
    Reply from 1.1.1.2: bytes=56 Sequence=4 ttl=255 time=30 ms
    Reply from 1.1.1.2: bytes=56 Sequence=5 ttl=255 time=40 ms

  --- 1.1.1.2 ping statistics ---
    5 packet(s) transmitted
    5 packet(s) received
    0.00% packet loss
    round-trip min/avg/max = 1/30/50 ms
```

因为在验证时，被验证方的用户名和密码必须准确被主验证方得知，所以如果主验证方存储的用户名或者密码一旦与被验证方不同，则两者之间无法通信，此时会出现 ping 不通的情况。

10.4　PPP CPAP认证

CHAP（Challenge Handshake Authentication Protocol，挑战握手认证协议）协议，是PPP链路上基于密文发送的三次握手协议。CHAP和PAP一样，都可以配置单向或者双向认证，双向认证是指两台设备都开启认证命令。

正如前面所述，CHAP认证过程需要三次报文的交互。为了匹配请求报文和回应报文，报文中含有Identifier字段，一次认证过程所使用的报文均使用相同的Identifier信息。CHAP认证过程介绍如下。

用户（被认证方）通过PPP协议拨入之后（注意，此时没有CHAP报文发送），认证方收到报文，随后：

（1）LCP协商完成后（即用户或者被认证方拨入网络），认证方发送一个Challenge报文给被认证方，报文中含有Identifier信息和一个随机产生的Challenge字符串，此Identifier即为后续报文所使用的Identifier。

（2）被认证方收到此Challenge报文之后，进行一次加密运算，运算公式为MD5{Identifier + 密码 +Challenge}，意思是将Identifier、密码和Challenge三部分连成一个字符串，然后对此字符串做MD5运算，得到一个16字节长的摘要信息，然后将此摘要信息和端口上配置的CHAP用户名一起封装在Response报文中发回认证方。

（3）认证方接收到被认证方发送的Response报文之后，按照其中的用户名在本地查找相应的密码信息，得到密码信息之后，进行一次加密运算，运算方式和被认证方的加密运算方式相同，然后将加密运算得到的摘要信息和Response报文中封装的摘要信息做比较，相同则认证成功，不相同则认证失败。

而CHAP在传输过程中不传输密码，取代密码的是hash（哈希值）。而MD5算法是不可逆的，这样就极大地提高了安全性。该过程如图10-4-1所示。

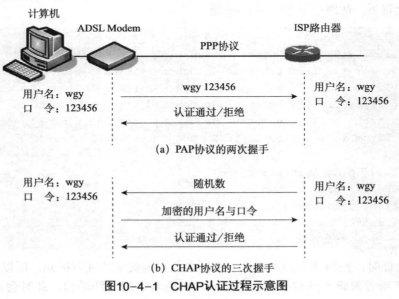

图10-4-1　CHAP认证过程示意图

不包含用户名和密码的 CHAP 配置的过程介绍如下。

（1）认证方主动发起认证请求，认证方向被认证方发送一些随机产生的报文（Challenge）。

（2）被认证方接到认证方的认证请求后，利用报文 ID、ppp chap password 命令配置的 CHAP 密码和 MD5 算法对该随机报文竞选加密，将生成的密文和用户名发回认证方（Response）。

（3）认证方用自己保存的被认证方密码和 MD5 算法对原随机报文加密，比较二者的密文，若比较结果一致，认证通过；否则认证失败。

10.4.1　PPP CHAP认证配置（默认密码验证）

CHAP 验证双方同样分为主验证方和被验证方，任务中使用的路由器的 IP 地址规划和接口如图 10-4-2 所示。此处，R5 为主验证方，R6 为被验证方，被验证方使用默认 CHAP 密码进行验证。

R5 和 R6 均在接口上配置了 ppp chap user 命令，并都配置了本地用户和密码。其中 R5 接口上配置的用户名与 R6 的本地用户名相同，而 R6 接口上配置的用户名与 R5 的本地用户名相同，并且双方密码一致。

图10-4-2　设备组网图

（1）在 R5 上进行配置。

```
[R5] int s0/0/0
[R5-Serial0/0/0]ip add 1.1.1.1 24       #指定物理接口的IP地址和掩码
[R5-Serial0/0/0]ppp authentication-mode chap   #指定R5为主验证方，验证方式为CHAP验证
[R5-Serial0/0/0]ppp chap user r5    #配置R5自己的用户名为r5
[R5-Serial0/0/0]ppp chap password cipher cy
[R5-Serial0/0/0]q
[R5]aaa
[R5-aaa]local-user r6 password cipher cy    #在R5上将R6的用户名和口令添加到本地用户列表
[R5-aaa]local-user r6 service-type ppp
```

（2）在 R6 上进行配置。

```
[R6]int s0/0/1
[R6-Serial0/0/1]ip add 1.1.1.2 24       #指定物理接口的IP地址和掩码
[R6-Serial0/0/1]ppp chap user r6     #配置R6自己的用户名为r6
[R6-Serial0/0/1]ppp chap password cipher cy
[R6-Serial0/0/1]q
[R6]aaa         #在R6上将R5的用户名和口令添加到本地用户列表
[R6-aaa]local-user r5 password cipher cy
[R6-aaa]local-user r5 service-type ppp
```

在上述配置下，两路由器之间可 ping 通。

```
[R5]ping 1.1.1.2
  PING 1.1.1.2: 56  data bytes, press CTRL_C to break
    Reply from 1.1.1.2: bytes=56 Sequence=1 ttl=255 time=60 ms
    Reply from 1.1.1.2: bytes=56 Sequence=2 ttl=255 time=20 ms
    Reply from 1.1.1.2: bytes=56 Sequence=3 ttl=255 time=40 ms
    Reply from 1.1.1.2: bytes=56 Sequence=4 ttl=255 time=30 ms
    Reply from 1.1.1.2: bytes=56 Sequence=5 ttl=255 time=30 ms

  --- 1.1.1.2 ping statistics ---
    5 packet(s) transmitted
    5 packet(s) received
    0.00% packet loss
    round-trip min/avg/max = 20/36/60 ms
```

和 PAP 验证同理，一旦主验证方存储的被验证方的用户名和密码不对，两者就无法通信。

10.4.2　PPP CHAP认证配置（本地用户及密码验证）

除了使用默认密码进行验证，CHAP 也可以让被验证方使用本地用户及密码进行验证。拓扑结构如图 10-4-3 所示。此处，R7 为主验证方，R8 为被验证方，被验证方使用本地用户及密码进行验证。

图10-4-3　设备组网图

（1）在 R7 上进行配置。

```
[R7]aaa
[R7-aaa]local-user r8 password cipher cy  # 在R7上将R8的用户名与密码添加
到本地用户列表
Info: Add a new user.
[R7-aaa]local-user r8 service-type ppp
[R7-aaa]q
[R7]int s0/0/0
[R7-Serial0/0/0]ip add 1.1.1.1 24
[R7-Serial0/0/0]ppp authentication-mode chap  # 指定R7为主验证方，验证方式
为CHAP验证
```

（2）在 R8 上进行配置。

```
[R8]int s0/0/1
[R8-Serial0/0/1]ip add 1.1.1.2 24
[R8-Serial0/0/1]ppp chap user r8
[R8-Serial0/0/1]ppp chap password cipher cy  # 在R8上配置R8自己的用户名和密码
```

在上述配置下，两路由器之间可 ping 通。

```
[R7]ping 1.1.1.2
  PING 1.1.1.2: 56   data bytes, press CTRL_C to break
    Reply from 1.1.1.2: bytes=56 Sequence=1 ttl=255 time=50 ms
    Reply from 1.1.1.2: bytes=56 Sequence=2 ttl=255 time=50 ms
    Reply from 1.1.1.2: bytes=56 Sequence=3 ttl=255 time=50 ms
    Reply from 1.1.1.2: bytes=56 Sequence=4 ttl=255 time=30 ms
    Reply from 1.1.1.2: bytes=56 Sequence=5 ttl=255 time=50 ms

  --- 1.1.1.2 ping statistics ---
    5 packet(s) transmitted
    5 packet(s) received
    0.00% packet loss
    round-trip min/avg/max = 30/46/50 ms
```

10.5　PPPoE

PPPoE（PPP over Ethernet）协议是一种 PPP 技术和以太网技术的结合体，它最常见的用途是企业网接入互联网，同时它也被称为一种传统拨号 VPN 技术。

10.5.1　PPPoE应用场景

我们已经了解到以太网是一种成本非常低的接入技术，也是人们接触最多的传输介质，传统的以太网并不支持认证，当需要通过以太网接入互联网时，计费和认证成为了一个问题，此时工程师想到了 PPP 协议，PPP 协议支持认证，方便计费和对接入用户的认证，故而 PPPoE 技术就应运而生了，它是最常用的家庭级或者企业级网络接入互联网的技术。

这里我们还要提及 DSL 技术（Digital Subscriber Line，数字用户线路），DSL 技术是一种利用现有电话网络实现数据通信的宽带技术。在使用 DSL 技术接入网络时，用户则会安装调制解调器（Modem，就是人们经常提及的"猫"），然后通过现有的电话线与数字用户线路接入复用器（DSLAM）相连。DSLAM 是各种 DSL 系统的局端设备，属于最后一公里的接入设备。最后 DSLAM 通过高速 ATM 网络或者以太网将用户的数据流量转发给宽带远程接入服务器（BRAS）。BRAS 是面向宽带网络应用的接入网关，它位于骨干网的边缘层。PPPoE 技术就配置在企业网关设备上。

10.5.2　PPPoE报文格式

PPPoE 技术将 PPP 报文封装在以太网络之上。如图 10-5-1 所示为一个典型的 PPPoE 报文，IP 数据被 PPP 报文封装，PPPoE 封装了 PPP 报文，而 PPPoE 封装在以太网之上。

字段中的解释与各个字段解释如下。

（1）Destination_address 域：一个以太网单播目的地址或者以太网广播地址（0xffffffff）。对于 Discovery 数据包来说，该域的值是单播或者广播地址，PPPoE Client 寻找 PPPoE Server 的过程使用广播地址，确认 PPPoE Server 后使用单播地址。对于 Session 阶段来说，该域必须是 Discovery 阶段已确定的通信对方的单播地址。

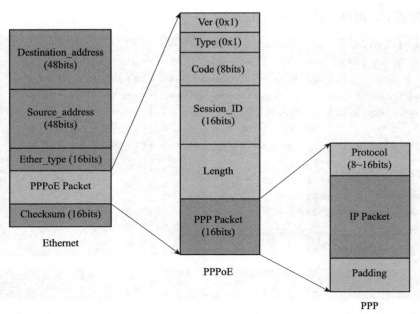

图10-5-1 PPPoE报文

（2）Sourse_address 域：源设备的以太网 MAC 地址。

（3）Ether_type：即图 10-5-1 中 Type 设置为 0x8863（Discovery 阶段或拆链阶段）或者 0x8864（Session 阶段）。

（4）PPPoE 报文的字段解释如下。

- Ver域：4bits，PPPoE版本号，值为0x1。
- Type域：4bits，PPPoE类型，值为0x1。
- Code域：8bits，PPPoE报文类型。Code域为0x00，表示会话数据；Code域为0x09，表示PADI报文；Code域为0x07，表示PADO或PADT报文；Code域为0x19，表示PADR报文；Code域为0x65，表示PADS报文。
- Session_ID域：16bits，对于一个给定的PPP会话，该值是一个固定值，并且与以太网 Sourse_Address和Destination_Address 一起实际地定义了一个PPP会话。值0xffff，不允许使用。
- Length域：16bits，定义PPPoE的Payload域长度，不包括以太网头部和PPPoE头部的长度。

10.5.3 PPPoE会话建立过程

整个 PPPoE 的会话过程，可分为 3 个阶段，即 Discovery 阶段、Session 阶段和 Terminate 阶段。

1. Discovery 阶段

这一阶段获取对方以太网地址，以及确定唯一的 PPPoE 会话。

PPPoE 的 Discovery 阶段可以分为 4 个过程：

（1）客户端发送广播报文 PADI（PPPoE Active Discovery Offer）报文，其中包括了该服务器可以提供的内容。

（2）网络中可能存在多个 PPPoE 服务器，当它收到 PADI 时，如果可以提供对应的客户端需求的信息，则响应一个 PADO（PPPoE Active Discovery Offer）报文，其中包括了该服务器可以提供的内容。

（3）PPPoE 的客户端会优先选择收到的一个来自服务器的 PADO 报文，收到之后会单播一个 PADR（PPPoE Active Discovery Request）报文，即通知服务器准备选择该服务器。

（4）最后，PPPoE 服务器通过发送一个 PADS（PPPoE Active Discovery Session-confirmation）报文把会话 ID 发送给 PPPoE Client，会话建立成功后便进入 PPPoE 会话阶段。

2. Session 阶段

Session 阶段包含两个部分：PPP 协商阶段和 PPP 报文传输阶段。

PPPoE 会话阶段开始后，和服务器之间依据 PPP 协议传送 PPP 数据，进行 PPP 的协商和数据传输。该过程其实就是 PPP 的协商过程，它可以分为 LCP 和 NCP 阶段，而且该阶段的所有报文都是单播建立发送的。

3. Terminate 阶段

会话建立以后的任意时刻，发送报文结束 PPPoE 会话。

PPP 通信双方应该使用 PPP 协议自身来结束 PPPoE 会话，但在无法使用 PPP 协议结束会话时可以使用 PADT（PPPoE Active Discovery Terminate）报文。

10.5.4　PPPoE配置示例

PPPoE 既集成了以太网应用范围广的特点，也继承了 PPP 协议可以通过认证验证连接方身份的优势。

当前比较流行的宽带接入方式，使用的就是 PPPoE 协议。

我们通过配置，让一台华为路由器充当 PPPoE 服务器，让另一台华为路由器充当 PPPoE 客户端。

PPPoE配置示例

该实验的目的是掌握为华为路由器配置 PPPoE 服务器和 PPPoE 客户端的方法。

如图 10-5-2 所示，在 PPPoE 实验中，我们使用的是两台华为路由器（AR1220）彼此相连的简单环境。鉴于本实验的目的是演示 PPPoE（Ethernet）的实现方法，因此我们在连接两台路由器时，使用的是以太网接口 GE 0/0/1。

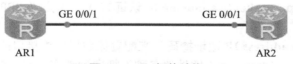

图10-5-2　拓扑结构

在这个例子中，我们会使用 AR1 来充当拨号的 PPPoE 客户端，而使用 AR2 来充当 PPPoE 的服务器。需要注意的是，因为 AR1 需要充当拨号客户端，所以在启动设备前，我们需要给它增加相应的接口卡，如图 10-5-3 所示。

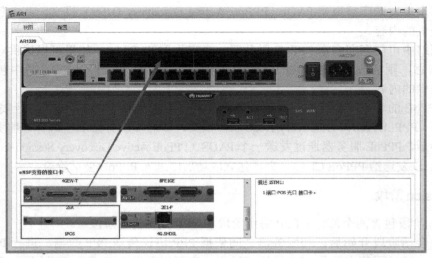

图10-5-3 添加接口卡

步骤1：配置IP地址池（PPPoE服务器）

配置IP地址池是配置服务器的第一步，管理员需要在地址池中指定PPPoE网关地址，以及分配给客户端的地址范围。该配置的地址池需要在稍后的步骤中进行调用。

配置IP地址池首先需要在系统视图中使用命令"**ip pool 地址池名称**"来完成，并同时进入地址池的配置视图。在这个视图中，我们需要使用命令"**network 网络地址 mask 网络掩码**"和"**gateway-list 网关地址**"来定义分配给客户端的网络地址及PPPoE的网关地址。

```
[AR2]ip pool 6304
Info: It's successful to create an IP address pool.
[AR2-ip-pool-pppoe]network 10.1.1.0 mask 255.255.255.0
[AR2-ip-pool-pppoe]gateway-list 10.1.1.2
```

在定义好IP地址池之后，我们需要配置一个虚拟模板，并在虚拟模板中进行一系列参数的定义。

步骤2：配置虚拟模板（PPPoE服务器）

接下来，管理员需要使用命令"**interface virtual-template 编号**"来创建虚拟模板并进入该模板的接口配置视图，并在模板下定义服务器的IP地址，关联我们在步骤1中定义的地址池，并且

（1）使用命令"**ppp authentication-mode 认证方式**"来定义PPP认证协议（此处使用CHAP方式）。

（2）使用命令"**ip address IP地址 掩码**"来配置该虚拟模板接口的IP地址。

（3）使用"**remote address pool 地址池名称**"把向远端客户端分配地址的地址池关联到这个模板下。

```
[AR2]interface Virtual-Template 1
[AR2-Virtual-Template1]ppp authentication-mode chap
[AR2-Virtual-Template1]ip address 10.1.1.2 255.255.255.0
[AR2-Virtual-Template1]remote address pool 6304
```

这样，我们就定义好了虚拟模板，下一步是在接口上调用这个虚拟模板。

步骤 3：在以太网接口上开启 PPPoE 并调用虚拟模板（PPPoE 服务器）

在这个环节中，我们需要将接受 PPPoE 拨入的物理接口绑定到虚拟模板。

我们需要在接收 PPPoE 连接的物理接口下面使用命令 "**pppoe-server bind Virtual-Template 模板编号**" 来为这个接口绑定一个虚拟模板。

```
[AR2]interface GigabitEthernet 0/0/1
[AR2-GigabitEthernet0/0/1]pppoe-server bind virtual-template 1
```

虚拟模板的配置已完成。接下来定义 PPP 的认证方式，以及用户名和密码。

步骤 4：定义拨号用户使用的用户名和密码（PPPoE 服务器）

首先需要定义与认证有关的信息。

```
[AR2]aaa
[AR2-aaa]local-user user1 password cipher cy
Info: Add a new user.
[AR2-aaa]local-user user1 service-type ppp
```

至此，PPPoE 服务器端的配置就算完成了。

接下来，我们配置 PPPoE 客户端。

步骤 5：PPPoE 客户端的配置

首先，我们需要用 "**interface dialer 拨号接口编号**" 命令配置一个拨号接口，拨号接口编号指定的数字可以由管理员自行定义。此外，在该视图中使用命令 "**dialer user 用户名**" 所指定的用户名只有本地意义，可以随意设置。

在该拨号接口配置视图中，管理员还需要执行以下步骤：

（1）通过命令 "**dialer bundle 编号**" 生成一个可以在接口模式下进行调用的拨号 bundle 编号。

（2）指定它的 IP 地址，而我们在此通过命令 ip address ppp-negotiate 将 IP 地址指定为自动协商。

（3）通过 "**ppp chap**" 命令设置客户端在拨号时使用的用户名和密码。

```
[AR1]interface Dialer 108
[AR1-Dialer108]dialer user cy
[AR1-Dialer108]dialer bundle 1
[AR1-Dialer108]ppp chap user user1
[AR1-Dialer108]ppp chap password cipher cy
[AR1-Dialer108]ip address ppp-negotiate
[AR1-Dialer108]tcp adjust-mss 1400
```

显然，命令 "ppp chap user 用户名" 中配置的用户名要与服务器端配置的用户名保持一致；同理，"ppp chap password cipher 密码" 中配置的密码也要与服务器端的密码保持一致。

这样，PPPoE 的客户端配置也完成了。

接下来可以验证配置效果。

步骤 6：PPPoE 验证

首先，我们需要在发起拨号的接口配置视图中使用命令 "pppoe-client dial-bundle-

number 编号"调用刚刚生成的拨号 bundle，即 bundle 1。

```
[AR1]interface GigabitEthernet 0/0/1
[AR1-GigabitEthernet0/0/1]pppoe-client dial-bundle-number 1
[AR1-GigabitEthernet0/0/1]
```

拨号动作完成后，我们就可以在 AR2 上使用命令 display pppoe-server session all 查看这台 PPPoE 服务器上一些与 PPPoE 会话有关的信息。

```
SID Intf                  State OIntf     RemMAC          LocMAC
1   Virtual-Template1:0   UP    GE0/0/1   00e0.fc3f.041a  00e0.fc03.2587
```

如上所示，通过这条命令，我们可以看到虚拟模板和物理地址之间的绑定关系，而且还可以看到远端设备和这台设备的 MAC 地址。

此外，也可以使用命令 display virtual-access 来查看虚拟模板接口的状态。

```
[AR2]display  virtual-access
Virtual-Template1:0 current state : UP
Line protocol current state : UP
Last line protocol up time : 2018-11-20 21:56:50 UTC-08:00
Description:HUAWEI, AR Series, Virtual-Template1:0 Interface
Route Port,The Maximum Transmit Unit is 1492, Hold timer is 10(sec)
Link layer protocol is PPP
LCP opened, IPCP opened
Current system time: 2018-11-20 21:58:15-08:00
 Input bandwidth utilization  :      0%
 Output bandwidth utilization :      0%
```

如上所示，目前这个虚拟模板接口的状态为 UP，它的数据链路层封装协议为 PPP，LCP 和 NCP 的协商都已经通过，链路已经打开。

因为上层协议为 IP，所以 NCP 在此处显示为 IPCP。

现在，让我们回到 AR1 上，通过命令 display pppoe-client session summary 查看这台 PPPoE 客户端上与 PPPoE 会话有关的信息。

```
[AR1]display pppoe-client session summary
PPPoE Client Session:
ID  Bundle Dialer Intf        Client-MAC      Server-MAC     State
1   1      108    GE0/0/1     00e0fc3f041a    00e0fc032587   UP
```

通过上面的输出信息，可以看出 PPPoE 会话状态为 UP（未建立时显示的是 IDLE，可在拨号前尝试查询），客户端 MAC 地址和服务器 MAC 地址也与 AR2 显示的信息一致。

再次查看得到的 IP 地址：

```
[AR1]display ip interface brief
*down: administratively down
^down: standby
(l): loopback
(s): spoofing
```

```
The number of interface that is UP in Physical is 3
The number of interface that is DOWN in Physical is 2
The number of interface that is UP in Protocol is 2
The number of interface that is DOWN in Protocol is 3

Interface                   IP Address/Mask        Physical    Protocol
Dialer108                   10.1.1.254/32          up          up(s)
GigabitEthernet0/0/0        unassigned             up          down
GigabitEthernet0/0/1        unassigned             down        down
NULL0                       unassigned             up          up(s)
Pos2/0/0                    unassigned             down        down
[AR1]
```

由加粗部分可查看拨号接口 Dialer108 的 IP 地址和子网掩码。

下面我们尝试在 AR1 上用命令 ping 连接 AR2 的服务器地址。

```
[AR1]ping 10.1.1.2
  PING 10.1.1.2: 56  data bytes, press CTRL_C to break
    Reply from 10.1.1.2: bytes=56 Sequence=1 ttl=255 time=40 ms
    Reply from 10.1.1.2: bytes=56 Sequence=2 ttl=255 time=40 ms
    Reply from 10.1.1.2: bytes=56 Sequence=3 ttl=255 time=20 ms
    Reply from 10.1.1.2: bytes=56 Sequence=4 ttl=255 time=30 ms
    Reply from 10.1.1.2: bytes=56 Sequence=5 ttl=255 time=10 ms

  --- 10.1.1.2 ping statistics ---
    5 packet(s) transmitted
    5 packet(s) received
    0.00% packet loss
    round-trip min/avg/max = 10/28/40 ms
```

可见，PPPoE 客户端（AR1）已经可以和服务器（AR2）建立通信，拨号成功。

第11章 网络地址转换NAT

网络地址转换（Network Address Translation，NAT），是一种在 IP 数据包通过路由器或防火墙时重写来源 IP 地址或目的 IP 地址的技术。这种技术被普遍使用在有多台主机但只通过一个公有 IP 地址访问因特网的私有网络中。

NAT

11.1 静态NAT实现

拓扑结构示意图如图 11-1-1 所示。

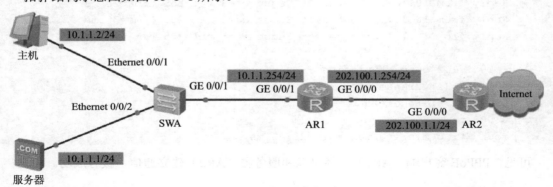

图11-1-1　静态 NAT实施的拓扑结构示意图

其中 10.1.1.2/24 网络为私有网络，而 202.100.1.0/24 属于公网，在内网存在一台服务器，地址为 10.1.1.1/24。

11.1.1 基础配置

按照图 1-1-1 所示设置相关地址。
AR1 的端口 GE 0/0/1。

```
<AR1>sys
Enter system view, return user view with Ctrl+Z.
[AR1]int GigabitEthernet 0/0/1
[ AR1i-GigabitEthernet0/0/1]ip address 10.1.1.254 24
```

AR1 的端口 GE 0/0/0。

第11章 网络地址转换NAT

```
[AR1]interface GigabitEthernet 0/0/0
[AR1-GigabitEthernet0/0/0]ip address 202.100.1.254 24
```

AR2 的端口 GE 0/0/0。

```
<AR2>sys
Enter system view, return user view with Ctrl+Z.
[AR2]int GigabitEthernet 0/0/0
[AR2-GigabitEthernet0/0/0]ip address 202.100.1.1 24
```

服务器相关配置，如图 11-1-2 所示。

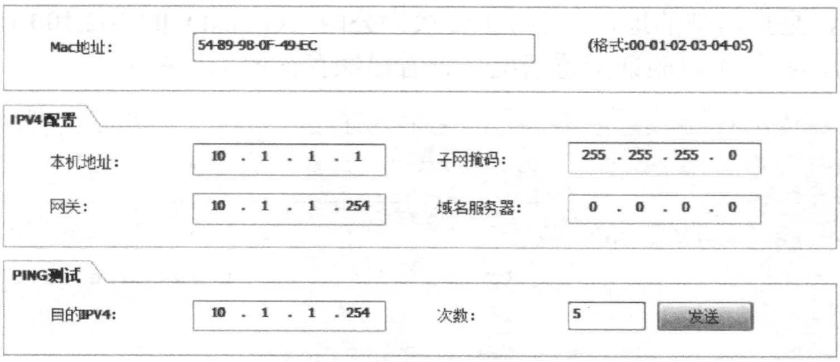

图11-1-2　NAT实施的拓扑结构示意图

主机相关配置，如图 11-1-3 所示。

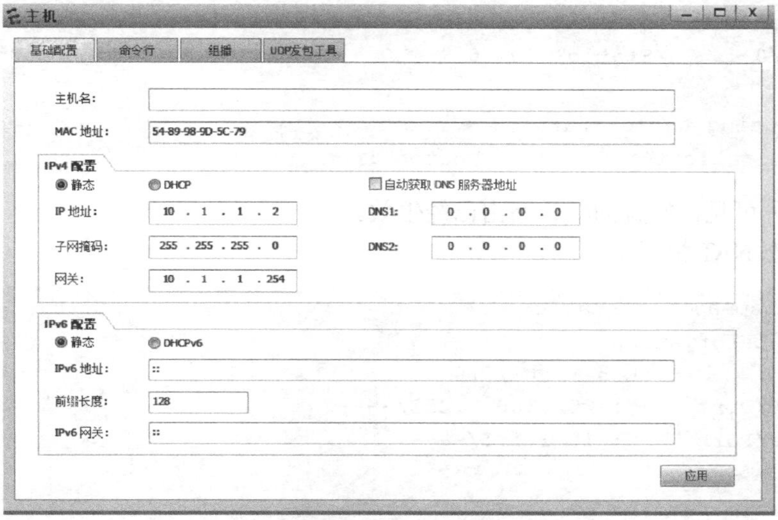

图11-1-3　NAT实施的拓扑结构示意图

11.1.2 静态NAT配置

静态 NAT 很多时候也被称为 Basic NAT，是最为简单的 NAT 实现方式。它并不能节约公网 IP 的地址资源，所以在现实中实施 NAT 时，静态 NAT 常常被排除在外。其原理非常简单，就是把私有地址和公网地址一一对应。

```
<Huawei>sys
Enter system view, return user view with Ctrl+Z.
[Huawei]ip route-static 0.0.0.0 0 GigabitEthernet 0/0/0 202.100.1.1
[Huawei]interface GigabitEthernet 0/0/0
[Huawei-GigabitEthernet0/0/0]nat static global 202.100.1.253 inside
10.1.1.1 netmask 255.255.255.255
```

第一条命令 **ip route-static 0.0.0.0 0 GigabitEthernet 0/0/0 202.100.1.1**，是在 AR1 上配置默认路由，使得数据报文在转换完毕后可以通过该路由把报文转发到外网。

而在端口 GE 0/0/0 下的命令 **nat static global 202.100.1.253 inside 10.1.1.1 netmask 255.255.255.255**，是把内部的地址 10.1.1.1 转换为公网（Global）的 202.100.1.253。

配置完成后，我们可以验证配置情况，查看已经存在的默认路由：

```
[Huawei]display ip routing-table protocol static
Route Flags: R - relay, D - download to fib
------------------------------------------------------------------------
Public routing table : Static
       Destinations : 1        Routes : 1        Configured Routes : 1

Static routing table status : <Active>
       Destinations : 1        Routes : 1

Destination/Mask    Proto   Pre  Cost   Flags  NextHop        Interface

    0.0.0.0/0       Static  60   0        D    202.100.1.1    GigabitEthernet0/0/0

Static routing table status : <Inactive>
       Destinations : 0        Routes : 0
```

从粗体部分可见，配置的默认路由已经生效。

再查看静态 NAT 情况：

```
[Huawei]display nat static
Static Nat Information:
Interface : GigabitEthernet0/0/0
   Global IP/Port     : 202.100.1.253/----
   Inside IP/Port     : 10.1.1.1/----
   Protocol : ----
   VPN instance-name  : ----
   Acl number         : ----
   Netmask : 255.255.255.255
   Description : ----

Total :   1
```

从粗体部分可见，NAT 已经生效。

可以看到，此时服务器已经可以和网关通信，如图 11-1-4 所示。

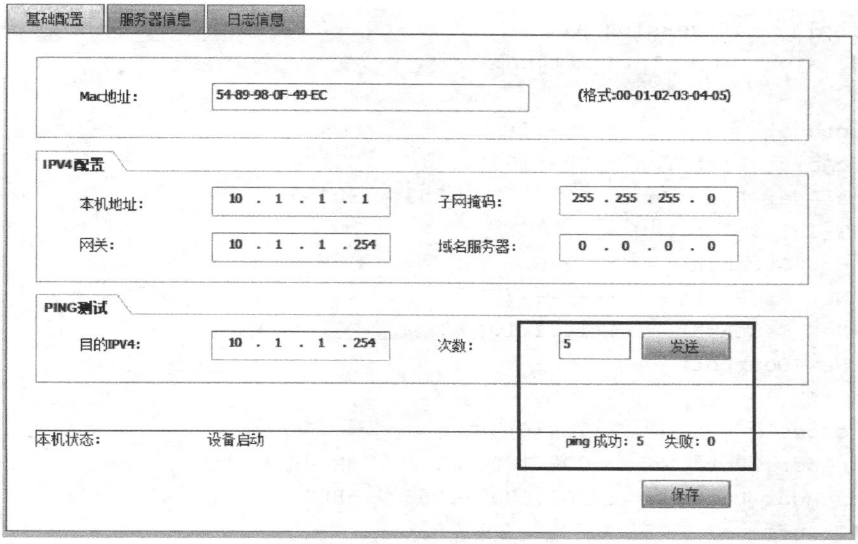

第11章 网络地址转换NAT

图11-1-4 测试和服务器的通信

接下来，我们在服务器上开启 HTTP 服务用于测试 NAT，如图 1-1-5 所示。

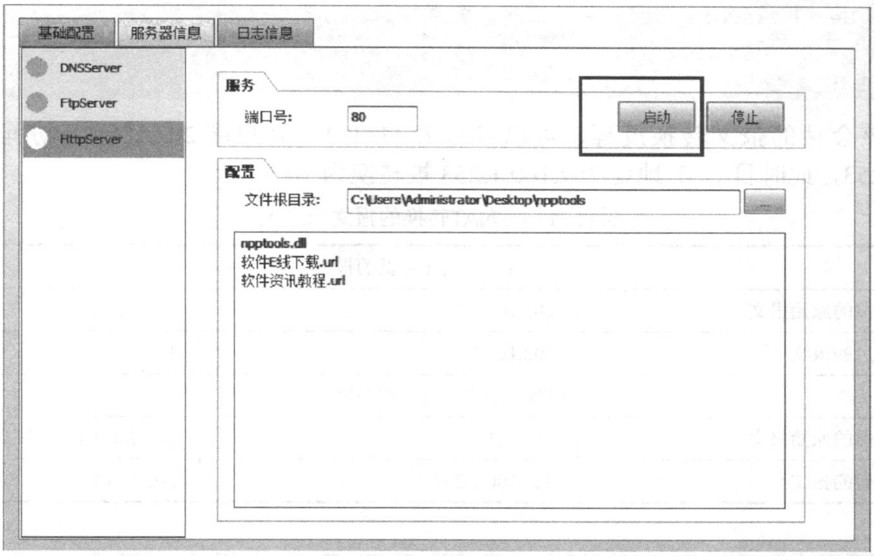

图11-1-5 开启HTTP服务

此时在外部设备 AR2 上测试 HTTP 服务：

```
<Huawei>telnet 202.100.1.253 80
  Press CTRL_] to quit telnet mode
  Trying 202.100.1.253 ...
  Connected to 202.100.1.253 ...
```

从粗体部分可见，外部设备成功连接到了服务器。
此时，我们再查看设备的会话情况：

```
<AR1>display nat session all
 NAT Session Table Information:

    Protocol         : TCP(6)
    SrcAddr  Port Vpn : 202.100.1.1       33474
    DestAddr Port Vpn : 202.100.1.253     20480
    NAT-Info
      New SrcAddr     : ----
      New SrcPort     : ----
      New DestAddr    : 10.1.1.1
      New DestPort    : ----

    Protocol         : TCP(6)
    SrcAddr  Port Vpn : 202.100.1.1       32709
    DestAddr Port Vpn : 202.100.1.253     5888
    NAT-Info
      New SrcAddr     : ----
      New SrcPort     : ----
      New DestAddr    : 10.1.1.1
      New DestPort    : ----

 Total : 2
```

关于该会话的报文转换过程，可以参考表 11-1-1。客户端 202.100.1.1 访问公网地址 202.100.1.253，此时目的 IP 地址 202.100.1.253 被转换为 10.1.1.1。

表11-1-1　NAT转换的报文示意图

客户端发送到服务器的报文		
NAT转换之前的原始报文	202.100.1.1	202.100.1.253
NAT转换之后的报文	202.100.1.1	10.1.1.1
服务器发送到客户端的报文		
NAT转换之前的原始报文	10.1.1.1	202.100.1.1
NAT转换之后的报文	202.100.1.253	202.100.1.1

11.2　动态NAT实现

拓扑结构示意图如图 11-2-1 所示。

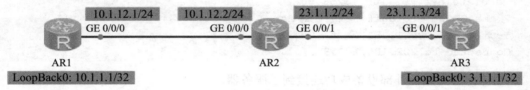

图11-2-1　动态NAT实施的拓扑结构示意图

11.2.1 基础配置

按照拓扑结构图配置 IP 地址。
路由器 AR1：

```
[AR1]interface GigabitEthernet 0/0/0
[AR1-GigabitEthernet0/0/0]ip address 10.1.12.1 24
[AR1-GigabitEthernet0/0/0]q
[AR1]interface LoopBack 0
[AR1-LoopBack0]ip address 10.1.1.1 32
[AR1-LoopBack0]
```

路由器 AR2：

```
[AR2]int GigabitEthernet 0/0/0
[AR2-GigabitEthernet0/0/0]ip address 10.1.12.2 24
[AR2-GigabitEthernet0/0/0]int GigabitEthernet 0/0/1
[AR2-GigabitEthernet0/0/1]ip address 23.1.1.2 24
[AR2-GigabitEthernet0/0/1]
```

路由器 AR3：

```
[AR3]int GigabitEthernet 0/0/1
[AR3-GigabitEthernet0/0/1]ip address 23.1.1.3 24
[AR3-GigabitEthernet0/0/1]int LoopBack 0
[AR3-LoopBack0]ip address 3.1.1.1 32
[AR3-LoopBack0]
```

接下来，为了保证 AR1 能够和该拓扑中的所有网络通信，我们在 AR1 上配置一条默认路由，指向 AR2 的 GE 0/0/0。

```
[AR1]ip route-static 0.0.0.0 0 10.1.12.2
```

然后，为了保证 AR2 能够和该拓扑中的所有网络通信，我们在 AR2 上配置一条去往 AR1 LoopBack0 接口的静态路由，下一跳指向 AR1 的 GE 0/0/0 端口，再配置一条默认路由，下一跳指向 AR3 的 GE 0/0/1。

```
[AR2]ip route-static 10.1.1.1 32 10.1.12.1
[AR2]ip route-static 0.0.0.0 0 23.1.1.3
```

同样，为了保证 AR3 能够和该拓扑中的其他网络通信，我们在 AR3 上配置一条默认路由，指向 AR2 的 GE 0/0/1。

```
[AR3]ip route-static 0.0.0.0 0 23.1.1.2
```

这样，AR1、AR2 和 AR3 都应该能够向整个拓扑中的其他网络发送数据了。
我们测试如下：

```
<AR1>ping 3.1.1.1
  PING 3.1.1.1: 56  data bytes, press CTRL_C to break
    Reply from 3.1.1.1: bytes=56 Sequence=1 ttl=254 time=30 ms
    Reply from 3.1.1.1: bytes=56 Sequence=2 ttl=254 time=40 ms
    Reply from 3.1.1.1: bytes=56 Sequence=3 ttl=254 time=20 ms
    Reply from 3.1.1.1: bytes=56 Sequence=4 ttl=254 time=40 ms
    Reply from 3.1.1.1: bytes=56 Sequence=5 ttl=254 time=30 ms

  --- 3.1.1.1 ping statistics ---
    5 packet(s) transmitted
    5 packet(s) received
    0.00% packet loss
    round-trip min/avg/max = 20/32/40 ms
  ---------------------------                分割线
  <AR3>ping 10.1.1.1
  PING 10.1.1.1: 56  data bytes, press CTRL_C to break
    Reply from 10.1.1.1: bytes=56 Sequence=1 ttl=254 time=20 ms
    Reply from 10.1.1.1: bytes=56 Sequence=2 ttl=254 time=50 ms
    Reply from 10.1.1.1: bytes=56 Sequence=3 ttl=254 time=40 ms
    Reply from 10.1.1.1: bytes=56 Sequence=4 ttl=254 time=30 ms
    Reply from 10.1.1.1: bytes=56 Sequence=5 ttl=254 time=20 ms

  --- 10.1.1.1 ping statistics ---
    5 packet(s) transmitted
    5 packet(s) received
    0.00% packet loss
    round-trip min/avg/max = 20/32/50 ms
```

可见，整个拓扑结构已经完全连通。

11.2.2 动态NAT配置

动态 NAT 配置一般分为三个步骤。

步骤 1：定义要转换的地址

在定义要转换的地址时，先需要输入命令"**acl** ACL 编号"创建一个 ACL，并进入这个 ACL 配置模式。然后通过输入命令"**rule** 语句编号 **permit source** 要转换的网络地址 该网络的反掩码"来定义该 ACL 要匹配的地址。

这里，我们将整个 A 类网络 10.0.0.0/8 都定义为可以进行转换的地址。

```
[AR2]acl 2000
[AR2-acl-basic-2000]rule 5 permit source 10.0.0.0 0.255.255.255
[AR2-acl-basic-2000]
```

步骤 2：定义地址池

通过命令"**nat address-group** 地址池编号 首个地址 最后一个地址"定义转换后的地址池。这里，我们将 23.1.1.100 ～ 23.1.1.200 作为地址池中的地址。

第11章 网络地址转换NAT

```
[AR2]nat address-group 1 23.1.1.100 23.1.1.200
[AR2]
```

当然，这里步骤 1 和步骤 2，通过 ACL 定义要转换的地址和地址池，这两个步骤的次序并不固定，其前后顺序是可以对调的。

步骤 3：地址关联

在出接口上，即端口 GE 0/0/1 上，通过命令 "**nat outbound** ACL 编号 **address-group** 地址池编号"，将要转换的地址和地址池中的地址进行关联。

```
[AR2]int GigabitEthernet 0/0/1
[AR2-GigabitEthernet0/0/1]nat outbound 2000 address-group 1
[AR2-GigabitEthernet0/0/1]
```

这样，动态 NAT 的配置就完成了。我们可以进行验证。

11.2.3 动态NAT验证

在验证动态 NAT 时，我们可以通过命令 "**display nat outbound**" 来查看接口、ACL 和地址池之间的绑定情况。

```
[AR2]display nat outbound
 NAT Outbound Information:
 --------------------------------------------------------------
  Interface                    Acl      Address-group/IP/Interface        Type
 --------------------------------------------------------------
  GigabitEthernet0/0/1         2000                              1        pat
 --------------------------------------------------------------
  Total : 1
[AR2]
```

显然，这里显示的信息和我们在接口 GE 0/0/1 上配置的信息是一致的。需要说明的是，最后的类型（Type）一列，pat 表示当转换后地址的地址池耗尽时，路由器可以使用端口地址转换（PAT）来为其他还没有转换地址的设备进行地址转换。

此外，我们还可以通过在 AR1 上 ping AR3 的环回接口的方式，验证地址转换是否成功。

```
 [AR1]ping 3.1.1.1
PING 3.1.1.1: 56  data bytes, press CTRL_C to break
  Request time out
  Reply from 3.1.1.1: bytes=56 Sequence=2 ttl=254 time=70 ms
  Reply from 3.1.1.1: bytes=56 Sequence=3 ttl=254 time=40 ms
  Reply from 3.1.1.1: bytes=56 Sequence=4 ttl=254 time=20 ms
  Reply from 3.1.1.1: bytes=56 Sequence=5 ttl=254 time=30 ms

--- 3.1.1.1 ping statistics ---
  5 packet(s) transmitted
  4 packet(s) received
  20.00% packet loss
  round-trip min/avg/max = 20/40/70 ms
```

由于我们在设置 ACL 时，将整个 10.0.0.0/8 这个 A 类地址都设置为要转换的地址，而 AR1 的环回接口地址也在这个地址范围内，因此通过 AR2 的转换，我们完全应该能够以 AR1 环回接口 10.1.1.1 为源地址，去访问 AR3 的环回接口地址 3.1.1.1。

```
[AR1]ping -a 10.1.1.1 3.1.1.1
  PING 3.1.1.1: 56  data bytes, press CTRL_C to break
    Reply from 3.1.1.1: bytes=56 Sequence=1 ttl=254 time=40 ms
    Reply from 3.1.1.1: bytes=56 Sequence=2 ttl=254 time=20 ms
    Reply from 3.1.1.1: bytes=56 Sequence=3 ttl=254 time=20 ms
    Reply from 3.1.1.1: bytes=56 Sequence=4 ttl=254 time=10 ms
    Reply from 3.1.1.1: bytes=56 Sequence=5 ttl=254 time=20 ms

  --- 3.1.1.1 ping statistics ---
    5 packet(s) transmitted
    5 packet(s) received
    0.00% packet loss
    round-trip min/avg/max = 10/22/40 ms
```

如上所示，通过扩展的 ping 命令，显示源地址 10.1.1.1 到目标地址 3.1.1.1 是连通的。此时，我们再查看设备的会话情况：

```
<AR2>display nat session all
NAT Session Table Information:

   Protocol            : ICMP(1)
   SrcAddr    Vpn      : 10.1.12.1
   DestAddr   Vpn      : 3.1.1.1
   Type Code IcmpId    : 0   8   43987
   NAT-Info
     New SrcAddr       : 23.1.1.114
     New DestAddr      : ----
     New IcmpId        : 10242

   Protocol            : ICMP(1)
   SrcAddr    Vpn      : 10.1.1.1
   DestAddr   Vpn      : 3.1.1.1
   Type Code IcmpId    : 0   8   43988
   NAT-Info
     New SrcAddr       : 23.1.1.156
     New DestAddr      : ----
     New IcmpId        : 10242

 Total : 2
```

可以看到，针对刚刚发起的两次 ping 命令，事实上 AR2 已经完成了两次 NAT 转换。即 AR2 将从 10.1.1.1 发来的 ICMP 数据包（扩展的 ping 命令）的源地址转为 23.1.1.156；而将 10.1.12.1 发来的 ICMP 数据包的源地址转换为了 23.1.1.114。

第12章 访问控制列表ACL

访问控制列表（Access Control List，ACL），是一种应用非常广泛的网络技术，是应用在路由器接口的指令列表（规则），这些指令列表用来告诉路由器，哪些数据包可以接受，哪些数据包需要拒绝。它的基本原理极为简单：配置了 ACL 的网络设备根据事先设定好的报文匹配规则对经过该设备的报文进行匹配，然后对匹配上的报文执行事先设定好的处理动作。这些匹配规则及相应的处理动作是根据具体的网络需求而设定的。处理动作的不同及匹配规则的多样性，使得 ACL 可以发挥出各种各样的功效。

访问控制列表ACL

ACL 是由 permit|deny 语句组成的一系列有顺序的规则，这些规则根据数据包的源地址、目的地址、端口号等来描述。ACL 通过这些规则对数据包进行分类，并将这些规则应用到路由器的接口中，路由器根据这些规则来判断哪些数据包可以接收，哪些数据包需要拒绝。

按照访问控制列表的用途，可以分为 4 类，即基本的访问控制列表（Basic ACL）、高级的访问控制列表（Advanced ACL）、基于接口的访问控制列表（Interface-based ACL）、基于 MAC 地址的访问控制列表（Mac-based ACL）。

访问控制列表的使用用途是依靠数字的范围来指定的，1000 ～ 1999 范围的数字型访问控制列表是基于接口的访问控制列表，2000 ～ 2999 范围的数字型访问控制列表是基本的访问控制列表，3000 ～ 3999 范围的数字型访问控制列表是高级的访问控制列表，4000 ～ 4999 范围的数字型访问控制列表是基于 MAC 地址的访问控制列表。

12.1 基础配置及测试

拓扑结构示意图如图 12-1-1 所示。

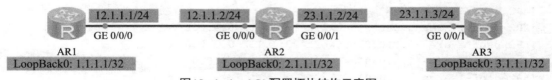

图12-1-1　ACL配置拓扑结构示意图

三台路由器按照拓扑结构示意图进行接口的相连并设定相应地址。此外，为了让所有网络互相连通，在三台路由器上均通过 OSPF 协议宣告自己所有的直连网络。

12.1.1 基础配置

按照图 12-1-1 设置相关地址。
先设定 AR1：

```
[AR1]int GigabitEthernet 0/0/0
[AR1-GigabitEthernet0/0/0]ip address 12.1.1.1 24
[AR1-GigabitEthernet0/0/0]interface LoopBack 0
[AR1-LoopBack0]ip address 1.1.1.1 32
[AR1-LoopBack0]
```

再设定 AR2：

```
[AR2]int GigabitEthernet 0/0/0
[AR2-GigabitEthernet0/0/0]ip address 12.1.1.2 24
[AR2-GigabitEthernet0/0/0] interface GigabitEthernet 0/0/1
[AR2-GigabitEthernet0/0/1]ip address 23.1.1.2 24
[AR2-GigabitEthernet0/0/1] interface LoopBack 0
[AR2-LoopBack0]ip address 2.1.1.1 32
[AR2-LoopBack0]
```

再设定 AR3：

```
[AR3]interface GigabitEthernet 0/0/1
[AR3-GigabitEthernet0/0/1]ip address 23.1.1.3 24
[AR3-GigabitEthernet0/0/1]q
[AR3]interface LoopBack 0
[AR3-LoopBack0]ip address 3.1.1.1 32
[AR3-LoopBack0]
```

地址配置完成后，我们配置 OSPF，使全网互相可连。
同样分别对 AR1、AR2 和 AR3 进行配置：

```
[AR1]ospf 1 router-id 1.1.1.1
[AR1-ospf-1]area 0
[AR1-ospf-1-area-0.0.0.0]network 12.1.1.1 0.0.0.0
[AR1-ospf-1-area-0.0.0.0]network 1.1.1.1 0.0.0.0
[AR1-ospf-1-area-0.0.0.0]
-------------------------                分割线
[AR2]ospf 1 router-id 2.1.1.1
[AR2-ospf-1]area 0
[AR2-ospf-1-area-0.0.0.0]network 12.1.1.2 0.0.0.0
[AR2-ospf-1-area-0.0.0.0]network 23.1.1.2 0.0.0.0
[AR2-ospf-1-area-0.0.0.0]network 2.1.1.1 0.0.0.0
[AR2-ospf-1-area-0.0.0.0]
-------------------------                分割线
[AR3]ospf 1 router-id 3.1.1.1
[AR3-ospf-1]area 0
[AR3-ospf-1-area-0.0.0.0]network 23.1.1.3 0.0.0.0
```

```
[AR3-ospf-1-area-0.0.0.0]network 3.1.1.1 0.0.0.0
[AR3-ospf-1-area-0.0.0.0]
```

12.1.2 基础配置的测试

首先,在 AR1 上测试到 AR3 的环回接口的连通性。

```
<AR1>ping 3.1.1.1
  PING 3.1.1.1: 56  data bytes, press CTRL_C to break
    Reply from 3.1.1.1: bytes=56 Sequence=1 ttl=254 time=50 ms
    Reply from 3.1.1.1: bytes=56 Sequence=2 ttl=254 time=10 ms
    Reply from 3.1.1.1: bytes=56 Sequence=3 ttl=254 time=20 ms
    Reply from 3.1.1.1: bytes=56 Sequence=4 ttl=254 time=20 ms
    Reply from 3.1.1.1: bytes=56 Sequence=5 ttl=254 time=20 ms

  --- 3.1.1.1 ping statistics ---
    5 packet(s) transmitted
    5 packet(s) received
    0.00% packet loss
    round-trip min/avg/max = 10/24/50 ms
```

可见通信成功。

接下来,再以 AR1 的环回接口地址为源地址,测试到 AR3 的环回接口的连通性。

```
<AR1>ping -a 1.1.1.1 3.1.1.1
  PING 3.1.1.1: 56  data bytes, press CTRL_C to break
    Reply from 3.1.1.1: bytes=56 Sequence=1 ttl=254 time=20 ms
    Reply from 3.1.1.1: bytes=56 Sequence=2 ttl=254 time=20 ms
    Reply from 3.1.1.1: bytes=56 Sequence=3 ttl=254 time=40 ms
    Reply from 3.1.1.1: bytes=56 Sequence=4 ttl=254 time=20 ms
    Reply from 3.1.1.1: bytes=56 Sequence=5 ttl=254 time=20 ms

  --- 3.1.1.1 ping statistics ---
    5 packet(s) transmitted
    5 packet(s) received
    0.00% packet loss
    round-trip min/avg/max = 20/24/40 ms
```

同样成功,此时即可认为基础配置全部完成。

12.2 基本ACL实现

基本访问控制列表只能使用源地址信息,作为定义访问控制列表规则的元素。在这里,我们希望通过 ACL,在 AR2 上执行访问控制,不让源地址为 1.1.1.1 的数据包通过 AR2。

12.2.1 基本ACL配置

一个访问控制列表的实现,可以分为三个步骤:访问控制列表的创建、基本的访问控制列表的规则制定、将具体的 ACL 应用到相应接口上。

步骤1：访问控制列表的创建

一个访问控制列表由 permit | deny 语句组成的一系列的规则列表构成。在配置访问控制列表的规则之前，首先需要创建一个访问控制列表，可以使用"**acl acl-number**"命令来创建。

根据需求，这里仅仅过滤来自某个地址的流量，因此我们可以匹配流量源 IP 地址的基本 ACL 就可以达到要求，可以选择 2000 ~ 2999 之间的数字作为编号。

```
[AR2]acl 2000
[AR2-acl-basic-2000]
```

接下来我们为创建的 ACL 添加匹配规则，基本 ACL 添加匹配规则的语句比较简单。

步骤2：基本的访问控制列表（Basic ACL）规则制定

基本访问控制列表只能使用源地址信息，作为定义访问控制列表的规则的元素。通过前面创建的基本访问控制列表，在基本访问控制列表视图下，可以创建基本访问控制列表的规则。

可以使用如下的命令定义一个基本访问控制列表的规则：

rule { permit | deny } [source sour-addr sour-wildcard | any]

这里的几个参数分别表示如下。

- permit：通过符合条件的数据包。
- deny：丢弃符合条件的数据包。
- source：可选参数，指定ACL规则的源地址信息。如果不指定，表示报文的任何源地址都匹配。
- sour-addr：数据包的源地址；或用"any"代表源地址0.0.0.0，反掩码255.255.255.255。
- sour-wildcard：源地址的反掩码。

一个 ACL 中可以包含很多这样或允许或拒绝某些网络的句子，默认情况下，如果没有手动配置被拒绝的数据源所发来的数据都会被放行。

在本例中，我们需要拒绝所有来自 1.1.1.1 的数据穿过 AR2，所以可以配置：

```
[AR2-acl-basic-2000]rule deny source 1.1.1.1 0.0.0.0
```

这样，我们就创建好了 ACL 的规则，接下来，我们需要将规则应用到相应的接口上。

步骤3：将具体的 ACL 应用到相应的接口上

可以通过命令"**traffic-filter** 过滤方向 **acl** ACL 编号"来使用这个 ACL，过滤某个方向上的流量。

本例中，我们的需求是不让所有来自 1.1.1.1 的数据通过 AR2。因此，我们需要在靠近 1.1.1.1 这个网络的接口（GE 0/0/0）的入站方向进行应用。

```
[AR2]int GigabitEthernet 0/0/0
[AR2-GigabitEthernet0/0/0]traffic-filter inbound acl 2000
```

这样，配置就完成了。

12.2.2 基本ACL的测试

首先，我们回到 AR1，以 1.1.1.1 为源地址，测试到 AR3 的环回地址的连通性。

第12章 访问控制列表ACL

```
<AR1>ping -a 1.1.1.1 3.1.1.1
  PING 3.1.1.1: 56  data bytes, press CTRL_C to break
    Request time out
    Request time out
    Request time out
    Request time out
    Request time out

  --- 3.1.1.1 ping statistics ---
    5 packet(s) transmitted
    0 packet(s) received
    100.00% packet loss
```

可以看到，在基础配置的测试中原本可以 ping 通的测试现在出现了变化，变超时了（Request time out）。这就说明 ACL 起了作用。此时，如果我们不限定数据的源地址为 1.1.1.1，而直接让 AR1 以端口 GE 0/0/0 去 ping AR3 的环回地址，测试如下：

```
<AR1>ping 3.1.1.1
  PING 3.1.1.1: 56  data bytes, press CTRL_C to break
    Reply from 3.1.1.1: bytes=56 Sequence=1 ttl=254 time=40 ms
    Reply from 3.1.1.1: bytes=56 Sequence=2 ttl=254 time=20 ms
    Reply from 3.1.1.1: bytes=56 Sequence=3 ttl=254 time=10 ms
    Reply from 3.1.1.1: bytes=56 Sequence=4 ttl=254 time=20 ms
    Reply from 3.1.1.1: bytes=56 Sequence=5 ttl=254 time=20 ms

  --- 3.1.1.1 ping statistics ---
    5 packet(s) transmitted
    5 packet(s) received
    0.00% packet loss
    round-trip min/avg/max = 10/22/40 ms
```

如上所见，从 AR1 直接 ping AR3 的结果可知，双方可以进行通信。

即表明只有以 1.1.1.1 为源地址发起的通信会被拒绝，测试成功。

接下来，我们再展示一下高级 ACL 的应用。在此之前，我们先删除配置的 ACL。

```
[AR2-GigabitEthernet0/0/0]undo traffic-filter inbound
```

12.3 高级ACL实现

高级访问控制列表可以使用数据包的源地址信息、目的地址信息、IP 承载的协议类型、针对协议的特性，例如 TCP 的源端口、目的端口及 ICMP 协议的类型、代码等内容定义规则。可以利用高级访问控制列表定义比基本访问控制列表更准确、更丰富、更灵活的规则。

12.3.1 高级ACL配置

在这个环节中，我们希望实现如下效果：AR1 可以 Telnet 到 AR3 上，但不能 ping 通 AR3。

显然，这个需求不能通过编号为 2000～2999 的基本 ACL 来实现——因为基本 ACL 只能根据数据的源地址来匹配流量。因此，我们使用高级 ACL 实现。当然，实现 ACL 的三个步骤是不变的。

步骤 1：访问控制列表的创建

```
[AR2]acl 3000
[AR2-acl-adv-3000]
```

当在 ACL 后面的编号输入 3000～3999 时，自动进入 ACL 高级访问控制列表视图。在高级访问控制列表视图下，可以创建高级访问控制列表的规则。因为高级 ACL 可以匹配的元素比基本 ACL 要多得多，因此在配置时需要指定的参数也相应增多。

步骤 2：高级访问控制列表（Adv ACL）规则制定

可以使用如下的命令定义一个高级访问控制列表规则：

rule { **permit** | **deny** } **protocol** [source sour-addr sour-wildcard | any] [destination dest-addr dest-mask | any]

这里的几个参数分别表示如下。

- deny：拒绝符合条件的数据包。
- permit：允许符合条件的数据包。
- protocol：用名字或数字表示的IP承载的协议类型。数字范围为1~255；名字取值范围为gre、icmp、igmp、ip、ipinip、ospf、tcp、udp。
- source：可选参数，指定ACL规则的源地址信息。如果不配置，表示报文的任何源地址都匹配。
- sour-addr：数据包的源地址；或用"any"代表源地址0.0.0.0，反掩码255.255.255.255。
- sour-wildcard：源地址的反掩码。
- destination：可选参数，指定ACL规则的目的地址信息。如果不配置，表示报文的任何目的地址都匹配。
- dest-addr：数据包的目的地；或用"any"代表目的地址0.0.0.0，反掩码255.255.255.255。
- dest-wildcard：目的地址反掩码；或用"any"代表目的地址0.0.0.0，反掩码255.255.255.255。

鉴于我们要让 AR1 不能 ping 通 AR3，因此需要拒绝从 12.1.1.1 去往 3.1.1.1 的 ICMP 流量。

```
[AR2-acl-adv-3000]rule deny icmp source 12.1.1.1 0 destination 3.1.1.1 0 icmp-type echo
```

这里，我们配置的是 deny。至于 AR1 去 Telnet AR3 则无须专门配置，因为默认的参数是"permit"。

下一步是在相应接口上应用这条 ACL。

步骤 3：将具体的 ACL 应用到相应的接口上

无论是基本 ACL 还是高级 ACL，应用它们的命令并没有区别。这里，我们将刚刚配置的这条 ACL 应用到 AR2 的 GE 0/0/1 的出方向上。

```
[AR2]int GigabitEthernet 0/0/1
[AR2-GigabitEthernet0/0/1]traffic-filter outbound acl 3000
```

至此，高级 ACL 配置完毕。接下来进行测试。

12.3.2 高级ACL的测试

要测试 Telnet 的效果，我们需要首先登录 AR3 去为 VTY 接口设置密码。

```
[AR3]user-interface vty 0 4
[AR3-ui-vty0-4]aut
[AR3-ui-vty0-4]authentication-mode pas
[AR3-ui-vty0-4]authentication-mode password
Please configure the login password (maximum length 16):6304
[AR3-ui-vty0-4]
```

接下来，我们尝试在 AR1 上 ping 一下 AR3，查看 AR1 去往 AR3 的 ICMP 消息是否遭到了 ACL 的过滤。

```
<AR1>ping 3.1.1.1
  PING 3.1.1.1: 56  data bytes, press CTRL_C to break
    Request time out
    Request time out
    Request time out
    Request time out
    Request time out

  --- 3.1.1.1 ping statistics ---
    5 packet(s) transmitted
    0 packet(s) received
    100.00% packet loss
```

如上可见，显然，AR1 已经 ping 不通 AR3 了。此时我们再在 AR1 以 Telnet 方式尝试登录 AR3。

```
 <AR1>telnet 3.1.1.1
Press CTRL_] to quit telnet mode
Trying 3.1.1.1 ...
Connected to 3.1.1.1 ...

 Login authentication

 Password:
 <AR3>
```

如上可见，尽管 AR1 无法 ping 通 AR3，但是却可以成功以 Telnet 方式登录 AR3，证明高级 ACL 配置已成功。

当然，我们也可以在创建 ACL 的路由器上查看相应的数据流。

```
<AR2>display acl 3000
 Advanced ACL 3000, 1 rule
 Acl's step is 5
  rule 5 deny icmp source 12.1.1.1 0 destination 3.1.1.1 0 icmp-type echo
(5 matches)
```

这里，我们不仅可以看到这条 ACL 的所有语句，而且还可以看到分别有多少数据包曾经与这些语句进行了匹配。如上可见，期间有 5 次匹配（5 matches），即刚才 AR1 去 ping AR3 时发送的 5 个 ICMP 的 echo 数据包。

此外，如果需要查看各个接口应用 ACL 的情况，也可以使用命令 **"display traffic-filter applied-record"** 进行查看。

```
<AR2>display traffic-filter applied-record
--------------------------------------------------------------
Interface                  Direction   AppliedRecord
--------------------------------------------------------------
GigabitEthernet0/0/1       outbound    acl 3000
--------------------------------------------------------------
<AR2>
```

参考文献

1. 周亚军. 华为 HCNA 认证详解与学习指南 [M]. 电子工业出版社, 2017.
2. 苏函. HCNA 实验指南 [M]. 电子工业出版社, 2016.
3. 王达. 华为交换机学习指南 [M]. 北京：人民邮电出版社, 2014.
4. 王达. 华为路由器学习指南 [M]. 北京：人民邮电出版社, 2014.
5. 华为技术有限公司. HCNA 网络技术学习指南 [M]. 人民邮电出版社, 2015.
6. 华为技术有限公司. HCNA 网络技术实验指南 [M]. 人民邮电出版社, 2014.
7. 华为技术有限公司. HCNP 路由交换实验指南 [M]. 北京：人民邮电出版社, 2014.
8. 杭州华三通信技术有限公司. H3C 路由器典型配置指导 [M]. 清华大学出版社, 2013.
9. 杭州华三通信技术有限公司. 构建 H3C 高性能园区网络（上册）[M]. H3C 培训中心印刷, 2016.
10. 杭州华三通信技术有限公司. 构建 H3C 高性能园区网络（下册）[M]. H3C 培训中心印刷, 2016.
11. 杭州华三通信技术有限公司. 构建 H3C 高性能园区网络实验手册 [M]. H3C 培训中心印刷, 2016.
12. 杭州华三通信技术有限公司. 路由交换技术（上册）[M]. 清华大学出版社, 2011.
13. 杭州华三通信技术有限公司. 路由交换技术（下册）[M]. 清华大学出版社, 2011.